L'ESPRIT ET LA RELATIVITÉ COMPLEXE

INTRODUCTION A LA PSYCHOPHYSIQUE

DU MÊME AUTEUR

OUVRAGES DE PHYSIQUE

Eléments d'une théorie unitaire d'Univers, Editions de la Grange-Batelière, Paris, et aux Editions Kister, Genève, 1962.

Relativité générale, mêmes éditeurs, 1963.

La Crise actuelle de la Physique, mêmes éditeurs, 1966.

Cours de théorie relativiste unitaire, Albin Michel, Paris, 1969.

Théorie unitaire. Analyse numérique des équations, Albin Michel, Paris, 1974.

Théorie de la Relativité complexe, Albin Michel, Paris, 1977.

OUVRAGES DE PHILOSOPHIE SCIENTIFIQUE

La Connaissance de l'Univers, au Seuil, 1961, prix Nautilus 1962, traduit en espagnol.

Du temps, de l'espace et des Hommes, au Seuil, 1962, traduit en espagnol.

L'Homme à sa découverte, au Seuil, 1963, traduit en anglais.

De la Physique à l'Homme, chez Denoël (Gonthier), 1965, traduit en espagnol.

Récentes Découvertes sur la matière et la vie, chez Plon, 1966, traduit en espagnol.

L'Etre et le Verbe, Editions Planète, Paris, 1965 et Ed. du Rocher, Paris, 1983.

Pourquoi la lune ? Editions Planète-Denoël, 1968, traduit en espagnol.

Les Grandes Enigmes de l'astronomie, Editions Planète-Denoël, 1967, traduit en espagnol.

La Conception de l'Univers depuis 25 siècles, Hachette, Paris, 1970. traduit en anglais, allemand, espagnol, suédois et japonais.

L'Age de l'ordinateur, Hachette, Paris, 1971, traduit en espagnol.

Treize questions pour l'Homme moderne, Albin Michel, Paris, 1972, traduit en portugais.

L'Homme et l'Univers, Albin Michel, Paris, 1974.

L'Esprit, cet inconnu, Albin Michel, Paris, 1977, traduit en allemand, italien, portugais, anglais et grec.

Mort, voici ta défaite, Albin Michel, Paris, 1979, traduit en allemand.

Le Monde éternel des éons, Stock, Paris, 1980.

J'ai vécu quinze milliards d'années, Albin Michel, Paris, 1983.

OUVRAGES D'INFORMATIQUE

Cours d'initiation à l'ordinateur et à la programmation, tomes 1 et 2, édité par l'Institut Pratique d'Informatique, BP. 24, 91 Orsay, 1970.

Cours de Cobol, tomes 1, 2 et 3, même éditeur, 1970.

JEAN E. CHARON

Ingénieur-Physicien de l'École Supérieure de Physique et Chimie de Paris

L'ESPRIT ET LA RELATIVITÉ COMPLEXE

INTRODUCTION A LA PSYCHOPHYSIQUE

ÉDITIONS ALBIN MICHEL
PARIS

22, rue Huyghens, 75014 Paris

ISBN 978-2-226-39521-4

Nous voyons les choses telles que notre tête les peint ; il faut donc connaître cette tête.

STENDHAL, *Pensées diverses.*

TABLE

SECTION IV

DEUXIÈME PARTIE

LA RELATIVITÉ COMPLEXE ET L'UNIVERS COMME REPRÉSENTATION

SECTION V

SECTION VI

SECTION VII

SECTION VIII

PRÉFACE

Depuis ma première publication sur la *Théorie de la Relativité complexe* (1977) un important travail a été accompli, par moi-même, mais aussi par d'autres chercheurs qui m'ont écrit du monde entier, ici pour signaler quelques corrections, là pour suggérer des améliorations, là encore pour préciser et développer le domaine des applications de la Relativité complexe aux phénomènes physiques. J'ai donc pensé qu'il était temps, cinq années après cette première édition, de grouper tous ces nouveaux résultats dans un nouvel ouvrage sur le sujet.

Le formalisme de base lui-même (partie I) est demeuré inchangé. Mais des développements considérables ont été effectués dans l'utilisation de ce formalisme pour rendre compte des phénomènes physiques observés. Ces développements constituent toute la partie II du présent ouvrage, intitulée « La Relativité complexe et l'Univers comme représentation ».

Ce titre lui-même marque le changement *philosophique* du point de vue qui a maintenant été adopté par rapport à la première publication. Je m'explique longuement sur ce nouveau point de vue essentiellement « subjectif » pour représenter les phénomènes dans la section V (le Connaissant, le Connu et l'Inconnaissable) et je n'y insisterai donc pas ici. Mais la base de cette nouvelle approche vaut cependant d'être immédiatement mentionnée, tant son impact a conditionné entièrement cette partie II : la Relativité complexe apparaît finalement comme la prise de conscience qu'une représentation *complète* de l'Univers exige de considérer notre espace-temps observable, celui d'Einstein, celui qui constituait encore ces dernières années le cadre supposé suffisant de *tous* les phénomènes physiques, comme « doublé » en quelque sorte par un espace-temps « invisible », et invisible parce que la lumière elle-même ne peut pas « sortir » de ce nouvel espace-temps. Par ailleurs, et c'est encore ici un aspect fondamental apporté par la Relativité complexe, ce nouvel espace-temps invisible se révèle contenir des phénomènes à évolution *néguentropique*, contrairement à l'évolution entropique bien connue de notre monde observable traditionnel.

Le modèle que nous proposons des leptons chargés représente précisément ces particules comme entièrement plongées dans cet espace-temps néguentropique. Ceci suggérait le pas suivant : le Connaissant, c'est-à-dire nous-même, celui qui écrit les lois physiques, celui-là qui fait ainsi preuve de son « Esprit », ne serait-il pas lui aussi représentable par ces leptons chargés doués de propriétés néguentropiques, notamment par le seul représentant « stable » de ce type de particules, l'électron ? S'il en était bien ainsi, le modèle leptonique ne nous permettrait-il pas de mieux connaître les mécanismes fonctionnels de notre propre Esprit ? Je réponds à ces questions essentielles dans l'Annexe 1, et je montre que ces réponses paraissent bien devoir être affirmatives. Je le montre non pas « philosophiquement » seulement, mais aussi numériquement, en résolvant le système de 20 équations intégro-différentielles décrivant le modèle leptonique (Système *L*) et en calculant de cette manière, sans introduction d'*aucun* paramètre numérique « d'ajustement », pratiquement la totalité des constantes dites fondamentales de la Physique. On ne pouvait pas, je pense, obtenir de meilleure vérification de l'identité entre les mécanismes structurels des leptons chargés et les mécanismes propres à l'Esprit connaissant.

Malgré les aides et encouragements qu'ont pu m'apporter mes relations (pour la plupart épistolaires) avec plusieurs groupes de chercheurs, de disciplines variées, intéressés par la Relativité complexe et ses applications, on comprendra facilement cependant que ce type de recherche, qui ambitionne d'aller jusqu'à la nature des choses, demeure en très grande partie un travail de réflexion solitaire. Le chercheur véritable ne s'en plaint pas trop, il sait que son œuvre ne peut être un travail d'équipe, et qu'il lui faut donc avancer pratiquement seul dans la nouvelle direction qu'il s'est tracée, sur ce chemin où il cherche à faire coïncider ce qu'il voit avec ce qu'il sent au fond de lui. Mais on a aussi vite fait de dresser de cette manière autour de soi les murs d'une citadelle, dans laquelle le risque d'isolement est d'autant plus grand que le chercheur se trouve parfaitement à l'aise entre les murailles qu'il a lui-même édifiées. Il faut cependant, pour progresser, ouvrir des fenêtres vers l'extérieur, vers le reste de la communauté scientifique. C'est pourquoi je veux souligner particulièrement, en terminant cette Préface à la seconde édition, la collaboration inestimable que m'a apportée le physicien belge Adolphe Jonckbloedt. Notre amitié et notre recherche commune, avec Jonckbloedt, ne datent pas d'hier. C'est il y a plus de vingt ans déjà que je recevais sa première lettre sur ma théorie « unitaire » ; depuis nous n'avons pas cessé de correspondre, avec de rares interruptions de quelques mois, mais parfois aussi avec plus de 5 lettres hebdomadaires ! Le précieux apport d'idées d'Adolphe Jonckbloedt sur les sections VI (modèle leptonique) et VII (modèle cosmologique), ses vives critiques « constructives » chaque fois qu'il pensait que quelque chose n'allait pas, sa patience à vérifier tous mes calculs pour « exiger » souvent des justifications complémentaires, n'ont pas été seulement pour moi des ferments stimulants ; ils ont éclairé ma route et, en fait, ont constitué la « fenêtre » indispensable qui m'a permis de reprendre souffle et d'atteindre finalement aujourd'hui, je le crois, l'objectif unitaire que j'ai poursuivi tout au long de ces 30 dernières années. Encore que sur ce problème de la structure de notre Univers, Jonckbloedt et moi avons eu tant de plaisir à discuter que, d'une certaine manière, nous ne sommes l'un et l'autre nullement contre l'idée... qu'il reste encore beaucoup à discuter. Ne savons-nous pas d'ailleurs que sur cet immense problème, en fait le plus grand de tous, il y aura toujours, et heureusement, matière à nouvelle découverte.

Jean E. CHARON
Villebon, mai 1982.

REMERCIEMENTS

Je veux d'abord vivement remercier ici M. André LICHNEROWICZ, Professeur au Collège de France, qui a suivi mes travaux avec sympathie depuis 1965, et m'a mis en relation avec de nombreux chercheurs (J.-L. LIONS, Irving SEGAL, A. CRUMEYROLLE...) ; quand on connaît l'isolement relatif qui accompagne, presque nécessairement, tout travail de création véritable, on comprend combien m'a été précieuse l'aide du Professeur LICHNEROWICZ.

Mes remerciements vont ensuite à la Société IBM-FRANCE qui, depuis 1968, a mis gracieusement à ma disposition un temps de calcul pratiquement illimité sur le 360/75 des Sablons, à Neuilly. Sans ce concours généreux, dont j'ai largement profité, je puis affirmer qu'il m'aurait été impossible d'effectuer l'indispensable comparaison numérique entre les solutions de mes équations unitaires et les données expérimentales.

Le Professeur Jean-Louis LIONS, de la Faculté des Sciences de Paris (maintenant également Professeur au Collège de France), m'a toujours accueilli avec une grande bienveillance, chaque fois que j'ai eu besoin de ses conseils. Je n'oublie pas qu'il a été pendant une année entière mon professeur de mathématiques appliquées approfondies à l'Institut Blaise-Pascal, quand je décidai en 1966 de « retourner en classe » afin d'en savoir un peu plus sur les équations aux dérivées partielles non linéaires figurant dans le formalisme de ma théorie ($\Box^2 u \pm u^3 = 0$).

Mes remerciements vont encore à Irving SEGAL, Professeur au M.I.T. de Cambridge, à John Archibald WHEELER, Professeur à l'Université de Princeton, à Albert CRUMEYROLLE, Professeur à la Faculté des Sciences de Toulouse. Les discussions que j'ai eues avec eux, et leurs conseils, m'ont été particulièrement utiles. C'est notamment à un entretien avec A. CRUMEYROLLE aux Journées relativistes de Dijon de 1975 que je dois d'avoir abandonné ma première idée d'un temps réel à côté de coordonnées d'espaces complexes, et d'avoir alors définitivement adopté une Relativité à 4 coordonnées complexes.

M'ont également apporté un concours inestimable, tant au travers de nos discussions sur le plan scientifique que par leur soutien moral et matériel, MM. J. HOROWITZ et BUSSAC du Commissariat à l'Energie atomique et M. B. BAILLY DU BOIS de la Délégation Générale à la Recherche Scientifique et Technique.

Un remerciement plus spécial encore s'adresse à mon ami le Professeur Robert TRIFFIN, de l'Université de Yale, qui en me faisant inviter pour effectuer une série de conférences au Département de Physique de Yale m'a permis de rencontrer de nombreux physiciens théoriciens d'outre-Atlantique.

Il y a aussi le soutien épistolaire que j'ai reçu d'un certain nombre des lecteurs des ouvrages de physique que j'ai publiés. Je voudrais mentionner plus particulièrement A. JONCKBLOEDT de Bruxelles, J. BERTRAND de Draveil, G. GAILLARD de Montmorency, R. GARAU de Casablanca ; ils ont tous consacré d'innombrables heures, prises sur leurs loisirs personnels, pour analyser les équations de ma théorie, me signaler des erreurs parfois importantes relevées dans mes publications, et me suggérer des améliorations souvent très appréciables. C'est A. JONCKBLOEDT, notamment, qui m'a mis sur la voie de la forme à donner à la loi de Hubble quelle que soit la distance, dans mon modèle cosmologique rapporté à un référentiel étendue-durée.

Comment ne pas remercier avec chaleur également mon ami Jean ZAFIROPULO, de Genève, pour nos passionnantes discussions, poursuivies pratiquement sans interruption depuis 1960, autour du problème des langages axiomatiques, et plus généralement de la théorie de la Connaissance. On retrouvera, dans les nombreux ouvrages qu'il a publiés aux « Belles Lettres » de Paris, des échos de ces entretiens, auxquels le formalisme de ma théorie doit beaucoup.

Ma fille Irène FOURNIER, agrégée de mathématiques et Assistante de mathématiques à la Faculté des Sciences d'Orsay, a relu le manuscrit du présent ouvrage ; elle m'a permis de corriger de nombreuses (et parfois graves !) erreurs. Elle aussi m'a prodigué des conseils et des remarques qui ont contribué à perfectionner mon formalisme.

Je ne veux pas oublier dans ces remerciements ma femme, Jacqueline, biologiste au C.N.R.S., qui m'a toujours encouragé et soutenu tout au cours des quelque 15 000 heures que j'ai prélevées sur le temps qui aurait pu être celui de nos loisirs pris en commun, pendant ces vingt dernières années où je suis resté penché sur « ma théorie ».

Enfin, « last but not least », je sais aussi tout ce que je dois à mon éditeur ALBIN MICHEL, en la personne de son Directeur, mon ami Francis Esménard, qui a accepté de publier mes quatre derniers ouvrages de physique théorique (1969, 1974, 1977, 1982), s'adressant à un public très restreint de spécialistes.

Jean E. CHARON.

PREMIÈRE PARTIE

LE FORMALISME DE LA RELATIVITÉ COMPLEXE

Une théorie peut être vérifiée par l'expérience mais aucun chemin ne mène de l'expérience à la création d'une théorie.

Albert EINSTEIN, *Notes autobiographiques.*

SECTION I

INTRODUCTION

Le présent ouvrage se propose d'étendre le formalisme de la Relativité générale, avec pour principal objectif de le rendre applicable aux phénomènes du domaine quantique (interactions faibles, fortes et électromagnétiques).

L'idée qui va être développée est la suivante : on veut démontrer que *l'ensemble* des observations actuelles faites sur l'espace physique peut être décrit en postulant pour cet espace une structure riemannienne quadridimensionnelle à $G_{\alpha\beta}$ *complexes* :

$$\text{(1)} \qquad \begin{cases} G_{\alpha\beta} = \dot{G}_{\alpha\beta} + i\tilde{G}_{\alpha\beta} \\ G_{\alpha\beta} = G_{\beta\alpha} \end{cases} \quad \begin{pmatrix} i = \sqrt{-1} \\ \alpha, \beta = 1 \text{ à } 4 \end{pmatrix}.$$

C'est notamment dans cet espace complexe C qu'on supposera réalisée la conservation de l'impulsion-énergie. On montrera alors que, si un tel espace physique est décrit dans le cadre « réduit » de l'espace riemannien habituel de la Relativité générale, à $g_{\alpha\beta}$ *réels* (que nous nommerons espace d'Einstein E), alors la conservation de l'impulsion-énergie n'est réalisée dans E que si on ajoute, en chaque point de E, un champ de spineurs quantifié à $\pm n\hbar$, où n désigne un nombre entier non nul et $h = 2\pi\hbar$ la constante de Planck.

Dans tout ce qui suivra, et pour éviter toute confusion, le tenseur métrique décrivant l'espace complexe C sera écrit $G_{\alpha\beta}$ et le tenseur métrique décrivant l'espace d'Einstein E sera écrit $g_{\alpha\beta}$.

Le formalisme que nous allons édifier repose sur un certain nombre de *choix fondamentaux*, que nous voudrions d'abord justifier. Ces choix cherchent à répondre aux 3 questions de base suivantes :

1) Quelle structure géométrique d'espace doit-on adopter pour prolonger la Relativité générale vers les postulats fondamentaux acceptés à l'échelle quantique, tels qu'ils s'expriment notamment dans la *Théorie quantique des champs* ?

2) Comment les champs de tenseurs du formalisme géométrique de la Relativité générale peuvent-ils constituer une description possible des états de *spin demi-entier*, irréductibles à une représentation tensorielle ?

3) Les deux postulats fondamentaux :

- conservation du tenseur physique $T_{\alpha\beta}$ (axiome de base de la Relativité générale), d'une part,
- action stationnaire (axiome de base des théories quantiques), d'autre part,

traduisent-ils tous deux un principe physique *unique*, à savoir la conservation de l'impulsion-énergie ?

Nous allons examiner successivement ces 3 questions, en indiquant les réponses que nous avons adoptées pour constituer le cadre de notre formalisme, et pourquoi nous avons fait ces choix.

1. Structure géométrique de l'espace.

La méthode la plus « naturelle » pour chercher à étendre le formalisme géométrique de la Relativité générale vers les phénomènes quantiques semble être, comme on le propose le plus souvent, d'abandonner le caractère symétrique de la métrique et de postuler des $g_{\alpha\beta}$ non symétriques. Telles ont été les théories sans torsion avec deux courbures (de rotation et d'homothétie) [1], ou au contraire avec une torsion mais sans courbure [2], ou enfin les théories postulant un espace général à connexion affine, pourvu alors d'une torsion et de 2 sortes de courbures [3]. Plus récemment, on a pu montrer comment un tel formalisme permettait de doter l'espace géométrique d'une densité de spin [4].

Indépendamment des critiques bien connues adressées habituellement à ces types de formalisme à connexion affine (difficultés pour déduire les équations de manière univoque à partir d'un principe variationnel ; ambiguïté sur l'interprétation physique à donner aux grandeurs géométriques, entraînant une comparaison difficile aux données expérimentales ; difficultés pour obtenir, dans le cas général, des solutions exactes sans singularité...), nous ajouterons, pour notre part, qu'un tel type de formalisme est insuffisant pour rejoindre le point de vue quantique pour la raison suivante : la Théorie quantique des champs, qui traite l'espace comme un ensemble infini d'oscillateurs élémentaires quantifiés en interaction, exigerait que la représentation géométrique permette de décrire en chaque point *mathématique* de l'espace *un spin* (défini au signe près), et non pas seulement une densité de spin.

Ceci n'apparaît pas comme possible dans l'espace à 4 dimensions de la Relativité générale, puisqu'on ne peut pas associer à un point *mathématique* d'espace-temps (qui enferme un volume nul d'espace-temps, par définition) une quantité *physique* telle que l'action associée à un spin. Il serait nécessaire, pour y parvenir, de considérer l'espace à 4 dimensions comme « plongé » lui-même dans un espace possédant un nombre plus grand de dimensions, et donc capable de doter cette fois chaque point de l'espace quadridimensionnel d'un certain « contenu » physique. Une tentative intéressante dans cette direction est celle de Podolanski [5], où l'espace physique possède 6 dimensions mais est doué d'une structure en feuillets telle que *tous* les points d'un feuillet correspondent à *un même point* de l'espace-temps quadridimensionnel. Les tentatives riemanniennes à plus de 4 dimensions, telles que celles bien connues de Kaluza (1921), Jordan (1947), Thiry (1950), se ramènent finalement toutes à cette recherche pour ajouter des caractéristiques dimensionnelles supplémentaires à un espace-temps physique quadridimensionnel servant à repérer géographiquement le lieu et l'instant de toute observation [17].

Nous noterons cependant que, dans toutes ces théories à plus de 4 dimensions, le temps demeure à une seule dimension : les dimensions supplémentaires sont postulées du type « espace » seulement. Or un spin, c'est-à-dire une action, ne peut pas être « logé » dans un seul instant du temps, quel que soit le nombre des dimensions d'espace, puisqu'une action est le produit d'une énergie non nulle (contenue dans l'espace) par une *durée* (laps de temps non nul).

Ces remarques nous ont conduit à penser que, pour rejoindre le point de vue quantique, on pouvait postuler un caractère *complexe pour chacune* des 4 dimensions de l'espace-temps. En bref, nous avons cherché à développer une Relativité dans un espace riemannien quadridimensionnel *complexe C* (que nous nommerons *Relativité complexe*), décrit par des $G_{\alpha\beta}$ symétriques complexes (1). D'une certaine manière, on peut dire que cette méthode revient à dédoubler *chacune* des dimensions de l'espace d'Einstein E, aussi bien les 3 dimensions d'espace que la dimension temps. La métrique d'un tel espace :

$$ds^2 = G_{\alpha\beta}\, dy^\alpha\, dy^\beta \tag{2}$$

où les coordonnées :

$$y^\alpha = \dot{y}^\alpha + i\hat{y}^\alpha \qquad (\alpha = 1 \text{ à } 4) \tag{3}$$

sont complexes, fait alors jouer des *rôles entièrement symétriques à l'espace et au temps*, quelle que soit la valeur de $\alpha = 1, 2, 3, 4$. En ce sens, on peut dire aussi que l'espace quadridimensionnel riemannien complexe est l'extension la plus « naturelle » de l'espace d'Einstein, qui associait un temps réel à un espace purement imaginaire (métrique de type hyperbolique normal).

Comme on le constate, si l'espace *physique* (celui où est notamment satisfaite la conservation de l'impulsion-énergie) doit, pour être *complètement* décrit, être rapporté à des référentiels à coordonnées complexes, cela signifie que *chaque point* (y_0^j, t_0) de l'espace d'Einstein est en interaction physique non seulement avec les points avoisinants de cet espace d'Einstein à chaque instant, mais encore *avec tout un Univers associé d'espace-temps* $(y'^j, t' \in [-\infty, +\infty])$, capable de conférer par conséquent à chaque point mathématique (y_0^j, t_0) de l'espace d'Einstein une véritable structure physique, et notamment une action (spin). C'est là une propriété du point qui, comme nous l'avons précédemment noté, nous paraît être exigée pour représenter les phénomènes quantiques dans une description à caractère géométrique de l'espace-temps. Il est intéressant de rappeler que cette possibilité d'une description utilisant *un point à structure covariante* particulière était apparue à Einstein au cours de ses toutes dernières tentatives unitaires [6].

2. Représentation des spins demi-entiers.

Le formalisme général des spineurs, développé à l'origine dans un espace plat, peut être transposé sans aucun changement dans l'espace *tangent* en un point-événement quelconque P de l'espace riemannien courbé [7]. Il n'y a donc aucune difficulté de principe pour introduire un champ de spineurs dans un espace riemannien, à côté du champ de tenseurs.

Un écueil à surmonter est cependant le suivant : la Relativité complexe que nous allons développer, comme la Relativité générale, prétend pouvoir fournir à partir de ses postulats de départ (conservation de $T_{\alpha\beta}$ notamment) une description *complète* de la réalité physique, traduite par les équations :

$$R_{\alpha\beta} - \tfrac{1}{2} RG_{\alpha\beta} + \Lambda G_{\alpha\beta} = - T_{\alpha\beta} \,. \tag{4}$$

S'il en est bien ainsi, une description purement tensorielle telle que (4), qui ambitionne de décrire toute la réalité physique, doit être *équivalente* aux descriptions des phénomènes physiques faites au moyen des champs de spineurs. Or, comme on le sait [8], seul un champ de spin *entier* peut être décrit de manière équivalente soit par des spineurs soit par des tenseurs. Certes, il est possible d'introduire dans un espace géométrique riemannien des spineurs décrivant un spin demi-entier : mais alors c'est un apport « de l'extérieur », qui vient se surajouter à la description fournie par les équations (4), et dont le caractère « ad hoc » est très critiquable (comme c'est d'ailleurs déjà le cas de l'introduction du tenseur électromagnétique $F_{\alpha\beta}$ en Relativité générale). Ce n'est alors qu'en mettant en fait côte à côte les équations (4) *et* les équations des champs de spin demi-entier (équations de Dirac par exemple) qu'on parviendrait à rejoindre entièrement les phénomènes quantiques, ce qui constituerait donc un formalisme synthétique, mais non un formalisme unitaire. On ne pourrait en tout cas pas affirmer que les champs de spin demi-entier sont décrits par (4), mais seulement qu'ils sont compatibles avec (4). En bref, (4) n'exprimerait donc plus *l'ensemble* de la réalité physique.

Pour résoudre cette difficulté, nous avons postulé que l'action *entière* $\pm\, nh$ dont (4) est capable de tenir compte au moyen de grandeurs tensorielles, action dont nous montrerons l'existence nécessaire en chaque point de l'espace d'Einstein, se décompose en un spin $\pm\, \frac{1}{2}\, n\hbar$ et une autre grandeur physique, associée à un mouvement d'oscillation *radiale* de chaque point de la « carte » Relativité générale *dans l'espace complexe*, et représentant également une action $\pm \frac{1}{2} nh$. Nous avons nommé cette grandeur physique nouvelle, sur laquelle nous reviendrons longuement dans le texte qui suit, *le pulse*. Le champ de spineurs décrivant *l'action totale spin + pulse* en chaque point de l'espace d'Einstein est donc bien ici une action *entière* $\pm nh$, descriptible au moyen d'un champ de tenseurs, ou de manière équivalente par un champ de spineurs.

Si $n = 1$ par exemple (action totale $\pm h$ en chaque point, niveau fondamental), on pourra décrire cet état au moyen d'un champ de spineurs U_{ik} ($i, k = 1$ à 4) à 16 composantes, et les équations satisfaites par les U_{ik} pourront alors être remplacées par des équations équivalentes portant sur des grandeurs tensorielles, comme cela est bien connu [8]. Ces équations d'action entière seront ensuite considérées comme résultant elles-mêmes de la fusion de deux états d'action demi-entière (spin + pulse), et l'on pourra obtenir par « fission » (c'est-à-dire « fusion a contrario ») la description de ces deux états d'action demi-entière ; on réclamera au champ de spineurs d'action demi-entière U_k ($k = 1$ à 4) de satisfaire des équations telles que, par fusion matricielle de deux états U_k, on puisse retrouver les U_{ik} [8] et les équations d'évolution de ces grandeurs.

Notons que, dans un travail précédent [9], nous avons montré que l'hypothèse d'un pulse en chaque point de l'espace d'Einstein entraînerait une pulsation radiale de la « frontière » des hadrons, comme semble le corroborer l'observation [10] ; par ailleurs, cette pulsation radiale de la particule serait elle-même à l'origine [9] du potentiel *gravitationnel* créé par chaque particule. S'il en est bien ainsi, *le spin* jouerait alors un rôle essentiel au niveau des interactions électromagnétiques et nucléaires, tandis qu'on devrait tenir compte *du pulse* au niveau des interactions gravitationnelles.

3. Conservation de $T_{\alpha\beta}$ et action stationnaire.

Il est généralement admis que le tenseur matériel $T_{\alpha\beta}$ des équations (4) de la Relativité générale est un tenseur *impulsion-énergie*, dont la divergence nulle traduit la conservation de l'impulsion-énergie.

Si $T_{\alpha\beta}$ a bien cette signification physique, on peut dire que :

$$\nabla_\alpha T^\alpha_\beta = 0 \tag{5}$$

est un principe *équivalent* à celui d'action stationnaire à la base du formalisme quantique [11] :

$$\delta \int_{V_4} U \, dx^4 = 0 \tag{6}$$

où U est un Lagrangien exprimant une densité quadridimensionnelle d'action ; en effet, le principe noetherien conjugué de (6) est précisément celui de la conservation de l'impulsion-énergie [12].

A l'examen, il apparaît cependant que rien ne nous assure *a priori* que $T_{\alpha\beta}$ est bien, comme on le prétend, un tenseur impulsion-énergie :

a) La forme des équations de la Relativité générale (pour l'espace vide) est déduite d'un principe variationnel :

$$\delta \int R \sqrt{-g}\, dx^4 = 0 \tag{7}$$

où R est la courbure scalaire riemannienne et g le déterminant des $g_{\alpha\beta}$. Mais (7) porte sur des grandeurs purement *géométriques* (R et $g_{\alpha\beta}$), et rien ne nous indique comment l'énergie intervient dans cette relation (7) ; cette relation ne fournit d'ailleurs que les équations de la Relativité générale du cas dit « extérieur », c'est-à-dire en l'absence de toute impulsion-énergie ($T_{\alpha\beta} = 0$, sauf au point-source, accepté comme une singularité de l'espace).

b) Le mouvement géodésique :

$$u^\alpha \nabla_\alpha u_\beta = 0 \qquad \left(u^\alpha = \frac{dy^\alpha}{ds}\right) \tag{8}$$

peut être obtenu, comme on le vérifie sans peine, en annulant la divergence d'un tenseur :

$$T_{\alpha\beta} = \chi \rho^n u_\alpha u_\beta \tag{9}$$

quelle que soit la puissance n à laquelle on porte la densité ρ. Or si $n \neq 1$, $T_{\alpha\beta}$ n'est naturellement plus un tenseur impulsion-énergie. Notons d'ailleurs que le rôle symétrique observé dans la nature entre les énergies positives et négatives, et plus particulièrement dans le domaine quantique (électrons de Dirac), suggérerait plutôt une invariance de $T_{\alpha\beta}$ avec le signe de ρ, c'est-à-dire une valeur *paire* de n dans (9) (nous verrons que la Relativité complexe fournit $n = 2$).

c) Aucune forme de tenseur impulsion-énergie $T_{\alpha\beta}$ n'a jusqu'ici pu fournir une description satisfaisante du cas « intérieur » ($T_{\alpha\beta} \neq 0$) en Relativité générale, au point que *toutes* les comparaisons à l'expérience sont pratiquement faites avec $T_{\alpha\beta} \equiv 0$ (sauf au point source du champ) ; cette difficulté ne tient-elle pas, au moins en partie, au fait qu'on veut imposer *a priori* à $T_{\alpha\beta}$ d'être un tenseur impulsion-énergie ?

Pour ces diverses raisons nous avons supposé que (6) et (7) exprimaient des principes physiques *différents* : nous avons pu alors déduire d'un formalisme s'appuyant sur ces *deux* principes une structure microscopique explicite pour $T_{\alpha\beta}$. L'annulation de la divergence de ce tenseur $T_{\alpha\beta}$ fournit bien toujours le mouvement géodésique (8), mais l'équation habituelle de continuité de la matière disparaît (comme cela doit toujours être le cas pour un espace soumis à des contraintes [17]) pour ne laisser subsister, comme en Relativité générale, qu'une équation de continuité pour la courbure scalaire riemannienne [13] :

$$\nabla_\alpha R u^\alpha = 0 . \tag{10}$$

Bien entendu, comme la forme explicite que nous obtiendrons pour $T_{\alpha\beta}$ dérive *aussi* du principe d'action stationnaire (6), notre formalisme va *satisfaire aussi* la conservation de l'impulsion-énergie (ce qui était naturellement nécessaire).

Soulignons le fait que l'hypothèse, à notre avis illégitime, d'avoir considéré $T_{\alpha\beta}$ comme un tenseur impulsion-énergie, est sans doute le facteur principal qui a toujours pratiquement interdit de doter chaque point de l'espace d'Einstein d'une action $\pm nh$, c'est-à-dire interdit toute quantification de cet espace. En effet, puisque la conservation de l'impulsion-énergie était alors supposée réalisée en chaque point par les équations (4) *sans intervention de cette action*, il n'était plus possible d'affirmer que cette action $\pm nh$ était *nécessaire* pour conserver l'impulsion-énergie en chaque point. Surajouter une telle action $\pm nh$ aurait alors, une fois encore, été une adjonction d'apparence « ad hoc » et purement artificielle, dont l'existence pouvait à la rigueur être justifiée par l'observation, mais en tout cas pas par la théorie elle-même.

Dans la section II nous établirons les équations de la *Relativité complexe* ($G_{\alpha\beta}$ complexes) à partir des deux principes de conservation de $T_{\alpha\beta}$ et d'action stationnaire. $T_{\alpha\beta} = \xi^2 \rho^2 u_\alpha u_\beta$ s'exprimera en fonction du *carré* d'une densité propre ρ.

Dans la section III nous comparerons l'espace d'Einstein ($g_{\alpha\beta}$ réels) à l'espace complexe : nous montrerons que la description limitée à l'espace d'Einstein ne conserve l'impulsion-énergie (principe satisfait automatiquement par l'axiomatique de l'espace complexe) que s'il existe *une action non nulle, définie au signe près, en chaque point* de l'espace d'Einstein. A l'analyse, cette action apparaîtra comme constituée pour moitié d'un moment cinétique de rotation (spin) et pour moitié d'une pulsation périodique radiale (pulse). Chacune de ces deux grandeurs sera quantifiée à $\pm \frac{1}{2} n\hbar$.

Nous étudierons alors le *champ de spineurs* qui décrit cette action totale $\pm nh$ en chaque point de l'espace d'Einstein ; nous opérerons comme d'habitude dans l'espace de Lorentz tangent. Le résultat est, pour $n = 1$, une forme riemannienne des équations de Maxwell (onde Σ à 10 composantes distinctes $\mathbf{E}$, $\mathbf{H}$, $\mathbf{A}$, V).

Dans la section IV nous examinerons comment cette Relativité générale quantifiée conduit à un *caractère probabiliste* de l'observation. On établira la correspondance entre notre fonction de description Σ et la fonction probabiliste habituelle ψ. Σ et ψ conduisent aux mêmes observations. La Relativité générale quantifiée entraîne un probabilisme *strict*, c'est-à-dire non réductible à un point de vue statistique.

Enfin, dans les sections V à VIII, nous appliquerons les équations de la Relativité complexe à la recherche de solutions pour la courbure scalaire riemannienne R partout finies, continues et sans aucune singularité (même au point-source). Ecrites dans un système propre de référence ces solutions fournissent un modèle de l'Univers dans son ensemble (*modèle cosmologique*) et un modèle pour la structure des particules stables et instables (*photons*, *leptons et hadrons*). Une première analyse numérique de ces modèles démontre leur compatibilité avec les faits observables.

SECTION II

LES ÉQUATIONS DE LA RELATIVITÉ COMPLEXE

Remarque préliminaire.

La Relativité générale n'a pas été élaborée, au départ, comme une véritable axiomatique, en ce sens qu'Einstein a posé :

$$S_{\alpha\beta} = T_{\alpha\beta} \tag{11}$$

et a ensuite déterminé $S_{\alpha\beta}$ comme l'expression *la plus simple* [14] formée à partir des $g_{\alpha\beta}$ et de leurs dérivées partielles du premier et second ordre dont la divergence serait identiquement nulle (avec dans l'esprit de satisfaire ainsi la conservation de l'impulsion-énergie). Einstein a ainsi proposé :

$$S_{\alpha\beta} = R_{\alpha\beta} - \tfrac{1}{2} R g_{\alpha\beta} \, . \tag{12}$$

Une véritable formulation axiomatique a eu lieu *plus tard*, avec les conditions de Cartan [15] qui imposent que $S_{\alpha\beta}$ soit linéaire par rapport aux dérivées partielles du second ordre des $g_{\alpha\beta}$ et ne contienne pas de dérivées partielles d'ordre supérieur à 2. Dans ce cas la forme *nécessaire et suffisante* d'un $S_{\alpha\beta}$ conservatif est bien (12), encore qu'on ne doive pas exclure *a priori* l'existence d'un terme supplémentaire tenant compte d'une constante cosmologique éventuellement non nulle Λ :

$$S_{\alpha\beta} = R_{\alpha\beta} - \tfrac{1}{2} R g_{\alpha\beta} + \Lambda g_{\alpha\beta} \, . \tag{13}$$

De la même manière, nous allons approcher dans la présente étude les équations d'une Relativité complexe non pas au moyen d'une véritable axiomatique, mais plutôt en établissant les équations *suffisantes* satisfaisant les postulats de départ $\nabla_\alpha T^\alpha_\beta = 0$ et $\delta \int U \, dx^4 = 0$; comme en Relativité générale, nous serons guidés vers ces équations par le critère de *la plus grande simplicité possible de la formulation*. En ce sens, nous pouvons encore dire que notre approche est ici celle du physicien, et non celle du mathématicien ; ce dernier aurait sans doute souhaité préciser les conditions pour que les équations obtenues soient non seulement une conséquence *possible*, mais encore une conséquence *unique*, des axiomes de départ. Notre objectif reste ici plus modeste, puisque nous ne proposerons pas une telle formulation axiomatique rigoureuse.

1. Espace complexe, espace d'Einstein, espaces de Lorentz.

Nous préciserons d'abord la terminologie utilisée.

1.1. ESPACE D'EINSTEIN.

C'est l'espace habituel de la Relativité générale. Il est défini par une métrique riemannienne de type hyperbolique normal (signature $---+$) :

$$ds^2 = g_{\alpha\beta}\, dy^\alpha\, dy^\beta \qquad (\alpha, \beta = 1 \text{ à } 4)\,. \tag{14}$$

Les coordonnées y^α sont ici toutes réelles. Cet espace satisfait les équations de la Relativité générale :

$$R_{\alpha\beta} - \tfrac{1}{2}\, Rg_{\alpha\beta} + \Lambda g_{\alpha\beta} = -\, T_{\alpha\beta}\,. \tag{15}$$

$g_{\alpha\beta}$ est le tenseur métrique. $R_{\alpha\beta}$ est le tenseur de courbure contracté de Ricci-Einstein et $R = g^{\alpha\beta}\, R_{\alpha\beta}$ est la courbure riemannienne scalaire. $g_{\alpha\beta}$, $R_{\alpha\beta}$ et R sont ici des quantités réelles. La forme explicite « unitaire » (c'est-à-dire valable pour décrire *toutes* les observations physiques) de $T_{\alpha\beta}$ n'est pas connue.

1.2. ESPACE COMPLEXE.

On admet qu'en chaque point $\dot{y}^\alpha$ de l'espace d'Einstein, on puisse définir 4 nouvelles composantes $\tilde{y}^\alpha$ des coordonnées de ce point dans un repère à vecteurs de base e^α *complexes*. Dans ce repère les coordonnées y^α du point M considéré sont donc généralement elles aussi complexes :

$$y^\alpha = \dot{y}^\alpha + i\tilde{y}^\alpha \qquad (\alpha = 1 \text{ à } 4,\ i = \sqrt{-1})\,. \tag{16}$$

Nous conviendrons que les coordonnées d'indices $\alpha = 1, 2, 3$ sont dites coordonnées *d'espace* (nous désignerons ces 3 coordonnées d'espace par un indice latin, $y^j = \dot{y}^j + i\tilde{y}^j$, $j = 1, 2, 3$ par exemple), et que la coordonnée d'indice $\alpha = 4$ est dite coordonnée *de temps*.

Un tel espace, dont chaque point M est repéré par des coordonnées complexes $y^\alpha = \dot{y}^\alpha + i\tilde{y}^\alpha$. sera appelé *espace complexe*.

Nous conviendrons en outre qu'un tel espace complexe possède les propriétés suivantes :

a) C'est un espace riemannien quadridimensionnel de métrique :

$$ds^2 = G_{\alpha\beta}\, dy^\alpha\, dy^\beta \qquad (\alpha, \beta = 1 \text{ à } 4) \tag{17}$$

où $G_{\alpha\beta}$ est donc un tenseur métrique *symétrique* et *complexe* :

$$G_{\alpha\beta} = \dot{G}_{\alpha\beta} + i\tilde{G}_{\alpha\beta} = G_{\beta\alpha} . \tag{18}$$

b) $G_{\alpha\beta}$ est supposé être une fonction uniforme et continue dépendant analytiquement des coordonnées complexes y^{α} ; tous les $G_{\alpha\beta}$ sont donc des *fonctions holomorphes* de l'espace complexe, pour lesquelles les conditions de Riemann-Cauchy sont satisfaites partout.

c) Enfin, par analogie avec les hypothèses adoptées en Relativité générale, nous admettrons que les équations de l'espace complexe peuvent s'écrire sous la forme :

$$S_{\alpha\beta} = T_{\alpha\beta} \tag{19}$$

où $S_{\alpha\beta}$ est un tenseur géométrique de rang 2 s'exprimant en fonction du tenseur métrique $G_{\alpha\beta}$ et de ses dérivées partielles du premier et du second ordre, $S_{\alpha\beta}$ étant linéaire par rapport aux dérivées partielles du second ordre des $G_{\alpha\beta}$. Ce type de conditions sur $S_{\alpha\beta}$ exprime finalement *l'approximation* dans laquelle on se place pour décrire la réalité *physique*, dont les grandeurs caractéristiques interviennent dans ce que nous nommerons le *tenseur physique* $T_{\alpha\beta}$. Compte tenu de *a*) et *b*), $S_{\alpha\beta}$ et $T_{\alpha\beta}$ sont des fonctions holomorphes et symétriques des coordonnées complexes d'espace-temps y^{α}.

Nous établirons, dans les paragraphes qui suivent, les équations de cet espace complexe, obtenant une forme explicite *unitaire* du tenseur physique $T_{\alpha\beta}$ en fonction de grandeurs physiques que nous définirons.

1.3. Espace de Lorentz.

Nous nommerons espace de Lorentz, en un point quelconque M de l'espace d'Einstein, l'espace *pseudo-euclidien tangent* à cet espace d'Einstein en M, normalisé par le tenseur métrique $\eta_{\alpha\beta}$:

$$\eta_{\alpha\beta} = \begin{bmatrix} -1 & 0 & 0 & 0 \\ 0 & -1 & 0 & 0 \\ 0 & 0 & -1 & 0 \\ 0 & 0 & 0 & 1 \end{bmatrix} . \tag{20}$$

Les coordonnées orthonormées x^{α} de l'espace de Lorentz sont réelles ; on a pour tout point M de l'espace d'Einstein :

$$ds^2 = g_{\alpha\beta}\, dy^{\alpha}\, dy^{\beta} = \eta_{\alpha\beta}\, dx^{\alpha}\, dx^{\beta} . \tag{21}$$

1.4. Espace de Lorentz complexe.

Par analogie avec ce que nous venons de dire en 1.3 ci-dessus, nous nommerons espace de Lorentz complexe en un point quelconque M de l'espace complexe, l'espace pseudo-euclidien tangent en M, normalisé à nouveau par le même tenseur métrique $\eta_{\alpha\beta}$ donné par (20), c'est-à-dire à composantes réelles et diagonales.

Les coordonnées orthonormées x^α de l'espace de Lorentz complexe sont alors elles-mêmes généralement *complexes* :

(22) $$x^\alpha = \dot{x}^\alpha + i\tilde{x}^\alpha \quad (\alpha = 1 \text{ à } 4)\,.$$

On a, pour tout point M de l'espace complexe :

(23) $$ds^2 = G_{\alpha\beta}\, dy^\alpha\, dy^\beta = \eta_{\alpha\beta}\, dx^\alpha\, dx^\beta\,.$$

2. Conservation du tenseur physique $T_{\alpha\beta}$.

Dans toute la suite de la présente section II nous considérerons uniquement *l'espace complexe*, dont nous recherchons ici les équations.

Axiome 1. — La divergence du tenseur physique $T_{\alpha\beta}$ est identiquement nulle :

(24) $$\nabla_\alpha T^\alpha_\beta \equiv 0\,.$$

Les seuls tenseurs géométriques $S_{\alpha\beta}$ (identiques au tenseur $T_{\alpha\beta}$ d'après (19)) satisfaisant (1.2.*a*), *b*), *c*)) ci-dessus s'écrivent alors, comme on le sait [15] :

(25) $$S_{\alpha\beta} = a[R_{\alpha\beta} - \tfrac{1}{2}\, G_{\alpha\beta}(R + b)]$$

où a et b sont deux constantes arbitraires, que nous supposerons réelles. On peut faire $a = -1$, quitte à tenir compte de ce choix dans l'expression de $T_{\alpha\beta}$, puisque $S_{\alpha\beta} = T_{\alpha\beta}$. Posant ensuite :

(26) $$b = -2\Lambda$$

où Λ est appelée constante cosmologique, nous obtenons alors les 10 relations indépendantes *uniques* que doit satisfaire le tenseur métrique $G_{\alpha\beta}$ de l'espace complexe, quel que soit le choix arbitraire du référentiel dans cet espace :

(27) $$R_{\alpha\beta} - \tfrac{1}{2}\, RG_{\alpha\beta} + \Lambda G_{\alpha\beta} = -\, T_{\alpha\beta}\,.$$

Tant que nous ne connaissons pas la forme explicite de $T_{\alpha\beta}$ en terme des concepts *physiques* habituels (densité propre, vitesse unitaire, etc.), il est impossible de choisir des conditions aux limites appropriées pour les relations (27), à l'exception de l'approximation $T_{\alpha\beta} = 0$ (comme on le fait habituellement en Relativité générale). Nous allons donc introduire ici un nouvel axiome, caractérisant cette fois-ci l'aspect *physique* de l'espace (l'action A), de manière à obtenir une forme explicite *unitaire* (c'est-à-dire valable, comme notre axiome 1, pour *toutes* les observations) du tenseur $T_{\alpha\beta}$.

3. Principe variationnel d'action stationnaire.

En chaque point M de l'espace complexe nous introduisons un Lagrangien local U, qui est une *densité quadridimensionnelle d'action* :

$$U = \frac{dA}{dV_4} \tag{28}$$

où dA est l'action contenue dans le volume élémentaire complexe dV_4 en M. L'action A est une grandeur physique de dimension $ML^2\,T^{-1}$: nous avons jusqu'ici défini l'espace complexe au moyen des longueurs et du temps (coordonnées), il nous restera donc tout à l'heure, pour compléter la définition de l'action A, à préciser la notion de masse en espace complexe.

La fonction complexe $U = \dot{U} + i\tilde{U}$ est supposée être une fonction holomorphe des coordonnées d'espace-temps.

Nous allons maintenant étendre à l'espace complexe le principe variationnel d'action stationnaire :

Axiome 2. — *L'action est une grandeur physique invariante de l'espace complexe* :

$$\delta \int_{V_4} U\,dV_4 = 0\,. \tag{29}$$

Existe-t-il, compte tenu de (29), une équation que doit satisfaire U *dans l'espace de Lorentz complexe* tangent en un point M quelconque de l'espace complexe ?

L'élément de volume dV_4, qui est un pseudo-scalaire de poids -1 dans l'espace complexe, est un véritable scalaire, c'est-à-dire *un invariant*, dans l'espace de Lorentz complexe en M, puisque le Jacobien est constant dans toute transformation de Lorentz complexe (tenseur métrique $\eta_{\alpha\beta}$, de déterminant $g = -1$). Une condition *suffisante* pour que (29) soit satisfait en M dans l'espace de Lorentz complexe est alors *que U soit lui-même un invariant* dans toute transformation de Lorentz complexe.

L'équation *la plus simple* que paraît devoir satisfaire U dans l'espace de Lorentz complexe en M est alors :

$$\Box^2\,U + C_1\,U + C_2\,U^2 + \cdots = 0 \tag{30}$$

avec :

$$\Box^2 = \eta^{\alpha\alpha}\left(\frac{\partial}{\partial x^\alpha}\right)^2 = \eta^{\alpha\alpha}\,\partial_\alpha^2\,.$$

Les C_1, C_2, ... sont des coefficients complexes constants. Notons encore que C_1 est homogène à une courbure scalaire (L^{-2}). Les coefficients C_n sont caractéristiques du point M considéré de l'espace complexe, mais varient généralement d'un point à un autre dans l'espace complexe.

Remarquons enfin que, quel que soit le point M considéré, (30) satisfait l'axiome (2), axiome qui possède lui-même comme principe conjugué (méthodes noethériennes [11, 12]) le principe de *conservation de l'impulsion-énergie.*

Nous allons maintenant chercher à expliciter la forme du tenseur physique $T_{\alpha\beta}$ figurant dans (27) en comparant (27) et (30).

4. Comparaison des équations déduites des axiomes 1 et 2.

En un point M donné de l'espace complexe nous pouvons identifier les équations (27) déduites de l'axiome 1 et les équations (30) déduites de l'axiome 2, puisque toutes deux constituent une description possible de la réalité physique en M.

En multipliant (27) par $G^{\alpha\beta}$ et en sommant sur α et β on obtient, après contraction :

$$G^{\alpha\beta} T_{\alpha\beta} - (R - 4\Lambda) = 0 \,. \tag{31}$$

Dans l'espace de Lorentz complexe tangent à l'espace complexe en M (31) s'écrit :

$$\eta^{\alpha\alpha}\, \mathbf{T}_{\alpha\alpha} - (R - 4\Lambda) = 0 \tag{32}$$

où $\mathbf{T}_{\alpha\alpha}$ désigne les 4 composantes diagonales du tenseur *normal* $\mathbf{T}_{\alpha\beta}$ (c'est-à-dire exprimé dans un repère orthonormé de l'espace tangent).

Multipliant maintenant chaque terme de (32) par la valeur de U au point M, on obtient :

$$\eta^{\alpha\alpha}\, \mathbf{T}_{\alpha\alpha} . U - (R - 4\Lambda) . U = 0 \tag{32 bis}$$

relation que l'on va identifier avec (30) au point M :

$$\eta^{\alpha\alpha}\, \partial_\alpha^2 U + C_1\, U + C_2\, U^2 + \cdots = 0 \,. \tag{33}$$

Les relations *suffisantes les plus simples* pour identifier (32 *bis*) et (33) sont :

$$\left\{ \begin{aligned} \mathbf{T}_{\alpha\alpha} &= - \frac{1}{U} \partial_\alpha^2\, U \\ R - 4\Lambda &= C_1 \\ C_n &= 0 \quad \text{pour} \quad n > 1 \,. \end{aligned} \right. \tag{34}$$

Dans ce cas (33) s'écrit simplement :

$$\Box^2\, U + C_1\, U = \Box^2\, U + (R - 4\Lambda)\, U = 0 \tag{35}$$

où $C_1 = R - 4\Lambda$ est une constante au point M qui ne dépend pas de U. (35) est donc une équation *linéaire* en U.

Il est intéressant d'analyser pourquoi nous sommes conduits, au cours de l'identification (34), à la condition $C_n = 0$ pour $n > 1$. Cette condition est en effet, comme nous allons le constater, une conséquence *de l'approximation* faite en Relativité générale quand on accepte que le tenseur différentiel $S_{\alpha\beta}$ soit *linéaire* par rapport aux dérivées partielles du second ordre en $g_{\alpha\beta}$ (condition de Cartan (II.1.2.*c*) ci-dessus).

Quel est le principe variationnel noethérien [12] le plus général associé à l'axiome fondamental de la Relativité générale :

$$\nabla_\alpha T^\alpha_\beta \equiv 0 \quad (S_{\alpha\beta} = T_{\alpha\beta})$$

où $T_{\alpha\beta}$ est un tenseur symétrique ? Ce principe variationnel peut s'écrire :

$$\delta \int p\sqrt{-g}\, dV_4 = 0 \tag{36}$$

où dV_4 est le volume élémentaire quadridimensionnel, g le déterminant des $g_{\alpha\beta}$ et p une fonction scalaire deux fois différentiable des tenseurs $g_{\alpha\beta}$ et $R_{\alpha\beta}$.

On démontre [16] que p admet un développement limité au voisinage de $R = g^{\alpha\beta} R_{\alpha\beta} = 0$:

$$p = a + bR + k_2 R^2 + \cdots \tag{37}$$

où les deux premiers coefficients *a et b sont indépendants de R.*

$S_{\alpha\beta}$ s'écrit alors, en tenant compte de (37) :

$$S_{\alpha\beta} = -2\, bR_{\alpha\beta} + g_{\alpha\beta}(a + bR + k_2 R^2 + \cdots)\,. \tag{38}$$

Par ailleurs, les identités de Bianchi *exigent* que l'on ait :

$$\nabla_\alpha(R^\alpha_\beta - \tfrac{1}{2} Rg^\alpha_\beta + \Lambda g^\alpha_\beta) \equiv 0 \tag{39}$$

où Λ est une constante.

La comparaison de (38) et (39) fournit :

$$\begin{cases} a = \Lambda \\ b = -\tfrac{1}{2} \\ \nabla_\alpha[g^\alpha_\beta(k^2 R^2 + \cdots)] \equiv 0 \end{cases} \tag{40}$$

auquel cas $S_{\alpha\beta}$ s'écrit :

$$S_{\alpha\beta} = R_{\alpha\beta} - \tfrac{1}{2} Rg_{\alpha\beta} + \Lambda g_{\alpha\beta} + g_{\alpha\beta}(k_2 R^2 + \cdots)\,. \tag{41}$$

Il n'est pas possible d'annuler simultanément *tous* les k_n pour $n > 1$, puisque ces coefficients dépendent de R. La Relativité générale, qui néglige les puissances des dérivées partielles de $g_{\alpha\beta}$ supérieures à 1, fait donc bien *une approxi-*

mation, puisque ceci revient à négliger tous les termes de (41) contenant R^n pour $n > 1$. Les relations habituelles :

(42) $$R_{\alpha\beta} - \frac{1}{2} R g_{\alpha\beta} + \Lambda g_{\alpha\beta} = - T_{\alpha\beta}$$

de la Relativité générale constituent donc une approximation excellente pour *les faibles courbures* riemanniennes scalaires R ; mais il n'est pas certain que ces relations constituent encore une approximation acceptable de la réalité physique dans le cas de fortes courbures R (particules élémentaires, trous noirs en astronomie, etc.).

En Relativité complexe nous avons également accepté l'approximation consistant à se contenter d'un $S_{\alpha\beta}$ *linéaire* par rapport aux dérivées partielles du second ordre des $g_{\alpha\beta}$. Dans le cas où on aurait retenu pour $S_{\alpha\beta}$ les équations *rigoureuses* (41) déduites de l'axiome 1 : $\nabla_\alpha S^\alpha_\beta = 0$, l'identification entre (41) et (30) aurait alors conduit, contrairement aux conclusions (34), à faire aussi $C_n \neq 0$ pour $n > 1$. En d'autres termes, si l'équation (35) dans l'espace de Lorentz complexe est une équation *linéaire*, cela tient à l'approximation faite sur $S_{\alpha\beta}$. Cet aspect méritait d'être souligné, puisqu'il indique qu'aussi bien le formalisme de la Relativité générale que celui de la Relativité complexe ne peuvent (au mieux) qu'être *une approximation* pour la description de la réalité physique dès qu'il s'agit d'un espace à *forte* courbure scalaire riemannienne R. En tout état de cause, cette « approximation » de la représentation que fait la Relativité générale lorsqu'il s'agit d'une région très courbée de l'espace est meilleure que l'approximation que fait la Théorie quantique, puisque la représentation quantique est *toujours* effectuée en espace euclidien ($R \equiv 0$).

5. Les variables de champ.

Il nous faut maintenant définir notre Lagrangien densité d'action U en termes des variables de champ, c'est-à-dire : les variables dynamiques $u^\alpha = dy^\alpha/ds$ (vitesse unitaire) et une densité propre ρ.

5.1. La vitesse unitaire u^α.

C'est un quadrivecteur u^α dépendant de la métrique ds^2 en tout point M de l'espace complexe :

(43) $$u^\alpha = \frac{dy^\alpha}{ds} = \dot{u}^\alpha + i\tilde{u}^\alpha .$$

u^α est une fonction holomorphe dépendant analytiquement des coordonnées complexes $y^\alpha = \dot{y}^\alpha + i\tilde{y}^\alpha$. Ce quadrivecteur vitesse unitaire satisfait, d'après (17), la relation :

(44) $$G_{\alpha\beta} u^\alpha u^\beta = 1 .$$

5.2. LA DENSITÉ PROPRE ρ.

Nous demanderons à la densité propre ρ de satisfaire les 3 conditions suivantes :

a) ρ doit être *un invariant* pour tout changement de référentiel dans l'espace complexe, comme cela est nécessaire pour une densité *propre*.

b) ρ est une fonction holomorphe *réelle* du point courant de l'espace-temps complexe :

(45) $$\rho(\dot{y}^\alpha + i\tilde{y}^\alpha) \in \mathbf{R} .$$

Nous verrons que l'espace-temps dit « vide » ne correspond pas à $\rho = 0$, mais à une densité cosmologique ρ_c ($\simeq 10^{-31}$ g/cm^3) diminuant lentement dans le temps. Par contre, nous verrons aussi qu'il existe certaines particules (photons, neutrinos) définies par $\rho = 0$.

c) Nous voulons que la définition de ρ permette de retrouver, à partir de nos relations (27), (34) et (35) déduites de nos 2 axiomes de base, une équation analogue à l'équation relativiste habituelle entre l'énergie W, l'impulsion p et la masse propre m_0 :

(46) $$\frac{W^2}{c^2} - \sum_{j=1}^{3} p_j^2 = m_0^2 c^2 .$$

Compte tenu de ces 3 conditions *a)*, *b)* et *c)*, et en se souvenant de la définition de ρ en Mécanique quantique :

$$I_\alpha . \psi = \rho \Omega_0 \, c u_\alpha . \psi = (-j\hbar \partial_\alpha) \, \psi$$

on est conduit aux relations de définition suivantes associant ρ, u^α et la densité d'action U dans l'espace complexe :

(47) $$\Omega_0^2 \, c^2 \, \rho^2 \, u_\alpha \, u_\beta = \frac{-\hbar^2 \, \nabla_\alpha \partial_\beta (U/\sqrt{-G})}{U/\sqrt{-G}}$$

où ∇_α est le symbole de dérivation covariante par rapport aux coordonnées y^α et G le déterminant des $G_{\alpha\beta}$ de l'espace complexe.

Ω_0 est une constante absolue que nous appellerons *le volume quantique*, qui est nécessaire pour assurer l'homogénéité dimensionnelle des relations de définition (47) pour ρ. Comme on le constate, ρ est alors bien, d'après (47), *un invariant*.

6. Les équations de la Relativité complexe.

Dans *l'espace de Lorentz complexe*, en un point quelconque M de l'espace complexe, les relations (47) s'écrivent plus simplement :

$$\Omega_0^2 \, c^2 \, \rho^2 \, u_\alpha^2 = -\hbar^2 \frac{\partial_\alpha^2 U}{U}$$

ou encore :

$$\xi^2 \rho^2 u_\alpha^2 = -\frac{1}{U}\partial_\alpha^2 U \tag{48}$$

en posant pour la constante ξ la définition :

$$\xi = \frac{\Omega_0 c}{\hbar}. \tag{49}$$

Avec (34) nous voyons que les composantes diagonales $\mathbf{T}_{\alpha\alpha}$ du tenseur physique $T_{\alpha\beta}$ dans l'espace de Lorentz complexe tangent à l'espace complexe en M s'écrivent :

$$\mathbf{T}_{\alpha\alpha} = \xi^2 \rho^2 u_\alpha^2 . \tag{50}$$

Dans tout changement de référentiel en *M dans l'espace riemannien complexe*, ρ est un invariant et les 4 composantes quadratiques u_α^2 se transforment comme les composantes d'un tenseur de rang 2 : $V_{\alpha\beta} = u_\alpha u_\beta$. (50) fournit par conséquent la forme microscopique du tenseur physique $T_{\alpha\beta}$ en *tout point M* de l'espace complexe :

$$\boxed{T_{\alpha\beta} = \xi^2 \rho^2 u_\alpha u_\beta} \tag{51}$$

Comme on le constate, $T_{\alpha\beta}$ *n'est pas* un tenseur impulsion-énergie : nous continuerons de le nommer *tenseur physique* en tout point M de l'espace complexe.

Les équations (27) *de la Relativité complexe* s'écrivent donc maintenant sous leur forme finale :

$$\boxed{R_{\alpha\beta} - \tfrac{1}{2} RG_{\alpha\beta} + \Lambda G_{\alpha\beta} = -\xi^2 \rho^2 u_\alpha u_\beta .} \tag{52}$$

En multipliant chaque membre de (52) par $G^{\alpha\beta}$ et en sommant sur α et β on a alors, après contraction, en tenant compte de (44) et (34) :

$$R - 4\Lambda = G^{\alpha\beta} T_{\alpha\beta} = \xi^2 \rho^2 = C_1 . \tag{53}$$

Dans l'espace de Lorentz complexe tangent, en tout point M de l'espace complexe, l'équation (35) s'écrit donc aussi :

$$\boxed{\square^2 U + \xi^2 \rho^2 U = 0 .} \tag{54}$$

Bien entendu, cette équation (54) n'est une description de l'espace complexe *qu'au point M lui-même*, puisqu'un espace riemannien ne peut généralement pas (sauf s'il est localement euclidien autour de M) être décrit dans un référentiel de Lorentz. Nous verrons comment (section III, § 5) cette équation (54) nous servira à décrire la *structure spinorielle* au point M.

On note aussi, avec (53), que $\xi^2 \rho^2$ est égal (à la constante 4Λ près) à la courbure scalaire riemannienne R de l'espace complexe en M :

$$\boxed{R = \xi^2 \rho^2 + 4\Lambda\,.} \tag{55}$$

R est ici une fonction holomorphe *réelle* :

$$R \in \mathbf{R}\,. \tag{56}$$

7. L'énergie et l'impulsion en espace complexe.

En un point M quelconque de l'espace complexe, plaçons-nous dans un référentiel quelconque de l'espace de Lorentz complexe en M. Le tenseur physique a dans cet espace sa forme *normale* $\mathbf{T}_{\alpha\beta}$, dont les composantes diagonales $\mathbf{T}_{\alpha\alpha}$ sont fournies par (50). On a :

$$\eta^{\alpha\beta}\,\mathbf{T}_{\alpha\beta} = \xi^2 \rho^2 u_4^2 - \sum_{j=1}^{3} \xi^2 \rho^2 u_j^2 = \xi^2 \rho^2 = T_1^1 + T_2^2 + T_3^3 + T_4^4 \tag{57}$$

qu'on peut encore écrire, en tenant compte de la définition (49) pour ξ :

$$\Omega_0^2 c^2 \rho^2 u_4^2 - \sum_{j=1}^{3} \Omega_0^2 c^2 \rho^2 u_j^2 = \Omega_0^2 c^2 \rho^2 \tag{58}$$

où Ω_0 est le volume quantique, la constante associée par (47) à la définition de la densité propre ρ.

Définissons alors les quantités suivantes en M :

$$\begin{cases} M_0 = \Omega_0\,\rho \\ E = \dot{E} + i\tilde{E} = \Omega_0\, c^2 \rho\, u_4 \\ P_j = \dot{P}_j + i\tilde{P}_j = \Omega_0\, c\rho\, u_j\,. \end{cases} \tag{59}$$

E, P_j et M_0 satisfont, d'après (57) et (58), les relations :

$$\frac{E^2}{c^2} - \sum_{j=1}^{3} P_j^2 = M_0^2 c^2 = \left(T_4^4 + \sum_{j=1}^{3} T_j^j\right)\hbar^2 \tag{60}$$

(60) a la forme de la relation relativiste familière de la Relativité (46) liant énergie, impulsion et masse propre. Nous appellerons $M_0 = \Omega_0\,\rho$ la *masse propre* riemannienne (réelle) en M ; $E_0 = \dot{E} + i\tilde{E}$ sera nommée *l'énergie*

complexe en M ; $P_j = \dot{P}_j + i\tilde{P}_j$ enfin sera nommée la composante j ($j=1, 2, 3$) de *l'impulsion complexe* en M. Nous verrons, dans la section III qui suit, comment on obtient, à partir des grandeurs *complexes* E et P_j en M, les grandeurs physiques *réelles* W et p_j que nous sommes habitués à considérer pour décrire la réalité physique.

8. Les géodésiques et l'équation de continuité pour *R*.

De notre axiome 1 :

$$\nabla_\alpha T^\alpha_\beta \equiv 0 \tag{62}$$

on tire maintenant avec (51) :

$$\nabla_\alpha(\rho^2 u^\alpha u_\beta) = 0$$

$$\nabla_\alpha(\rho^2 u^\alpha).u_\beta + \rho^2 u^\alpha \nabla_\alpha u_\beta = 0 \,. \tag{63}$$

En remarquant que :

$$G_{\alpha\beta}\, G^{\alpha j} = \delta^j_\beta$$

où δ est le symbole de Krönecker, on a immédiatement avec (44) :

$$u^\alpha u_\alpha = 1 \,. \tag{64}$$

Par dérivation covariante (64) fournit :

$$u^\beta \nabla_\alpha u_\beta = 0 \,. \tag{65}$$

Multipliant (63) par u^β et sommant sur β on obtient :

$$\nabla_\alpha(\rho^2 u^\alpha).u_\beta u^\beta + \rho^2 u^\alpha u^\beta \nabla_\alpha u_\beta = 0$$

et avec (64) et (65) ceci s'écrit :

$$\boxed{\nabla_\alpha \rho^2 u^\alpha = 0 \,.} \tag{66}$$

Tenant compte enfin de (66) dans (63), on obtient :

$$\boxed{u^\alpha \nabla_\alpha u_\beta = 0 \,.} \tag{67}$$

(66) est une équation de continuité pour la densité propre quadratique ρ^2, c'est-à-dire aussi, avec (55), *une équation de continuité pour la courbure scalaire riemannienne* R [17] :

$$\nabla_\alpha R u^\alpha = 0 \,. \tag{68}$$

(67) nous indique que tout point M de l'espace complexe, de densité propre ρ réelle, est doté d'un vecteur vitesse unitaire complexe u^α qui est tangent aux géodésiques de la métrique complexe ds^2 de l'espace complexe (c'est-à-dire « se déplace » le long de ces géodésiques complexes).

Nous obtenons ici, avec (67), *une extension à tous les types d'interaction* du principe des géodésiques, qui en Relativité générale était limité aux phénomènes gravitationnels.

L'extension du mouvement géodésique aux interactions *non gravitationnelles* est rendue possible grâce au fait que notre forme (51) pour $T_{\alpha\beta}$ définit un espace qui est susceptible de posséder *des contraintes.*

(66) peut en effet s'écrire, en faisant apparaître l'expression habituelle de continuité pour ρ dans un espace non contraint :

$$\text{(66 } bis\text{)} \qquad \nabla_\alpha(\rho u^\alpha) = \tfrac{1}{2}\,\rho\,\nabla_\alpha u^\alpha = -\,u^\alpha\,\frac{\partial\rho}{\partial y^\alpha}\,.$$

Cette expression ne s'annule que dans des cas très particuliers : densité ρ constante par exemple, ou champ de vitesse u^α sans divergence. Nous verrons au chapitre suivant que ceci n'est *jamais* réalisé en Relativité complexe, compte tenu du fait que ρ et u^α sont en chaque point des fonctions périodiques du temps. (66 *bis*) signifie donc que chaque point de l'espace-temps physique complexe est *siège de contraintes.* Nous allons voir, dans la section III qui suit, que ces contraintes correspondent à la présence en chaque point *d'un spin et d'un pulse quantifiés.*

SECTION III

PASSAGE DE LA RELATIVITÉ COMPLEXE A UNE RELATIVITÉ GÉNÉRALE QUANTIFIÉE

1. Le problème.

L'idée de base qui nous a guidé vers la Relativité complexe est l'espoir que *toutes* les observations actuelles des phénomènes physiques, y compris les phénomènes quantiques, pourraient dans une telle théorie être rassemblées *dans le même formalisme géométrique*. Ce résultat d'unification, s'il peut être obtenu, aurait alors le très grand avantage de faire apparaître *les couplages* entre des phénomènes qui, dans des formalismes aussi différents que ceux de la Relativité générale et de la Théorie quantique des champs, apparaissent comme cloisonnés les uns des autres.

Supposons un instant que notre espace *physique*, auquel nous prêtons 3 dimensions imaginaires d'espace et une dimension réelle de temps en Relativité générale, possède en fait une géométrie telle qu'il soit nécessaire, pour *le décrire complètement de manière unitaire*, de le rapporter en chaque point à 4 coordonnées *complexes* ; somme toute, il ne s'agirait là que d'une extension de la Relativité générale, qui avait déjà introduit l'imaginaire dans les vecteurs de base de ses référentiels. Mais, s'il en est bien ainsi, alors la Relativité générale est une description géométrique qui « manque de dimensions » pour représenter complètement les phénomènes physiques, puisque la complexité des vecteurs de base a pratiquement pour effet de doubler le nombre des dimensions à la disposition de la Relativité générale. On serait, en Relativité générale, dans une situation analogue à celle où l'on tente de décrire la surface sphérique de la Terre au moyen d'un planisphère; pour compléter les indications de relief sur ce planisphère, on devra alors supplémenter la description en chaque point par des éléments *non géométriques*, comme un nombre ou une couleur représentant symboliquement l'altitude de ce point, par exemple.

Le problème du passage de la Relativité complexe à la Relativité générale (ou le chemin inverse) peut donc être formulé comme suit :

Quels sont les éléments *non géométriques* qu'il va falloir ajouter en chaque point M de la description géométrique habituelle de la Relativité générale (coordonnées réelles ou imaginaires pures) pour obtenir en M une description aussi complète des phénomènes physiques que celle fournie en termes entièrement géométriques par la Relativité complexe (coordonnées complexes) ?

Nous allons voir que ces éléments non géométriques supplémentaires sont *des spineurs*, et obtenir par le même coup *la quantification* de la Relativité générale.

2. Image complexe d'un point M de la carte Relativité générale.

2.1. Image complexe du point M mathématique.

Choisissons un référentiel y^α ($\alpha = 1$ à 4) *dans l'espace d'Einstein* de la Relativité générale, et considérons le point M défini dans ce référentiel par :

$$(69) \qquad y^\alpha_M \equiv 0$$

c'est-à-dire un point M à l'origine du référentiel y^α.

Le point M peut aussi être considéré comme appartenant à l'espace physique *complexe*. Choisissons alors dans l'espace complexe un référentiel Z^α tel que les coordonnées de M dans ce référentiel soient :

$$(70) \qquad Z^\alpha_M = \dot{Z}^\alpha + i\tilde{Z}^\alpha = 0 + i\tilde{Z}^\alpha .$$

$\tilde{Z}^\alpha$ est ici *quelconque*. L'image complexe du point M de l'espace d'Einstein est donc l'ensemble des points M' de coordonnées complexes :

$$(71) \qquad Z^\alpha_{M'} = 0 + i\tilde{Z}^\alpha = i\tilde{Z}^\alpha \quad \forall \tilde{Z}^\alpha \in [-\infty, +\infty]$$

le point M lui-même appartenant à cet ensemble de points M'.

En d'autres termes, l'image complexe du point mathématique M de l'espace d'Einstein est *tout un univers d'espace-temps* décrit par les coordonnées purement imaginaires $i\tilde{Z}^\alpha$ ($\alpha = 1$ à 4) du référentiel complexe défini en M par (70).

2.2. Image complexe du point M physique.

Pour préciser l'image complexe de M il faut doter ce point M des caractéristiques *physiques* qu'il possède dans la carte Relativité générale, à savoir :

(72)
- une énergie réelle W
- une impulsion réelle p
- une densité propre d réelle .

Puisque nous postulons que les phénomènes *physiques* se déroulent dans un espace *complexe* Z^α, notre problème est donc de rechercher l'image complexe M' du point M de la carte Relativité générale de telle manière que les caractéristiques W, p et d de M soient aussi celles de son image complexe M'. On conçoit qu'alors M' ne puisse plus occuper *tout* l'espace $\tilde{Z}^\alpha \in [-\infty, +\infty]$ défini en (71), mais soit confiné à un sous-espace Γ de $\tilde{Z}^\alpha$ tel que tout point $M' \in \Gamma$ soit caractérisé par W, p et d. Quel est, rapporté au référentiel (70) de l'espace complexe, ce sous-espace Γ ? C'est ce que nous allons chercher à préciser maintenant.

2.3. DÉVELOPPEMENT DE $\rho_{M'_0}$ EN SÉRIE DE FOURIER.

Plaçons-nous dans l'espace imaginaire $\tilde{Z}_M^{\alpha}$ en M, tel que cet espace est défini par (70). Cet espace $\tilde{Z}_M^{\alpha} \in [-\infty, +\infty]$ est, comme nous l'avons vu, l'image mathématique complexe du point M.

Pour la commodité du raisonnement, nous séparerons les 4 coordonnées $\tilde{Z}^{\alpha}$ ($\alpha = 1$ à 4) en coordonnées spatiales $\tilde{Z}^j$ ($j = 1, 2, 3$) et la coordonnée de temps imaginaire $\tilde{t} = \tilde{Z}^4$.

Considérons alors le point $M'_0(\tilde{t})$ défini par :

(73) $$M'_0(\tilde{t}) = M'_{\tilde{Z}^j = 0} \, .$$

Soient respectivement ρ, E et P la densité propre, l'énergie et l'impulsion dans l'espace *complexe* $\tilde{Z}_M^{\alpha}$, au point M'_0. ρ est une fonction réelle de $\tilde{t}$, E et P sont des fonctions complexes de $\tilde{t}$.

Développons maintenant la fonction réelle $\rho_{M'_0}$ en série de Fourier en fonction du temps imaginaire $\tilde{t}$ entre $\omega\tilde{t}_0 = \theta_0$ et $\omega\tilde{t} = \theta_0 + 2\pi$. Notons qu'on peut choisir $\tilde{t}_0 = 0$ au moment de l'observation à $t = 0$ du temps réel, puisque $\tilde{t}_0$ est « l'heure » du temps imaginaire au moment de l'observation, dont l'origine peut (tout comme pour le temps réel) être définie à une constante additive près. Nous considérerons donc ici le développement de Fourier au moment de l'observation entre 0 et $\omega\tilde{t} = 2\pi$. On a :

(74) $$\rho_{M'_0} = \sum_{n=-\infty}^{+\infty} c_n \, e^{ni\omega\tilde{t}}$$

où les c_n désignent des coefficients complexes :

(75) $$c_n = \dot{c}_n + i\tilde{c}_n \, .$$

Nous poserons :

(76) $$\omega = \frac{2\pi}{T}$$

et nous nommerons T la *période fondamentale* au point M de la carte Relativité générale.

ω apparaît, à ce point de notre exposé, comme une pulsation de valeur arbitraire dans le développement de Fourier, dont nous avons défini le développement sur l'intervalle $\omega t \in [0, 2\pi]$. En fait, nous allons avoir à revenir sur le choix de ω, que l'introduction de la quantification de l'action (§ 2.5 ci-dessous) va nous faire apparaître comme associé à ce qui sera la densité propre d_M du point M dans l'espace d'Einstein. Nous admettrons donc simplement, pour le moment, le caractère *périodique* associé à tout point M de l'espace physique, traduit par la valeur de la pulsation $\omega = 2\pi/T$.

Les coefficients complexes contenus dans (74) s'écrivent :

(77) $$c_n = \frac{1}{T}\int_0^T \rho_{M'_0} \, e^{-ni\omega\tilde{t}} \, .$$

Les caractéristiques bien connues des séries de Fourier permettent d'écrire, en faisant intervenir la quantité conjuguée c_n^* de c_n :

(78) $$\langle \rho^2 \rangle = \frac{1}{T} \int_0^T \rho^2 \, d\tilde{t} = \sum_{n=-\infty}^{+\infty} c_n c_n^*$$

où chaque produit $c_n c_n^*$ est une quantité *réelle*, $\langle \rho^2 \rangle$ désignant la valeur moyenne de ρ^2 sur une période d'oscillation de ρ^2 en M.

2.4. L'ÉNERGIE ET L'IMPULSION RÉELLES EN RELATIVITÉ GÉNÉRALE.

Reportons-nous alors à la relation (60) de la Relativité complexe :

(60 *bis*) $$\frac{E^2}{c^2} - \sum_{j=1}^{3} P_j^2 = \Omega_0^2 c^2 \rho^2$$

qui avec (59) s'écrit encore :

(81) $$\begin{cases} a) \ \dfrac{(\dot{E}^2 - \tilde{E}^2)}{c^2} - \displaystyle\sum_{j=1}^{3} (\dot{P}_j^2 - \tilde{P}_j^2) = \Omega_0^2 c^2 \rho^2 = M_0^2 c^2 \\ b) \ \dfrac{\dot{E}\tilde{E}}{c^2} - \displaystyle\sum_{j=1}^{3} \dot{P}_j \tilde{P}_j = 0 . \end{cases}$$

Comment la Relativité générale va-t-elle pouvoir fournir une description approchée de l'espace physique (supposé complexe) au moyen d'impulsions-énergies réelles ?

Nous sommes conduits à penser, et nous adopterons comme hypothèse de travail, que le formalisme de la Relativité générale est obtenu en restreignant le formalisme plus général de la Relativité complexe au moyen des définitions et approximations suivantes :

a) *La densité propre* réelle d dont la Relativité générale caractérise tout point M de l'espace-temps d'Einstein s'exprime en fonction des propriétés de l'image complexe M' de M par :

(82) $$d^2 = \langle \rho^2 \rangle .$$

Nous désignerons par *masse propre quantique* du point mathématique M dans la carte RGQ (Relativité générale quantifiée), la quantité :

(83) $$m_0 = \pm \Omega_0 d$$

m_0 est, comme d, une fonction réelle du point, définie au signe près.

b) Nous appellerons *impulsion-énergie corpusculaire* $(\dot{W}, \dot{p}_j)$ les quantités :

(84) $$\dot{W} = \pm (\langle \dot{E}^2 \rangle)^{1/2} \qquad \dot{p}_j = \pm (\langle \dot{P}_j^2 \rangle)^{1/2} .$$

De même, nous appellerons *impulsion-énergie ondulatoire* $(\tilde{W}, \tilde{p}_j)$, les quantités :

$$\tilde{W} = \pm (\langle \tilde{E}^2 \rangle)^{1/2} \qquad \tilde{p}_j = \pm (\langle \tilde{P}_j^2 \rangle)^{1/2} \tag{85}$$

$\dot{W}$, $\dot{p}_j$, $\tilde{W}$ et $\tilde{p}_j$ sont bien ici, par définition, des quantités *toutes réelles*, comme l'exige la Relativité générale(*).

Posons :

$$W^2 = \dot{W}^2 - \tilde{W}^2 , \qquad p_j^2 = \dot{p}_j^2 - \tilde{p}_j^2 . \tag{86}$$

(81) s'écrit alors :

$$\left\{ \begin{aligned} & \frac{W^2}{c^2} - \sum_{j=1}^{3} p_j^2 = m_0^2 c^2 \\ & \frac{\langle \dot{E}\tilde{E} \rangle}{c^2} - \sum_{j=1}^{3} \langle \dot{P}_j \tilde{P}_j \rangle = 0 . \end{aligned} \right. \tag{87}$$

La Relativité générale quantifiée RGQ va faire l'approximation :

$$\left\{ \begin{aligned} \langle \dot{E}\tilde{E} \rangle \equiv 0 \\ \langle \dot{P}_j \tilde{P}_j \rangle \equiv 0 \end{aligned} \right. \qquad (\forall y^\alpha) . \tag{88}$$

Dans ce cas, les composantes diagonales *normales* (espace de Lorentz tangent) du tenseur physique $T_{\alpha\beta}$ de l'espace d'Einstein en tout point M de RGQ sont bien *toutes réelles* et s'écrivent, d'après (60), (84), (85) et (86) :

$$\left\{ \begin{aligned} & \mathbf{T}_4^4 = \frac{W^2}{c^2 \hbar^2} = \frac{1}{c^2 \hbar^2} (\dot{W}^2 - \tilde{W}^2) \\ & \mathbf{T}_j^j = \frac{-p_j^2}{\hbar^2} = \frac{1}{\hbar^2} (\tilde{p}_j^2 - \dot{p}_j^2) . \end{aligned} \right. \tag{89}$$

A quoi correspond l'approximation (88) faite en Relativité générale quantifiée ? Nous savons, d'après (59) et (74), que la densité propre ρ peut être développée en série de Fourier en tout point M de RGQ en fonction d'une période fondamentale $T = 2\pi/\omega$; d'après (81) les impulsions-énergies $(\dot{E}, \dot{P}_j)$ et $(\tilde{E}, \tilde{P}_j)$ sont donc elles aussi, en chaque point M, susceptibles d'être développées en série de Fourier en fonction de la période fondamentale T, celle-ci étant la même que celle de ρ et la même aussi pour $(\dot{E}, \dot{P}_j)$ et pour $(\tilde{E}, \tilde{P}_j)$. Pour que (88) soit *rigoureusement* vérifié, il suffirait que $(\dot{E}, \dot{P}_j)$ et $(\tilde{E}, \tilde{P}_j)$ soient monochromatiques et possèdent un déphasage de $\pi/2$, quel que soit M. Il n'y a cependant aucune raison, d'après les équations de la Relativité complexe, pour qu'il en soit partout rigoureusement ainsi. Nous nommerons *fluctuation* la valeur du déphasage $\Delta\varphi$ par rapport à la valeur de $\pi/2$ qui satisfait (88). On peut donc dire que la Relativité générale quantifiée

(*) Voir en Annexe 6 la justification de ces dénominations de « corpusculaire » et « ondulatoire ».

va fournir une description de l'espace physique (supposé complexe) *qui néglige les fluctuations de cet espace* ($\Delta\varphi \equiv 0$). Si les fluctuations de l'espace physique constituent un phénomène prépondérant dans l'état représenté de l'espace, les équations de cet état pourront le traduire en donnant à W^2 et p_j^2 des valeurs *négatives*, et donc à W et p_j des valeurs imaginaires. Nous en verrons un exemple et nous examinerons comment il faut interpréter et résoudre ce problème aux sections VI et VII.

c) La relation fondamentale entre énergie et impulsion dont on tiendra compte dans RGQ va donc consister, au lieu de (87), en seulement :

$$\frac{W^2}{c^2} - \sum_{j=1}^{3} p_j^2 = m_0^2\, c^2 = \Omega_0^2\, d^2\, c^2 \,. \tag{90}$$

Cette relation est identique dans sa forme à la relation relativiste habituelle de la Relativité générale d'Einstein, mais les expressions de W^2 et p_j^2 (86) font intervenir ici une *distinction entre impulsion-énergie corpusculaire et impulsion-énergie ondulatoire* qui n'apparaît pas en Théorie d'Einstein.

En fait, la Relativité d'Einstein écrit (90) sous la forme des *deux* équations :

$$\left\{\begin{array}{l} \dfrac{\dot{W}^2}{c^2} - \displaystyle\sum_{j=1}^{3} \dot{p}_j^2 = m_0^2\, c^2 \\ \dfrac{\tilde{W}^2}{c^2} - \displaystyle\sum_{j=1}^{3} \tilde{p}_j^2 = 0 \end{array}\right. \tag{90 bis}$$

la première relation étant relative à une particule de matière de masse propre m_0, la seconde aux photons, dont on suppose la masse propre nulle. On obtient (90) en soustrayant la seconde de la première.

En d'autres termes, une impulsion-énergie ondulatoire ($\tilde{W}$, $\tilde{p}_j$), caractérisée par $d = 0$, *peut toujours être superposée* à une impulsion-énergie corpusculaire ($\dot{W}$, $\dot{p}_j$), caractérisée par $d \neq 0$, dans les équations de RGQ. Ces 2 solutions $d = 0$, $d \neq 0$ seront en effet toujours *découplées* dans RGQ, alors qu'en Relativité complexe elles sont couplées par la seconde des relations (87). *L'approximation faite dans* RGQ *consistant à négliger les fluctuations revient donc à découpler l'impulsion-énergie ondulatoire de l'impulsion-énergie corpusculaire.*

2.5. Introduction de la quantification.

Tout ce qui précède a associé le point M de l'espace d'Einstein de la Relativité générale au point M_0' de l'espace imaginaire $\tilde{Z}^\alpha$ en M, défini par l'ensemble des caractéristiques géométriques et physiques suivantes :

$$M_0' \left\{\begin{array}{l} \dot{Z}^\alpha = \dot{Z}_M = 0 \\ \tilde{Z}^j = 0 \quad (j = 1, 2, 3) \\ \tilde{t} \in [0, +\infty] \quad (t_0 = 0) \\ \langle E^2 \rangle = W^2 \quad \langle P_j^2 \rangle = p_j^2 \,. \end{array}\right. \tag{91}$$

Mais nous avons vu que l'image complexe M' du point *mathématique* M de la Relativité générale pouvait être située en n'importe quel point de l'espace imaginaire $\tilde{Z}^{\alpha}$, soit :

(92) $$M' \begin{cases} \dot{Z}^{\alpha} = \dot{Z}_M = 0 \\ \tilde{Z}^j \in [-\infty, +\infty] \\ \tilde{t} \in [0, +\infty]. \end{cases}$$

M'_0 appartient naturellement à l'ensemble des points M'. Mais n'existe-t-il pas *d'autres* points M' satisfaisant aussi bien, voire mieux que M'_0, les caractéristiques physiques W, p et d du point M ?

Pour répondre, il nous faut d'abord poser les 2 questions suivantes :

a) M'_0 possède-t-il bien *toutes* les caractéristiques physiques réclamées par un point *quelconque* de l'espace physique ? Nous pensons plus particulièrement ici à *la quantification* et au caractère *périodique* attaché à M, qui ne sont pas encore explicitement traduits dans les résultats qui précèdent.

b) Quelle que soit la réponse donnée à *a*), n'existe-t-il pas *d'autres* points M' définis par (92) qui répondent aux caractéristiques physiques imposées à l'image complexe du point M de l'espace d'Einstein ? Dans l'affirmative, il s'introduirait une *indétermination* géométrique de l'image complexe de M, dont il faudrait rechercher les conséquences observables.

2.5.1. *M'_0 ne satisfait pas la quantification.*

Nous pouvons choisir le référentiel auquel on rapporte le point M en Relativité générale comme le *référentiel propre* de M, c'est-à-dire le référentiel où, par définition, les coordonnées spatiales y^j ne changent pas quand le temps réel t s'écoule dans l'espace d'Einstein.

Si l'image complexe du point *physique* M est bien le point M'_0, alors les coordonnées spatiales imaginaires $\tilde{Z}^i$ de cette image ne varient pas non plus quand s'écoule le temps imaginaire $\tilde{t}$, d'après la définition (91) de M'_0 selon laquelle $\tilde{Z}^j = 0 \ \forall \tilde{t}$. On peut donc affirmer dans ce cas que, pour le point M'_0, toutes les composantes P_j de l'impulsion sont nulles, soit :

(93) $$P_j = 0 \qquad \forall \tilde{t}$$

et donc aussi pour le point physique M :

(94) $$\overset{\varphi}{p}{}^2_M = \sum_{j=1}^{3} P_j^2 = 0 .$$

Mais la quantification nous a appris (Théorie de l'électron de Dirac par exemple) qu'il pouvait exister en un point physique une impulsion non nulle (spin), *même dans le système propre de ce point.*

Nous généraliserons cette observation à *tout point* de l'espace physique, et nous adopterons l'axiome 3 suivant :

Axiome 3. — L'action totale en tout point-événement M de la Relativité générale est quantifiée à la valeur $\pm nh$, où n est entier et non nul et $|h|$ une constante.

Nous devons alors conclure que le point M'_0, qui correspond à un point M de la Relativité générale pour lequel l'impulsion p est rigoureusement nulle, *n'est pas* l'image d'un point physique de la carte Relativité générale.

2.5.2. *Le « lieu » Γ de l'image complexe du point physique M.*

Comment peut-on associer une impulsion non nulle, c'est-à-dire aussi une action quantifiée (axiome 3), au point M de la carte Relativité générale, dans le référentiel *propre* de M ($\partial Z^i/\partial t = 0$) ? Deux solutions paraissent pouvoir être envisagées :

α) Nous admettons que nous avons en fait, dans l'espace *complexe* physique au point M, la masse propre *variable* M_0, fournie en fonction de la densité propre ρ_M au point M par :

$$M_0 = \Omega_0 \, \rho_M \, . \tag{95}$$

C'est une solution analogue qu'avait proposée Louis de Broglie dès 1956 [19], solution qu'il a reprise plus récemment sous une forme modifiée [20]. Dans notre cas on voit que, dans l'espace de Lorentz complexe tangent à l'espace physique riemannien en M, l'équation (54) de la Relativité complexe s'écrit en tenant compte de (95) :

$$\Box^2 U + \frac{c^2}{\hbar^2} M_0^2 \, U = 0 \, . \tag{96}$$

Une analyse analogue à celle des références [19] et [20] permet alors de montrer qu'un corpuscule de masse propre variable, obéissant à une équation relativiste de Klein-Gordon du type (96), est soumis dans son système propre à une force quantique, permettant à son tour de définir un *potentiel quantique*.

β) Nous ne retiendrons pas ici cependant cette possibilité, car elle ne répond pas aux critères de *la Relativité complexe*, et constitue, par ailleurs, une description insuffisante de la quantification. En effet :

• Dans la carte Relativité générale, le point M est caractérisé par une masse propre *constante*, c'est la masse propre quantique définie en (83) :

$$m_0 = \pm \, \Omega_0 \, d = \pm \, \Omega_0 (\langle \rho_M^2 \rangle)^{1/2} \, . \tag{83 bis}$$

• D'autre part, la masse propre variable M_0 de la relation (95) introduit bien un potentiel quantique en M (que Louis de Broglie utilisera pour tenter de justifier le probabilisme au moyen d'un déterminisme sous-jacent), mais M_0 n'introduit nullement *le spin* associé à M, qui est une caractéristique physique que doit nécessairement faire apparaître une véritable quantification.

Nous allons donc ici caractériser le point M de la carte Relativité générale par *sa masse propre quantique constante* m_0 fournie par (83), et nous appuyer à partir de là sur le formalisme de la Relativité *complexe*, qui nous indique que dans l'espace *imaginaire* $\tilde{Z}^\alpha$ associé au point M de la Relativité générale, la densité propre ρ est, d'après (74), une fonction périodique du temps imaginaire $\tilde{t}$, et donc aussi des coordonnées spatiales imaginaires $\tilde{Z}^j$ ($j = 1, 2, 3$), puisque (74) est vrai quel que soit le choix de M dans l'espace d'Einstein. Il existe donc dans le voisinage du point M'_0 ($\tilde{Z}^j = 0$) *une surface de phase* Γ contenant des points $M'_\Gamma \in \Gamma$ ayant $\forall \tilde{t}$ la densité quadratique $d^2 = \langle \rho^2_{M'_0} \rangle$, soit :

$$
(97) \qquad \begin{cases} M'_\Gamma \in \{ M' \} \\ \rho^2_{M'_\Gamma} = \langle \rho^2_{M'_0} \rangle = d^2 = m_0^2/\Omega_0^2 \, . \end{cases}
$$

Cette surface de phase Γ est *en pulsation* dans l'espace imaginaire autour de M'_0, et vient se confondre avec le point M'_0 lui-même chaque fois que $\rho^2_{M'_0} = d^2$ (soit avec une période $T/2$, si T est la période fondamentale de $\rho_{M'_0}$ (76)).

Tout point M'_Γ possède une énergie E, une impulsion P_j et une densité $\rho \equiv d$ qui satisfont la relation (60), soit :

$$
(60 \; ter) \qquad \frac{E^2}{c^2} - \sum_{j=1}^{3} P_j^2 = \Omega_0^2 \, c^2 \rho^2 = \Omega_0^2 \, c^2 d^2 \quad \forall (\tilde{t}, \tilde{Z}^j) \, .
$$

Compte tenu du fait que Γ est *en pulsation* autour de M'_0, on est ici certain que, pour $d \neq 0$, on a aussi :

$$
(98) \qquad P_j \not\equiv 0
$$

et donc aussi :

$$
(99) \qquad \sum_{j=1}^{3} P_j^2 = p_M^2 \neq 0
$$

comme l'exige notre axiome 3, qui postule une impulsion p non nulle pour *tout point* M de la carte Relativité générale, même dans le référentiel propre du point M. Comme nous allons le voir en C ci-dessous, cette impulsion p non nulle va faire apparaître *le spin* au point M.

Plus généralement, nous dirons que *l'ensemble* des points $M'_\Gamma \in \Gamma$ donnés par (97), caractérisés par la densité propre constante d du point M, une impulsion p et une énergie E satisfaisant l'axiome 3 et la relation (60 *ter*), constitue *l'image complexe du point physique M de l'espace d'Einstein.*

3. Le spin et le pulse.

3.1. MOUVEMENTS DE M'_Γ SUR Γ.

Puisque M'_Γ appartient continuellement à la surface de phase Γ en pulsation autour de M'_0 (c'est-à-dire aussi autour de M) dans l'espace imaginaire Z^α avec une période T, on voit que M'_Γ possède dans l'espace imaginaire deux types de mouvements :

- *un mouvement de rotation* autour de $M'_0 \equiv M$, auquel correspondra un moment angulaire de rotation par rapport à M. Nous nommerons *spin du point* M de masse propre quantique m_0 en M le vecteur moment angulaire de rotation **S** de l'image physique M'_Γ de M par rapport à $M'_0 \equiv M$, dans l'espace imaginaire $\tilde{Z}^\alpha$;

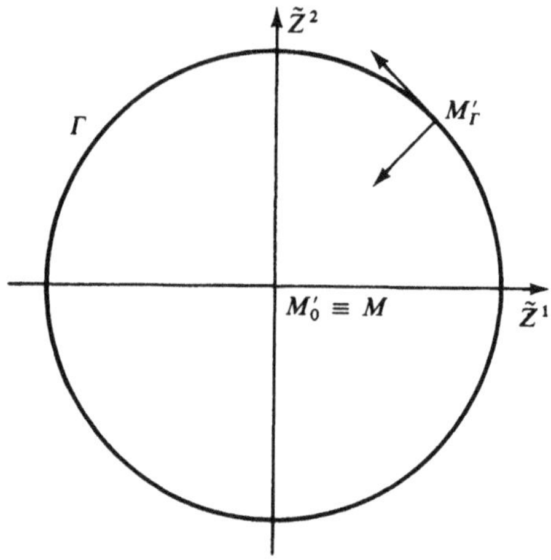

- *un mouvement de pulsation radiale*, M'_Γ se confondant avec $M'_0 \equiv M$ à intervalles $T/2$ du temps imaginaire $\tilde{t}$. Nous nommerons *pulse du point* M de la carte Relativité générale un vecteur **P** d'origine M défini à chaque instant *en direction* par la relation :

$$\mathbf{P}.\mathbf{S} = 0 \qquad \forall \tilde{t}. \tag{100}$$

Nous allons revenir en 3.4 ci-dessous sur *la norme* de chacun de ces deux vecteurs **P** et **S** en M.

3.2. INDÉTERMINATIONS ASSOCIÉES À M'_Γ ET À M.

Nous savons que (par la définition (97)) le point M'_Γ possède une densité propre *d constante* $\forall \tilde{t}$, donc *déterminée*, égale à la densité propre d calculée pour le point M de la carte Relativité générale (au moyen d'équations riemanniennes et de conditions aux limites appropriées que nous établirons en 4 ci-dessous). On a :

(101) $$\rho^2_{M'_\Gamma} = \langle \rho^2_{M'_0} \rangle = d^2 = m_0^2/\Omega_0^2 .$$

Par contre *la position* de M'_Γ n'est pas connue à partir de la carte Relativité générale, cette position est *indéterminée sur* Γ. Cette position est même indéterminée en Relativité *complexe*, puisque celle-ci peut simplement calculer la surface de phase Γ, qui est le « lieu » du point M'_Γ.

L'énergie E et l'impulsion P_j de M'_Γ sont également *indéterminées*, on sait seulement, d'après (60 *ter*), que ces quantités satisfont :

(102) $$\frac{E^2}{c^2} - \sum_{j=1}^{3} P_j^2 = \text{Cte} = \Omega_0^2\, c^2\, d^2 \quad (\forall \tilde{t}) .$$

L'énergie W et l'impulsion p_j au point M de la carte Relativité générale sont alors elles-mêmes à leur tour des quantités *indéterminées*, puisque nous avons en vertu de la définition (86) de W et p_j :

(103) $$\begin{cases} W_M^2 = \langle E^2_{M'_\Gamma} \rangle \\ (p_j^2)_M = (\langle P_j^2 \rangle)_{M'_\Gamma} \end{cases}$$

3.3. QUANTIFICATION DE L'ACTION EN M.

Nous allons écrire qu'il y a quantification de l'action en M, conformément à notre axiome 3, en associant la quantité *déterminée* (101) en M à la période fondamentale T_0 de M'_Γ dans l'espace imaginaire $\tilde{Z}^\alpha$ en M au moyen de la relation :

(104) $$\left(\frac{E^2}{c^2} - \sum_{j=1}^{3} P_j^2\right)^{1/2} cT_0 = \Omega_0\, c^2\, d\, T_0 = \pm\, nh \quad (n \text{ entier et non nul})$$

ce qui s'écrit encore, avec (103) et (90) :

(105) $$\frac{W^2}{c^2} - \sum_{j=1}^{3} p_j^2 = \Omega_0^2\, c^2\, d^2 = \frac{n^2\, h^2}{c^2\, T_0^2} .$$

On voit que la période fondamentale T_0 de la densité propre ρ_M au point M (76) est donnée par :

(106) $$T_0 = \frac{nh}{\Omega_0\, c^2\, d} .$$

En appelant énergie propre en M la quantité W_0 définie par :

(107) $$W_0 = m_0\, c^2 = \Omega_0\, c^2\, d_M$$

on a d'autre part :

(108) $$W_0^2 = \frac{n^2 h^2}{T_0^2} = n^2 h^2 \nu_0^2$$

soit encore :

(109) $$W_0 = \pm\, nh\nu_0 \,.$$

Pour $n > 1$ la fréquence :

$$N_0 = n\nu_0$$

est en fait un « harmonique n » de ν_0, de telle sorte qu'on a toujours la relation bien connue entre énergie propre W_0 et fréquence propre N_0 :

(110) $$W_0 = \pm\, hN_0$$

décrivant les caractéristiques « ondulatoires » de l'énergie, sur lesquelles nous reviendrons dans la section IV du présent ouvrage.

3.4. Partage de l'action entre le spin et le pulse.

Nous admettrons l'axiome suivant :

Axiome 4. — *L'action totale* $\pm\, nh$ *en tout point M de la carte Relativité générale est, dans le référentiel propre de ce point M, également partagée entre le spin et le pulse.*

Les normes de chacun des deux vecteurs **S** et **P** de directions indéterminées en M sont donc égales et valent :

(111) $$S^2 = P^2 = \tfrac{1}{4} n^2 \hbar^2 \quad (h = 2\pi\hbar) \,.$$

Ceci signifie à son tour, d'après (102) et (105), qu'il y a *équipartition de l'impulsion-énergie* du point M'_Γ sur Γ entre ses deux mouvements de spin et de pulse.

Il nous reste maintenant à proposer une description mathématique de cette « fusion » du spin $\pm\,\frac{1}{2} n\hbar$ et du pulse $\pm\,\frac{1}{2} n\hbar$ au point M de la carte Relativité générale, dans un référentiel de cette carte ($g_{\alpha\beta}$ réels), et non plus dans un référentiel de l'espace complexe, comme nous l'avons fait ci-dessus. Ce sera *la structure du point-événement M* en Relativité générale quantifiée, à laquelle nous procéderons au paragraphe 5, après avoir d'abord déduit des équations (52) et (54) de la Relativité complexe les équations de cette Relativité générale quantifiée. Ces équations devront notamment nous permettre de calculer, dans un formalisme *riemannien*, la densité propre d de tout point M pour des conditions aux limites données, dans un référentiel arbitraire ; nous verrons que c'est ensuite un formalisme *spinoriel* qui nous permettra d'analyser la structure du point M, et de faire apparaître *la nature probabiliste de toute observation* rapportée à un référentiel à $g_{\alpha\beta}$ réels.

4. Les équations de la Relativité générale quantifiée.

4.1. Rappel des principaux résultats.

Rappelons d'abord comment nous sommes passé, dans ce qui précède, de la Relativité complexe RC à la Relativité générale quantifiée RGQ.

On suppose qu'une description géométrique *complète* de l'espace-temps physique nécessite de faire appel à des $G_{\alpha\beta}$ complexes (α, $\beta = 1$ à 4), c'est-à-dire à 4 coordonnées complexes $Z^\alpha = \dot{Z}^\alpha + i\tilde{Z}^\alpha$. La RGQ cherche à fournir une description de *ce même* espace-temps physique complexe dans une « carte » à $g_{\alpha\beta}$ réels, c'est-à-dire comportant 4 coordonnées réelles ou imaginaires pures. Comme un point M de coordonnées $\dot{Z}^\alpha$ de la carte RGQ correspond alors *à tout un espace-temps* $\tilde{Z}^\alpha \in [-\infty, +\infty]$, la RGQ va devoir fournir en chaque point M de sa carte une certaine « structure » du point M destinée à tenir compte (au moins de manière approximative) des événements physiques qui se déroulent dans l'espace $\tilde{Z}^j$ et le temps $\tilde{t}$ de cet espace-temps $\tilde{Z}^\alpha(M)$. L'analyse des paragraphes 1, 2, 3 qui précèdent montre que cette structure va prendre en compte les éléments suivants :

a) On suppose en RGQ que l'impulsion-énergie complexe (E, P_j) de l'espace physique est telle que :

$$\langle \dot{E}\tilde{E} \rangle \equiv 0 \quad \langle \dot{P}_j \tilde{P}_j \rangle \equiv 0 \quad (\forall \tilde{Z}^\alpha) \tag{112}$$

ce qui correspond à négliger *les fluctuations* du couplage entre électromagnétisme et matière.

b) La densité d au point M de la carte RGQ est déduite de la valeur quadratique moyenne de ρ_M sur une période T de ρ_M^2 dans le temps imaginaire $\tilde{t}$, soit :

$$d_M = (\langle \rho_M^2 \rangle)^{1/2} . \tag{113}$$

c) Cette définition de d_M entraîne à son tour, dans le référentiel propre de M en RGQ, l'existence au point M de deux vecteurs normaux entre eux, de directions indéterminées dans l'espace imaginaire $\tilde{Z}^\alpha(M)$ (le spin **S** et le pulse **P**) dont les normes $\mathbf{S}^2$ et $\mathbf{P}^2$ sont égales et quantifiées à $\frac{1}{4} n^2 \hbar^2$ (n entier et non nul).

a) et *b*) correspondent à de simples approximations de la Relativité complexe. Par contre, l'apparition de deux vecteurs de normes quantifiées et à directions *indéterminées* en M est plus qu'une approximation de la Relativité complexe, où une telle indétermination n'existe pas : *la nature* même de la description des phénomènes physiques est ici profondément différente, puisque cette description est contrainte à utiliser des *grandeurs indéterminées* telles que **S** et **P** pour parler des phénomènes physiques. Les équations de la RGQ vont faire apparaître, comme nous allons le voir, ce caractère fondamental d'indétermination.

4.2. Les équations de la RGQ.

Nous partons du tenseur physique $T_{\alpha\beta}$ obtenu en Relativité complexe (51) :

(114) $$T_{\alpha\beta} = \xi^2 \rho^2 u_\alpha u_\beta .$$

Les approximations *a*) et *b*) faites par la RGQ permettent d'écrire ce tenseur en un point *M* de la carte RGQ :

(115) $$\overline{T}_{\alpha\beta} = \xi^2 d^2 u_\alpha u_\beta .$$

L'axiome 1 de conservation du tenseur physique $T_{\alpha\beta}$ doit encore rester valable dans la carte RGQ (continuité de la courbure scalaire riemannienne *R* (68)). On a donc :

(116) $$\nabla_\alpha \overline{T}^\alpha_\beta \equiv 0$$

et avec les conditions de Cartan (II.2) le seul tenseur géométrique $\overline{S}_{\alpha\beta} = - \overline{T}_{\alpha\beta}$ satisfaisant (116) est alors :

(117) $$\overline{S}_{\alpha\beta} = R_{\alpha\beta} - \tfrac{1}{2} R g_{\alpha\beta} + \Lambda g_{\alpha\beta} = - \overline{T}_{\alpha\beta} = - \xi^2 d^2 u_\alpha u_\beta .$$

Etant donné que *d* est réel, on pourra déduire des équations (117) des solutions à $g_{\alpha\beta}$ *réels* pourvu que u^α soit lui-même réel ou imaginaire pur (et non complexe comme en Relativité complexe).

L'équation (54) de la Relativité complexe devient par ailleurs en RGQ :

(118) $$\Box^2 \overline{U} + \xi^2 d^2 \overline{U} = 0$$

où $\overline{U}$ est une densité d'action. Comme en Relativité complexe, (118) n'est applicable qu'au point-événement *M* considéré de la carte RGQ, et doit nous servir à fournir une description de la « structure » du point *M*.

4.3. La structure du point-événement en RGQ.

(117) et (118) constituent donc les équations de la Relativité générale quantifiée RGQ.

Les équations (117) ont une interprétation claire : elles constituent une description géométrique semblable à celle de la Relativité générale d'Einstein, à ceci près cependant qu'on possède ici une forme microscopique explicite du tenseur physique $\overline{T}_{\alpha\beta}$ (115). De (116) on tire (comme en II.8) les relations :

(119) $$\begin{cases} \nabla_\alpha d^2 u^\alpha = 0 \\ u^\alpha \nabla_\alpha u_\beta = 0 \end{cases}$$

qui représentent une équation de continuité pour la courbure scalaire riemannienne $R = \xi^2 d^2 + 4 \Lambda$ et les équations des géodésiques. A partir de conditions aux limites données (117) et (119) permettront d'obtenir la valeur de d_M

en un point M quelconque de la carte RGQ, dans un référentiel arbitraire.

C'est cette valeur de d_M qu'on entrera ensuite dans l'équation (118), afin de connaître la structure du point M. Cette équation (118) réclame cependant un examen minutieux pour son interprétation :

a) Rappelons d'abord la signification de U en Relativité complexe. $U = dA/dV_4$ est défini en (28) comme une densité d'action calculée par la limite du quotient de l'action dA contenue dans le volume élémentaire dV_4 par ce volume dV_4 quand dV_4 tend vers zéro (c'est-à-dire au point mathématique M). L'action A elle-même est *nulle* en M (comme en tout point *mathématique*) en dépit du fait que U puisse avoir en M une valeur finie et non nulle.

b) Par contre notre axiome 3 nous apprend que l'action *n'est pas nulle* au point mathématique M de la carte RGQ, mais quantifiée à $\pm\, nh$. La densité d'action $\overline{U} = dA/dV_4$ de l'équation (118) ne peut alors plus fournir pour $\overline{U}$ une valeur finie au point M, sauf si le volume dV_4 que nous considérons en M ne tend pas lui-même vers zéro dans la définition $\overline{U} = dA/dV_4$ au point M. L'analyse des paragraphes 1, 2, 3 ci-dessus nous indique pourquoi ce dV_4 ne tend pas vers zéro dans la carte Relativité générale : le point M comporte une image physique complexe M'_T qui possède un mouvement de spin et de pulse *dans l'espace imaginaire* $\tilde{Z}^\alpha(M)$ *en* M, et le dV_4 est associé à cette « trajectoire » de M'_T dans $\tilde{Z}^\alpha$. Mais, dans ce cas, les coordonnées d'espace-temps entrant dans l'équation (118) *ne sont pas* les coordonnées de la carte RGQ, mais les coordonnées $\tilde{Z}^\alpha \equiv (\tilde{Z}^j, \tilde{t})$ de l'espace-temps *imaginaire* associé à M.

Ceci posé, comment peut-on utiliser l'équation (118) pour décrire la structure du point M dans la carte RGQ ?

Les solutions $\overline{U}$ de cette équation (118) doivent présenter une description mathématique des phénomènes de spin et de pulse que nous a fournie une première analyse.

Etant donné que le spin et le pulse sont des phénomènes qui, comme nous l'avons vu, ne peuvent être expliqués qu'en tenant compte des caractéristiques *complexes* de l'espace (et non simplement dans la carte RGQ), nous supposerons qu'une description mathématique complète au point M de l'espace physique doit considérer $\overline{U}$ non pas comme un pseudo-scalaire mais *comme un spineur à p composantes complexes* U_a, le nombre p étant précisé ci-dessous. En RGQ U_a est par conséquent une fonction complexe des coordonnées réelles de l'espace imaginaire $\tilde{Z}^\alpha(M)$.

L'action $\pm\, nh$ en M est réelle et indéterminée en signe. Cette indétermination s'adresse donc aussi à la densité d'action $\overline{U}$ en M. Pour éviter cette indétermination, et prendre également en compte la complexité de U_a, nous adopterons la définition suivante de U_a :

a) Chacune des p composantes U_a du spineur $\overline{U}$ est solution de l'équation (118) :

(120) $$\Box^2 U_a + \xi^2 d^2 U_a = 0 \quad (a = 1 \text{ à } p)\,.$$

b) On a la relation :

$$\overline{U}^2 = \sum_{a=1}^{p} U_a U_a^* \quad (\forall x^\alpha) \tag{121}$$

où U_a^* désigne la quantité conjuguée de U_a. Puisque la densité d'action $\overline{U}$ en M est réelle (d'après l'axiome 3), $\overline{U}^2$ *est donc une quantité réelle positive ou nulle.*

On notera que $\overline{U}^2$ joue ici un rôle analogue à celui de la densité de probabilité de présence $\psi^2 = \psi\psi^*$ en Théorie de Dirac. Si m_0 est la masse propre de la particule associée à ψ^2, nous avons en effet ψ qui est solution de l'équation de Klein-Gordon :

$$\Box^2 \psi + \frac{m_0^2 c^2}{\hbar^2} \psi = 0 \tag{122}$$

équation qui est identique à l'équation (118) satisfaite par $\overline{U}$ pour $\Omega_0^2 d^2 = m_0^2$. Toutefois dans (118) $\overline{U}$ est réel (alors que ψ est habituellement complexe).

En Théorie de Dirac on suppose également que ψ est un spineur à p composantes ψ_a, chaque composante étant solution de :

$$\Box^2 \psi_a + \frac{m_0^2 c^2}{\hbar^2} \psi_a = 0 \quad (a = 1 \text{ à } p) \tag{123}$$

les ψ_a étant reliés entre eux et à ψ^2 par la relation :

$$\psi^2 = \psi\psi^* = \sum_{a=1}^{p} \psi_a \psi_a^* \quad (\forall x^\alpha) . \tag{124}$$

(122) est analogue à (118), tandis que (124) est analogue à (121). Enfin, $\overline{U}^2$ comme ψ^2 doivent être des quantités réelles positives ou nulles, quel que soit x^α ($\alpha = 1$ à 4).

Comme il est bien connu [8], les équations (118), (120) et (121) ne peuvent être satisfaites $\forall x^\alpha$ que si les U_a (ou les ψ_a) sont solutions d'un système d'équations *du premier ordre* par rapport aux variables d'espace-temps x^α, système qui doit alors être lui-même compatible $\forall x^\alpha$ avec les équations du second ordre (120) du type Klein-Gordon.

La principale différence entre les ψ_a de Dirac et les U_a de la Relativité générale quantifiée RGQ va porter sur *le nombre de composantes p*. L'analyse de Dirac indique que si on postule 4 composantes ψ_a pour le spineur ψ on n'obtient la conservation de l'impulsion-énergie que s'il existe en chaque point de l'espace-temps occupé par la particule de masse propre m_0 un spin *demi-entier* $\pm \frac{1}{2} n\hbar$. Or nous avons vu que, en RGQ, nous devons postuler (notre axiome 3) en *tout point M* une action *entière* $\pm nh$, cette action étant également partagée en M entre un spin $\pm \frac{1}{2} n\hbar$ et un pulse $\pm \frac{1}{2} n\hbar$.

L'analyse de ce problème [8] indique que le nombre p de composantes U_a du spineur $\bar{U}$ au point M est alors de :

(125) $$p = (4 \times 4)^n = 16^n \text{ composantes}$$

soit 16 composantes pour $n = 1$ (spin $\pm \frac{1}{2} \hbar$ + pulse $\pm \frac{1}{2} \hbar$), 256 composantes pour $n = 2$ (spin $\pm \hbar$ + pulse $\pm \hbar$) etc.

4.4. L'ÉTAT FONDAMENTAL À 16 COMPOSANTES U_a EN RGQ.

Rappelons ici très brièvement [8] la méthode de linéarisation de (120) *pour l'état fondamental* $n = 1$, soit 16 composantes U_a en chaque point-événement M de l'espace-temps de la RGQ.

On considère 4 matrices m_r ($r = 1$ à 4) à 16 lignes et 16 colonnes satisfaisant les relations :

(126) $$m_r m_s + m_s m_r = 2\, \delta_{rs}\, \boxed{1}$$

où δ_{rs} est le symbole de Krönecker ($\delta_{rs} = 1$ pour $r = s$ et $\delta_{rs} = 0$ pour $r \neq s$) et $\boxed{1}$ la matrice unité.

Nous adoptons par ailleurs la convention usuelle [8] :

(127) $$m_r\, U_a = \sum_{b=1}^{16} (m_r)_{a,b}\, U_b \quad \begin{pmatrix} r = 1 \text{ à } 4 \\ a, b = 1 \text{ à } 16 \end{pmatrix}.$$

Chaque U_a doit alors satisfaire l'équation :

(128) $$\left[\frac{1}{c}\frac{\partial}{\partial t} - \left(\frac{\partial}{\partial x} m_1 + \frac{\partial}{\partial y} m_2 + \frac{\partial}{\partial z} m_3 + i\xi d m_4\right)\right] U_a = 0$$

où $d = (\langle \rho^2 \rangle)^{1/2}$ et $i = \sqrt{-1}$.

On vérifie bien, en multipliant (128) par l'opérateur :

(129) $$\left[\frac{1}{c}\frac{\partial}{\partial t} + \left(\frac{\partial}{\partial x} m_1 + \frac{\partial}{\partial y} m_2 + \frac{\partial}{\partial z} m_3 + i\xi d m_4\right)\right]$$

et en tenant compte des relations (126) pour le choix des 4 matrices m_r, que chaque U_a est alors aussi solution de :

$$\Box^2\, U_a + \xi^2 d^2\, U_a = 0 \quad (\forall x^\alpha)$$

comme l'exige la définition (120) des U_a.

On peut ensuite rechercher les équations équivalentes aux 16 équations (128) portant sur les U_a dans lesquelles *des tenseurs* remplaceraient les composantes spinorielles U_a, ce qui est toujours possible pour les actions *entières* en M [8].

Ces grandeurs tensorielles se divisent en deux groupes :

a) d'une part un quadrivecteur φ_i et un tenseur antisymétrique de rang 2 φ_{ij} $(i, j = 1 \text{ à } 4)$;

b) d'autre part un invariant φ_0, un tenseur complètement antisymétrique de rang 3 φ_{ijk} (c'est-à-dire un quadrivecteur) et un tenseur complètement antisymétrique de rang 4 φ_{ijkl} (c'est-à-dire un invariant).

Ces deux groupes (*a*) et (*b*) de grandeurs tensorielles satisfont alors deux ensembles *indépendants* d'équations A et B (respectivement), $A \cup B$ étant équivalent aux 16 équations (120) portant sur les U_a.

On peut par ailleurs montrer [8] que les équations A décrivent un état d'action $\pm h$ au point M, tandis que les équations B décrivent un état d'action 0 au point M.

Comme, d'après l'axiome 3 de la RGQ, l'action en tout point M de la carte Relativité générale quantifiée est $\pm nh$ $(n = 1, 2, 3...)$, l'ensemble des équations B doit être considéré comme parasite (c'est-à-dire sans correspondance *physique*).

La description de l'état spinoriel du point M en RGQ est donc fournie par les équations A, faisant intervenir le quadrivecteur φ_i (que nous écrirons désormais $(\mathbf{A}, V)$) et le tenseur antisymétrique φ_{ij} (dont nous désignerons par $(\mathbf{E}, \mathbf{H})$ les 6 composantes distinctes).

Finalement, les équations tensorielles équivalentes à (120) et décrivant l'état fondamental d'action $\pm h$ en un point M quelconque de la carte Relativité générale quantifiée sont :

$$(130)\qquad (a)\begin{cases} \nabla \times \mathbf{E} + \dfrac{1}{c}\dfrac{\partial \mathbf{H}}{\partial \tilde{t}} = 0 \\ \nabla \cdot \mathbf{E} = -\xi^2 d^2 V \\ \nabla \times \mathbf{H} - \dfrac{1}{c}\dfrac{\partial \mathbf{E}}{\partial \tilde{t}} = -\xi^2 d^2 \mathbf{A} \\ \nabla \cdot \mathbf{H} = 0 \\ \nabla \times \mathbf{A} = \mathbf{H} \\ \nabla \cdot \mathbf{A} + \dfrac{1}{c}\dfrac{\partial V}{\partial \tilde{t}} = 0 \\ \nabla V + \dfrac{1}{c}\dfrac{\partial \mathbf{A}}{\partial \tilde{t}} = -\mathbf{E} \end{cases} \qquad \begin{aligned} \nabla \cdot &= \text{div}. \\ \nabla \times &= \text{rot}. \end{aligned}$$

$$(b)\quad R_{\alpha\beta} - \frac{1}{2} R g_{\alpha\beta} + \Lambda g_{\alpha\beta} = -\xi^2 d^2 u_\alpha u_\beta .$$

Les conditions aux limites pour ces équations sont fournies dans l'espace *riemannien* à $g_{\alpha\beta}$ *réels* de la Relativité générale quantifiée RGQ en fonction des coordonnées $x^\alpha \equiv (x^j, t)$. On calcule alors, avec (130 *b*), les valeurs de d et u^α en tout point M de la carte RGQ, dans un référentiel arbitraire.

La valeur de d en un point M quelconque (densité propre en M) peut alors être reportée dans (130 *a*) qui permet de calculer (**A**, V) et (**E**, **H**) au point M (et en ce point seulement) dans tout référentiel de Lorentz en M, ce référentiel étant pris dans *l'espace imaginaire* $\tilde{Z}^\alpha \equiv (\tilde{Z}^j, \tilde{t})$ associé au point M, tel que nous avons défini cet espace en (92) ci-dessus. Les composantes *complexes* **A**, V, **E**, **H** ainsi calculées au point M sont *invariantes* dans toute transformation de Lorentz dans $\tilde{Z}^\alpha$ au point M en vertu de (130 *a*), et plus généralement *covariantes* dans tout l'espace de Riemann x^α de la RGQ en vertu de (130 *b*).

La Relativité générale quantifiée est donc une Relativité générale qui permet de calculer, en chacun de ses points M, un quadrivecteur complexe (**A**, V) et un tenseur antisymétrique de rang 2 (**E**, **H**) décrivant *la structure quantifiée* du point M, alors que la Relativité générale se bornait à calculer les géodésiques u^α (de l'espace réel) au point M et aussi (en tenant compte de la forme microscopique $T_{\alpha\beta} = \xi^2 d^2 u_\alpha u_\beta$ que nous avons déduite de la Relativité complexe) la densité propre d au point M.

4.5. LA SUPERPOSITION DE LA SOLUTION $d = 0$.

Comme nous l'avons noté en 2.4 ci-dessus, les conditions aux limites pour résoudre (130) portent en fait sur *deux* types d'impulsion-énergie :

- Une impulsion-énergie *corpusculaire* ($\dot{W}$, $\dot{p}_j$) associée à une densité propre $d \neq 0$.
- Une impulsion-énergie *ondulatoire* ($\tilde{W}$, $\tilde{p}_j$) associée à une densité propre $d = 0$.

On devra donc toujours résoudre (130 *a*) à la fois pour $d = d$ et pour $d = 0$, ce qui signifie qu'*une solution $d = 0$ peut toujours venir se superposer à une solution $d = d$.* Naturellement, dépendant des conditions aux limites du problème posé, une telle solution $d = 0$ peut être caractérisée par $\tilde{W} \equiv 0$ et $\tilde{p}_j \equiv 0$.

4.6. LES ÉTATS D'ACTION PLUS GRANDE QUE h.

L'étude de ces états s'effectuerait de la même manière que l'étude de l'état fondamental d'action $\pm h$: de même que l'état d'action $\pm h$ est obtenu par fusion matricielle de 2 états de Dirac d'action $\pm \frac{1}{2} h$, l'état d'action $\pm nh$ sera obtenu par fusion matricielle de $2 \times n$ états de Dirac d'action $\pm \frac{1}{2} h$.

Nous renvoyons à ce sujet à la référence [8], où Louis de Broglie procède à une étude systématique et à un classement de ces différents états de fusion d'action totale $\pm nh$ ($n \geqslant 1$ et entier).

Un cas particulièrement intéressant *est celui de $n = 2$*. Il est caractérisé en Relativité générale quantifiée par un spin $\pm \hbar$ et un pulse $\pm \hbar$ au point M considéré, soit une action totale $\pm 2h$. Un tel point se distingue donc « ponctuellement » de l'état fondamental $\pm h$, dans lequel il est susceptible de se propager.

Au spin $\pm \hbar$ correspond notamment *le photon*.

L'étude de cet état d'action $2h$ (voir plus particulièrement [21] et [22]) montre que la description est constituée par 215 grandeurs tensorielles non nulles reliées entre elles par 47 relations algébriques (soit 168 grandeurs tensorielles indépendantes). On constate par ailleurs que ces équations d'action $2h$ *contiennent* les équations (130 *a*). Plus généralement d'ailleurs, l'ensemble des équations décrivant l'état $\pm nh$ contient toujours les équations des états $\pm ph$, avec $p \leqslant n$ et n pair.

Les équations (130 *a*) décrivent donc *partiellement* le photon ; une description complète, tenant compte non seulement du spin $\pm \hbar$ mais encore du pulse $\pm \hbar$ caractérisant cette particule, et de l'interaction de ces deux éléments au même point M, serait composée des 168 équations de l'état d'action totale $\pm 2h$.

4.7. INTERPRÉTATION DES ÉQUATIONS D'ACTION $\pm h$ (130 *a*).

a) Appelons Σ l'onde à 10 composantes distinctes ($\mathbf{E}, \mathbf{H}, \mathbf{A}, V$), solution de (130 *a*) en un point M de l'espace riemannien de la RGQ, de densité propre d.

d est elle-même solution de (130 *b*), pour des conditions aux limites données dans l'espace riemannien.

Σ possède, d'après (130 *a*), des composantes *complexes*. Cette complexité vient, rappelons-le, du fait que pour représenter les caractéristiques spinorielles en M nous avons considéré la densité d'action $\overline{U}$ *réelle* en M (118 et 121) comme un spineur à p composantes *complexes* U_a. Le sens profond de la complexité des grandeurs physiques de description provient d'ailleurs du fait que, en Relativité complexe, nous postulons que l'espace *physique* n'est *complètement* descriptible qu'au moyen d'une géométrie riemannienne complexe.

b) L'expression $(\mathbf{A}, V)/\xi d$ peut toujours être considérée, d'après (130 *a*), comme un potentiel possible pour le tenseur ($\mathbf{E}, \mathbf{H}$), comme c'était déjà le cas pour les équations de Maxwell. Mais dans (130 *a*) il n'y a *plus invariance de jauge* (sauf pour $d \equiv 0$) : ($\mathbf{A}, V$) et ($\mathbf{E}, \mathbf{H}$) sont *deux ondes véritables*, couplées entre elles par le terme de densité d au point M [23]. Ces deux ondes ont en M la même vitesse de propagation. Chaque composante de Σ a la forme :

$$(131) \qquad \Sigma_x = \sum_{j=-\infty}^{+\infty} \sigma_{jx}\, e^{i\nu_j \tilde{t}} = \sum_j (\dot{\sigma}_{jx} + i\tilde{\sigma}_{jx})\, e^{i\nu_j \tilde{t}}$$

où la solution Σ de (130 *a*) a ici été décomposée en série de Fourier sur un intervalle de temps T du temps *imaginaire* $\tilde{t}$. Dans le système propre de M, T est la période fondamentale fournie en fonction de la densité propre d en M par (106) :

$$(132) \qquad T_0 = \frac{1}{\nu_0} = \frac{nh}{\Omega_0\, c^2\, d}\,.$$

c) Pour simplifier nous ne considérerons, dans ce qui suit, que le cas d'une onde *monochromatique* Σ, en un point M dans son état fondamental d'action $\pm h$ ($n = 1$).

Nous avons alors :

(133) $$\Sigma_x = \sigma_x \, e^{i\nu\tilde{t}}$$

où ν est la fréquence *observée* dans le référentiel de Lorentz choisi en M et où σ_x désigne une amplitude complexe.

Avec (105) l'énergie quadratique W^2 est en M :

(134) $$W^2 = \Omega_0^2 \, c^4 \, d^2 + p^2 \, c^2 = h^2 \, \nu_0^2 + p^2 \, c^2 = h^2 \, \nu^2$$

où nous tenons compte du fait que l'énergie W et la fréquence observée ν varient proportionnellement l'une à l'autre dans toute transformation de Lorentz.

On démontre que [23] :

(135) $$W = \pm \frac{\Omega_0}{8\,\pi}(E^2 + H^2 + A^2 + V^2) = \pm \frac{\Omega_0}{8\,\pi}\Sigma^2$$

où les carrés désignent ici les produits des quantités conjuguées :

(136) $$\Sigma^2 = \Sigma\Sigma^* .$$

d) L'onde Σ peut être considérée [23] comme composée d'une onde *longitudinale* L parallèle à la direction de propagation $\mathbf{p}$ ($\mathbf{E}$ et $\mathbf{A}$ parallèles à $\mathbf{p}$, $\mathbf{H} = 0$) et d'une onde *transversale* T, située dans le plan perpendiculaire à $\mathbf{p}$ au point M ($\mathbf{E}$, $\mathbf{H}$ et $\mathbf{p}$ orthogonaux entre eux, $\mathbf{A}$ parallèle à $\mathbf{E}$, $V = 0$), ces deux ondes L et T étant faiblement couplées (sauf pour de grandes valeurs de d) par la densité propre d au point M. Dans le cas général ($d \neq 0$) on a par conséquent une onde Σ qui oscille selon les *3 degrés de liberté* de l'espace. Cependant, le rapport T/L des amplitudes de ces deux ondes varie comme $\nu^2/\xi^2 \, d^2$; pour d tendant vers zéro Σ devient donc une onde purement transversale : comme nous l'avons déjà noté, (130 *a*) se réduit alors aux équations de Maxwell dans le vide et décrit la propagation d'une particule ponctuelle de masse propre $\Omega_0 \, d = 0$, dès que l'on observe le point M ainsi caractérisé dans un référentiel de Lorentz tangent en M à l'espace riemannien de la RGQ.

e) On peut définir *une particule et son champ* comme une région Ω de l'espace riemannien partout sans singularité et limitée par une frontière fermée Γ telle que $d = 0 \; \forall y^\alpha \in \Gamma$.

Une particule est donc généralement constituée par *une infinité* de points M tels que $M \in \Omega \cup \Gamma$, la densité propre d et la vitesse unitaire u^α de chacun de ces points M étant solution de (130 *b*) dans l'espace *riemannien*. Chaque point M est caractérisé par une action totale $\pm nh$, par un spin $\pm \frac{1}{2} n\hbar$ et par un pulse $\pm \frac{1}{2} n\hbar$.

Il paraît logique d'admettre, comme l'indique l'expérience, que *le spin* de chaque point M confère également un *spin global* $\pm \frac{1}{2} n\hbar$ à la particule constituée de *l'ensemble* de points M intérieurs à sa frontière. Dans ce cas, comme on l'a souvent proposé [8], une particule de spin *entier* serait une structure *composite* formée d'un nombre pair de particules « élémentaires » (c'est-à-dire limitées par une frontière Γ définie par $d = 0 \; \forall M \in \Gamma$) de spins demi-entiers. Nous verrons des exemples de telles structures composites, obtenues comme solutions des équations de la RGQ, dans la section VIII.

On doit également logiquement admettre que la conséquence *du pulse* $\pm \frac{1}{2} n\hbar$ de chaque point M constituant une particule est de produire une *pulsation radiale*, caractérisée par l'action $\pm \frac{1}{2} nh$, de la frontière Γ de cette particule. L'étude expérimentale du facteur de forme des neutrons et des protons encourage à penser qu'il en est bien ainsi (frontière « mal définie » dans les interactions électrons/nucléons à haute énergie [10]). Nous avons montré [9] que la pulsation radiale de la frontière d'une particule pourrait être responsable de la création du *potentiel gravitationnel* créé par cette particule.

Dans le cas limite $d \equiv 0$ (photon, neutrino) la particule se réduit, avec la définition de la frontière Γ que nous avons donnée, à *un seul point M*. Les notions de spin et de pulse gardent cependant tout leur contenu physique pour ce cas limite puisque, comme nous l'avons vu, spin et pulse se rapportent pour *un seul* point M à un mouvement de l'image M' de M dans l'espace *imaginaire* $\tilde{Z}^\alpha$ associé à M (§ 2 ci-dessus).

f) Soulignons enfin que, compte tenu de notre axiome 2 de conservation de l'impulsion-énergie, les résultats qui précèdent conservent *séparément* le moment angulaire associé au spin et le moment linéaire associé au pulse. Ceci est vrai pour tout point M et reste donc vrai aussi pour une région *étendue* de l'espace riemannien, telle que la région Ω où se localisent tous les points M appartenant à une particule. Ceci expliquerait qu'on ait pu expérimentalement mettre en évidence la conservation du spin, au cours d'interactions entre particules, sans se préoccuper parallèlement de la conservation du pulse (qui est également et automatiquement vérifiée dans le formalisme de la Relativité complexe, comme dans celui de la RGQ).

g) Une conséquence importante des équations (117) et (119) de RGQ concerne les *bilans de l'impulsion-énergie* au cours d'interactions où interviennent à la fois des particules ($d \geqslant 0$) et des antiparticules ($d \leqslant 0$). On a (119) :

$$\nabla_\alpha d^2 u^\alpha = 0 \qquad (119\ bis)$$

qui est une équation de continuité non pas de la densité (comme c'est le cas en Relativité générale d'Einstein) mais *du carré* de la densité. Ceci signifie que, au cours des interactions, ce qui se conserve n'est pas seulement la densité algébrique, mais encore le carré de celle-ci. Ainsi, il n'est pas possible, d'après

(119 *bis*), qu'un électron et un positron, caractérisés par des énergies propres égales et de signes contraires, s'annihilent en ne laissant après eux qu'une énergie nulle : il devra exister des produits d'annihilation (expérimentalement deux photons), possédant entre eux l'énergie propre initiale dans un bilan où ces énergies sont considérées *en valeur absolue*. Ceci reste vrai encore pour $d = 0$ (photons, neutrinos) puisque, dans ce cas, la vitesse v des particules est égale à c dans n'importe quel référentiel de RGQ. Ce résultat important demeurait naturellement inexplicable avec le $T_{\alpha\beta}$ habituel de la Relativité générale pour représenter la matière pure : $T_{\alpha\beta} = \chi\, du_\alpha\, u_\beta$; ce $T_{\alpha\beta}$ conduit en effet, en annulant sa divergence, à l'équation de continuité $\nabla_\alpha du^\alpha = 0$, selon laquelle on serait en droit de s'attendre à une annihilation « sans reste » de la particule et de son antiparticule, dans le référentiel du centre de masse, puisque les valeurs respectives de d pour la particule et son anti sont égales *et de signes contraires*.

Bien entendu, la relation (119 *bis*) qui conserve le carré de l'énergie propre est complémentaire (et ne remplace pas) la conservation algébrique de l'impulsion-énergie, qui doit aussi être réalisée au cours de toute interaction dans RGQ, puisque le formalisme de RGQ est construit sur notre axiome 2 d'action stationnaire, donc aussi sur la conservation de l'impulsion-énergie.

Il nous reste à examiner plus en détail comment les résultats qui précèdent, qui analysent la structure spinorielle de chaque point M de l'espace riemannien de la RGQ au moyen d'une onde $\Sigma \equiv (\mathbf{E}, \mathbf{H}, \mathbf{A}, V)$ au point M, permettent de *justifier le probabilisme* associé à *l'observation* d'une particule quelconque. C'est ce que nous allons faire dans la section IV qui suit.

SECTION IV

LE PROBABILISME ET L'OBSERVATION

1. Considérations générales.

1.1. Qu'entend-on par « observation » ?

Observer c'est localiser l'impulsion-énergie dans une carte de l'espace-temps physique.

Nous devons cependant tenir compte, dans une telle définition de l'observation, que la définition de l'impulsion-énergie elle-même *n'est pas* indépendante de la carte : on choisit d'abord une axiomatique permettant de définir *géométriquement* les caractéristiques de la carte ; puis on introduit dans cette carte la notion d'impulsion-énergie à partir de ces éléments purement géométriques (on ne dispose que de ceux-là dans une carte géométrique).

a) Ainsi *en Relativité complexe* on a introduit l'impulsion-énergie (E, P) à partir de la courbure riemannienne scalaire $R = G^{\alpha\beta} R_{\alpha\beta}$ et du vecteur vitesse unitaire u^α (relations (59)) ; la densité propre ρ a été définie elle-même par sa relation en chaque point-événement avec R, soit (55) :

$$R = \xi^2 \rho^2 + 4 \Lambda .$$

Toute solution *sans singularité* des équations (52) de la Relativité complexe pour des conditions aux limites *déterminées* conduira à une localisation de l'impulsion-énergie (E, P) dans la carte Relativité complexe parfaitement *déterminée* en fonction des coordonnées complexes y^α de l'espace-temps complexe, dans un référentiel quelconque. En ce sens la carte Relativité complexe conduit à une « observation » *complètement déterministe*.

b) En Relativité générale quantifiée RGQ la définition de l'impulsion-énergie (W, p) a été donnée dans une carte géométrique à $g^{\alpha\beta}$ *réels* et riemanniens. Nous avons examiné dans la section III ci-dessus comment on pouvait tenir compte dans une telle carte RGQ des éléments qui figuraient dans la carte Relativité complexe, considérée comme une représentation *plus complète* de la réalité physique. On a constaté qu'il fallait opérer certaines approximations ($\langle \dot{E}\tilde{E} \rangle \equiv 0$, $\langle P_j \tilde{P}_j \rangle \equiv 0$, rel. (88)) ; et, d'autre part, introduire les notions de spin et de pulse, qui n'avaient pas directement leur place en Relativité complexe. Enfin, l'impulsion-énergie (W, p) a été définie dans la carte RGQ à partir des valeurs quadratiques moyennes (dans le temps imaginaire $\tilde{t}$) de l'impulsion-énergie (E, P) en Relativité complexe (86).

L'analyse conduite dans la section III fait alors apparaître la difficulté fondamentale suivante, pour définir sans ambiguïté l'impulsion-énergie (W, p)

associée à un point M quelconque dans la carte RGQ de l'espace physique complexe :

• Si je me place dans le cadre de la Relativité générale d'Einstein (non quantifiée) je peux définir l'évolution dans l'espace-temps $(\dot{x}, \dot{t})$ d'un point M quelconque (supposé sans interaction) à partir d'une observation initiale en $(\dot{x}_0, \dot{t}_0)$ comme le « lieu » de l'impulsion-énergie (W, p). Le point M demeure ici *un point* pendant toute son évolution entre $\dot{t}_0$ et $\dot{t}_1$, avec $\dot{t}_1 > \dot{t}_0$; le phénomène reste donc *corpusculaire*, la description est parfaitement *déterministe*.

• Mais si je dis que l'espace-temps *physique* est l'espace-temps *complexe* $(x = \dot{x} + i\tilde{x}, t = \dot{t} + i\tilde{t})$ alors j'ai vu, dans la section III, que je suis obligé d'associer *un spin et un pulse* au point M. La Relativité générale d'Einstein devient alors *la Relativité générale quantifiée* RGQ et j'ai constaté que, dans ce cas, la description de l'évolution dans l'espace-temps du phénomène observé initialement (à $\dot{x}_0, \dot{t}_0$) comme un point M d'impulsion-énergie (W, p) était effectuée au moyen *d'une onde étendue* $\Sigma(\mathbf{E}, \mathbf{H}, \mathbf{A}, V)$. De manière plus précise, cette onde Σ définit dans l'espace une densité d'énergie $\Sigma^2/8\pi$, et je dois *normaliser* l'amplitude de Σ dans le volume V d'espace occupé par l'onde Σ en écrivant que :

$$\int_V \frac{\Sigma^2}{8\pi} dV = W .$$

Ce qui apparaissait donc comme un corpuscule, au moment de l'observation *initiale* à $(\dot{x}_0, \dot{t}_0)$, est donc décrit comme une onde Σ *entre* deux observations.

Deux possibilités paraissent offertes pour concilier ces deux types de description :

α) Ce qui a été observé comme une énergie *ponctuelle* W à $(\dot{x}_0, \dot{t}_0)$ est devenu une énergie *diffuse*, de densité d'énergie $\Sigma^2/8\pi$, immédiatement après l'observation. Cette possibilité doit cependant être rejetée, puisque l'expérience montre qu'une *nouvelle* observation, à un instant $\dot{t}_1 > \dot{t}_0$, nous permet de retrouver à nouveau l'énergie W localisée *ponctuellement* dans l'espace en un point $\dot{x}_1$.

β) Une seconde possibilité consiste à revenir sur l'observation initiale à $(\dot{x}_0, \dot{t}_0)$ et à mettre en doute le fait que le phénomène ait été, à cet instant $\dot{t}_0$, *déterminé* dans l'espace *physique*. Cet espace-temps physique est l'espace *complexe* et nous avons vu que la donnée de l'énergie $W = (\langle E^2 \rangle)^{1/2}$ était une moyenne quadratique de l'énergie E dans l'espace complexe ; par ailleurs, si je me donne seulement W à $(\dot{x}_0, \dot{t}_0)$, j'ai vu (spin et pulse) que le « point » d'énergie W était alors *indéterminé* sur une surface Γ en pulsation dans l'espace imaginaire $(\dot{x}_0 + i\tilde{x}, \dot{t}_0 + i\tilde{t})$. En d'autres termes, *la définition* même de l'énergie W observée, telle qu'elle est acceptée dans RGQ, crée dès cette observation initiale une *indétermination* dans l'espace physique (complexe) du point M

d'énergie W, en dépit du fait que RGQ attribue dans son référentiel à ce point M des coordonnées *déterminées* $(\dot{x}_0, \dot{t}_0)$.

Exprimé encore en d'autres mots, parler dans RGQ d'un « point » d'énergie $W = (\langle E^2 \rangle)^{1/2}$, c'est aussi attribuer à ce point une sorte de « don d'ubiquité », puisque ce point peut occuper simultanément (c'est-à-dire au même instant $\dot{t}_0$ de RGQ) *plusieurs* positions dans l'espace *physique* complexe (surface Γ). Si je veux refuser à un point ce don d'ubiquité (car c'est sans nul doute une définition ambiguë du point), alors je dois parler en termes d'énergie E, et non plus en termes d'énergie W, c'est-à-dire raisonner sur l'évolution de ce point dans l'espace physique *complexe*. Si je veux « simplifier » mon système de référence et raisonner dans RGQ, alors je dois payer le prix de cette simplification en acceptant une description indéterminée *dès l'instant de l'observation initiale à* $\dot{t}_0$; et je suis alors inexorablement conduit à une description *probabiliste* de l'évolution du point M d'énergie W.

Cette description probabiliste est fournie par l'onde Σ, qui tient compte du fait que, *dès l'instant initial* $\dot{t}_0$, on traduit l'indétermination du « point » M dans l'espace physique complexe par sa représentation dans RGQ, non pas au moyen d'un point, mais au moyen d'une onde Σ étendue dans l'espace.

Pourquoi toute nouvelle observation, à un instant $\dot{t}_1 > \dot{t}_0$, fournira-t-elle à nouveau une localisation « ponctuelle » de l'énergie W dans RGQ ? Parce que le phénomène que nous avons observé initialement dans RGQ comme un « point » d'énergie $W = (\langle E^2 \rangle)^{1/2}$ a bien une évolution *déterministe* dans l'espace *physique complexe*, et que toute nouvelle observation à $\dot{t}_1 > \dot{t}_0$ localisera donc à nouveau ce phénomène comme un « point » dans RGQ. Le probabilisme, auquel on est contraint dans une représentation du phénomène utilisant un référentiel de RGQ, ne remet donc pas en cause le déterminisme dans l'espace physique (complexe), il a simplement son origine dans le fait qu'un point observé initialement à $(\dot{x}_0, \dot{t}_0)$ dans le référentiel de RGQ est, à cet instant $\dot{t}_0$, indéterminé sur $\Gamma(\dot{x}_0 + i\tilde{x}, \dot{t}_0 + i\tilde{t})$, dans l'espace physique complexe.

Ceci posé, nous allons revenir ci-dessous un peu plus en détail sur cette description probabiliste au moyen de l'onde Σ, en montrant notamment la relation entre Σ et l'onde probabiliste habituelle ψ de la Mécanique ondulatoire.

Nous aurons à distinguer entre deux cas :

- le cas d'une particule assimilable dans RGQ *à un seul point* mathématique. Ce sera celui des leptons et des photons ;
- le cas d'une particule formée dans RGQ d'un *ensemble de points* limité par une frontière fermée sur laquelle $d = 0$. Ce cas sera celui des hadrons.

La structure détaillée des leptons et des hadrons à partir des équations (130) de RGQ sera reprise dans les sections VI et VIII (modèles particulaires).

1.2. MÉTHODE GÉNÉRALE D'ÉTUDE DE L'OBSERVATION.

La méthode générale que nous allons adopter pour rechercher comment se présente *l'observation* dans la carte RGQ est la suivante :

a) A partir de conditions aux limites données *dans l'espace riemannien de* RGQ on caractérise, au moyen de ses coordonnées $y^\alpha \equiv (y^i, t)$ dans un référentiel arbitrairement choisi, un point-événement M déterminé. Les équations (130 *b*) nous permettent alors de calculer la densité propre d et la vitesse unitaire u^α en ce point M, dans le référentiel adopté.

b) On recherche ensuite la « structure » du point M au moyen des équations (130 *a*), dans l'espace imaginaire $\tilde{Z}^\alpha$ au point M (92). La solution de (130 *a*) dépend du choix du référentiel de Lorentz dans l'espace imaginaire $\tilde{Z}^\alpha$, et fournit une onde $\Sigma \equiv (\mathbf{E}, \mathbf{H}, \mathbf{A}, V)$ à composantes *complexes*. Ce qui nous intéresse n'est pas cependant les valeurs de Σ dans un référentiel de Lorentz choisi dans $\tilde{Z}^\alpha$ en M, mais les valeurs de Σ dans un référentiel de Lorentz x^α au point M *dans l'espace de la Relativité générale quantifiée* RGQ (où M a notamment la vitesse unitaire u^α calculée en *a*) ci-dessus). Or nous remarquons que nous passons d'un référentiel de Lorentz dans $\tilde{Z}^\alpha$ à un référentiel de Lorentz dans x^α au point M au moyen du simple changement de coordonnées :

$$x^\alpha = i\tilde{Z}^\alpha \quad (\alpha = 1 \text{ à } 4)\,. \tag{137}$$

La métrique ds^2 des équations (130 *a*) devient alors la métrique hyperbolique normale habituelle de RGQ, avec son temps *réel* t. Les équations (130 *a*), qui sont valables dans n'importe quel référentiel de Lorentz en M, restent les mêmes dans l'espace tangent en M à RGQ, à ceci près que d est changé en id (ce qui revient à échanger les parties réelles et imaginaires dans les composantes complexes de Σ). Ce changement de d en id va cependant entraîner, comme nous le verrons en 3 ci-dessous, une vitesse *de phase* de Σ comprise entre c et l'infini, facteur qui va jouer un rôle important dans la justification du probabilisme strict.

c) On peut enfin retourner dans le référentiel adopté initialement dans l'espace *riemannien* de RGQ et voir comment $\Sigma \equiv (\mathbf{E}, \mathbf{H}, \mathbf{A}, V)$ est « observé », et notamment se propage, dans ce référentiel, suivant les valeurs de u^α au point M. L'observation du point M sera de cette manière décrite dans une Mécanique que nous pouvons nommer une *Mécanique quantique riemannienne* (observation des composantes covariantes de Σ).

d) Une première approximation de cette Mécanique pourra consister à rechercher la propagation de Σ *dans un référentiel de Lorentz* x^α tangent en M à l'espace riemannien de RGQ : cette approximation est celle de la *Mécanique quantique relativiste* pseudo-euclidienne ordinaire. La description de l'observation dans une telle Mécanique n'est identique à la description riemannienne que pour $d \equiv 0$ (équations de Maxwell dans le vide). Bien entendu, cette approximation deviendra d'autant moins une description correcte de l'observable que d, c'est-à-dire aussi la courbure scalaire riemannienne :

$$R = \xi^2 d^2 + 4 \Lambda$$

sera en M et dans son voisinage différente de zéro (structure des particules, par exemple).

2. L'oscillateur élémentaire de la Mécanique ondulatoire.

L'un des aspects les plus intéressants des équations (130 *a*) décrivant la structure de tout point M dans la carte RGQ de la réalité physique est de mettre en évidence en ce point M l'existence d'un « oscillateur élémentaire » (109) :

$$h\nu_0 = m_0 c^2 = \Omega_0 dc^2 \tag{138}$$

qui avait été *postulé* par Louis de Broglie dès 1924 et avait, comme on le sait, constitué l'idée de base de la Mécanique ondulatoire. Cet oscillateur apparaît ici comme une *conséquence* directe de la quantification de l'action à $\pm nh$ en tout point M de RGQ et, à un niveau de description encore plus profond (Relativité complexe), il traduit finalement la structure *complexe* de la réalité physique.

On peut rechercher la description de cet oscillateur élémentaire dans son système propre de Lorentz en M, c'est-à-dire le référentiel où, par définition, l'impulsion p du point M est nulle.

Dans ce système propre l'onde Σ solution de (130 *a*) se réduit aux composantes $\mathbf{E}$ et $\mathbf{A}$, c'est-à-dire $\mathbf{H} = 0$ et $V = 0$ [23]. Par ailleurs, les amplitudes A_0 et E_0 sont égales mais possèdent une différence de phase de $\pi/2$. Le long de n'importe quelle direction de l'espace en M les deux composantes uniques A_0 et E_0 de Σ s'écrivent :

$$A_0 = E_0 = \Sigma_0 = \sigma_0 \, e^{2\pi i \nu_0 t_0} \tag{139}$$

t_0 étant le temps propre et ν_0 étant fourni par (138), c'est-à-dire identique à l'oscillateur broglien.

Avec (135) la densité d'énergie au point M est :

$$\frac{W}{\Omega_0} = \frac{1}{8\pi}(E_0^2 + A_0^2) = \frac{1}{4\pi}\sigma_0^2 = \frac{1}{4\pi}\Sigma_0 \Sigma_0^* \tag{140}$$

et l'oscillateur élémentaire de la Mécanique ondulatoire s'écrit donc, dans son référentiel propre :

$$\Sigma_0 = (4\pi dc^2)^{1/2} e^{i\xi c d t_0} = \left(\frac{4\pi m_0 c^2}{\Omega_0}\right)^{1/2} e^{\frac{i m_0 c^2}{\hbar} t_0}. \tag{141}$$

3. Le probabilisme strict d'un corpuscule ponctuel M.

Il est essentiel de noter que l'oscillateur élémentaire Σ_0 décrit par (141) ci-dessus au point M dans son référentiel propre possède une *distribution dans l'espace* qui est très différente selon que la densité propre d caractérisant le point M est imaginaire pure ou réelle. Certes, en Relativité complexe comme en Relativité générale quantifiée, nous ne considérons que des densités physiques *réelles* d. Mais nous venons de rappeler, en 1.2.b) ci-dessus, que les équations (130 a) décrivent l'onde Σ dans l'espace *imaginaire* $\tilde{Z}^\alpha$, et que pour obtenir la description de Σ dans l'espace réel x^α de RGQ il nous fallait changer d en id. Ceci a son importance, comme nous allons le voir, en ce qui concerne la *vitesse de phase* de Σ dans RGQ.

L'impulsion p doit toujours être *réelle* dans RGQ. Or cette impulsion p au point M s'écrit, en fonction de la vitesse de phase $\tilde{V}$ de l'oscillateur élémentaire Σ_0, pour un observateur de Lorentz en M :

$$(142) \qquad p = \frac{\Omega_0 \, idc}{\sqrt{1 - \tilde{V}^2/c^2}} = \frac{\Omega_0 \, dc}{\sqrt{\tilde{V}^2/c^2 - 1}}$$

(densité id de M). Si $p = 0$ (c'est-à-dire dans le référentiel propre de M) on voit que la vitesse de phase $\tilde{V}$ de Σ_0 est *infinie*. Ceci signifie encore que Σ_0 est, dans l'espace de RGQ, une *onde stationnaire sphérique de longueur infinie*. Une transformation de Lorentz, dans laquelle M posséderait alors une impulsion $\mathbf{p}$ différente de zéro, transformera le phénomène observé en une onde plane Σ, se propageant dans la direction de $\mathbf{p}$ avec une vitesse de phase (134) :

$$(143) \qquad \tilde{V} = \frac{(m_0^2 \, c^4 + p^2 \, c^2)^{1/2}}{p} \geqslant c$$

et ayant une fréquence observée :

$$(144) \qquad \nu = \frac{cm_0 \, \tilde{V}}{h \sqrt{\tilde{V}^2/c^2 - 1}} .$$

On notera que cette représentation du phénomène observé en M est *exactement* celle qui avait été postulée par la Mécanique ondulatoire pour toute masse propre $m_0 = \Omega_0 \, d$ d'une particule située en M. Nous constatons ici que cette représentation intuitive est strictement vérifiée par la Relativité générale quantifiée, avec d'autre part la justification de la représentation d'un point M non pas par un vibrateur ponctuel mais par une onde emplissant *tout l'espace*.

Montrons maintenant comment l'impulsion-énergie de M, c'est-à-dire l'observation de M, décrite par l'onde Σ ci-dessus, va être de *nature probabiliste*. Nous établirons pour cela la relation entre notre onde Σ et l'onde ψ habituelle de la Mécanique ondulatoire.

Supposons que les conditions aux limites des équations (130 *a*) permettent de définir un volume spatial V (éventuellement infini) dans lequel l'onde Σ décrivant le point M de masse propre quantique $m_0 = \Omega_0\, d$ se trouve confinée. On peut écrire que l'impulsion-énergie associée au point M de masse propre quantique m_0 est décrite par l'impulsion-énergie créée en chaque point de l'espace à l'intérieur du volume V par la propagation de l'onde Σ, c'est-à-dire avec (134) et (135) :

$$\int_V \frac{\Sigma^2}{8\,\pi}\, dV = \int_V \frac{(E^2 + H^2 + A^2 + V^2)}{8\,\pi}\, dV = (m_0^2\, c^4 + p^2\, c^2)^{1/2}\,. \tag{145}$$

On peut admettre que la probabilité ψ^2 d'observer le point M de masse propre quantique m_0 au point x à l'instant t à l'intérieur du volume V est *proportionnelle à la densité d'énergie* $\Sigma^2/8\,\pi$ au point-événement (x, t) ; si on tient alors compte de la nécessaire normalisation de toute probabilité :

$$\int_V \psi^2\, dV = 1 \tag{146}$$

la comparaison de (145) et (146) donne :

$$\psi^2 = \frac{\Sigma^2}{8\,\pi(m_0^2\, c^4 + p^2\, c^2)^{1/2}}\,. \tag{147}$$

C'est la relation cherchée entre l'onde Σ solution de nos équations (130 *a*) de RGQ et l'onde usuelle ψ qui est considérée en Mécanique quantique, *dans l'approximation pseudo-euclidienne de* RGQ.

Toute nouvelle observation du point M de masse propre quantique m_0 serait faite avec de nouvelles conditions aux limites pour $\mathbf{p}$ et V. Ces conditions permettraient le calcul d'une nouvelle solution Σ de (130 *a*), et finalement le calcul des probabilités d'observation au moyen de (147).

En Mécanique quantique riemannienne on devrait considérer la propagation de Σ dans l'espace riemannien solution des équations (130 *b*) autour du point M. Il y aurait alors notamment lieu de tenir compte de la distinction entre les coordonnées et les distances, inégales en géométrie riemannienne.

Anticipant sur la description des modèles particulaires (section V, § 4.1), nous indiquerons dès maintenant que les particules *observées* dans RGQ comme des particules *ponctuelles* (point mathématique) sont les *leptons* et les *photons*. Cependant :

- *les neutrinos et les photons* sont de masse propre nulle ($d = 0$) ce qui signifie, d'après (142), que la vitesse de phase $\tilde{V}$ de l'onde Σ qui les représente est constante et égale à c ;
- *les leptons de masse non nulle* (leptons chargés), dont l'électron, le muon et le tau sont des structures étendues dans l'espace *imaginaire* $\tilde{Z}^\alpha$, donc d'appa-

rence *ponctuelle* dans RGQ; ceci entraîne qu'elles sont représentées dans RGQ par une superposition d'un nombre infini d'ondes planes Σ telles que celles décrites ci-dessus, de même vitesse de phase $\tilde{V}$ mais composant un spectre continu de fréquences et d'amplitudes différentes. Un tel ensemble d'ondes planes superposées donne naissance, comme cela est bien connu, à une région de plus forte amplitude (que nous nommerons « paquet d'ondes »), se déplaçant avec une *vitesse de groupe* V dont la valeur est fournie en fonction de la vitesse de phase $\tilde{V}$ commune à toutes les ondes Σ par :

$$V = \frac{c^2}{\tilde{V}} \leqslant c \,. \tag{148}$$

Le point fondamental qu'il faut ici souligner est le suivant : ce sont les ondes superposées Σ, et non seulement le paquet d'ondes auquel elles donnent naissance, qui constitue le phénomène *objectif* (c'est-à-dire donnant lieu à observation) ; c'est *l'ensemble* de ces ondes qui interagit notamment avec le milieu de propagation (réflexion, diffraction, etc.). Le paquet d'ondes à vitesse $V \leqslant c$ indique seulement une région de l'espace à plus grande probabilité de présence de la particule (conformément à 147), mais *ne constitue pas* une représentation complète de la particule. Nous devrions dire, pour être correct, que la particule est « omniprésente » dans *la totalité* de l'onde Σ à chaque instant, et peut par conséquent parfaitement être observée *en dehors* du paquet d'ondes. Comme on voit, nous sommes ici en présence d'un *probabilisme strict* (dans le sens de l'interprétation de Copenhague), avec aucune possibilité de réduire ce point de vue à une interprétation statistique, puisqu'aucune « trajectoire » ne peut correspondre à cette *omniprésence* de la particule à l'intérieur de la totalité de la région de l'espace occupée par les ondes superposées objectives Σ décrivant le phénomène.

Cette omniprésence de la représentation particulaire dans RGQ est justifiée par la vitesse de phase *infinie* de l'oscillateur élémentaire Σ_0 décrivant la structure de chaque point M de la particule dans tout le plan π normal à l'impulsion $\mathbf{p}$ de la particule (où les composantes de l'impulsion $\mathbf{p}$ sont nulles, par définition) : ceci fait qu'un intervalle de temps réel *nul* sépare deux positions *distinctes quelconques* de Σ_0 dans ce plan π (ce qui constitue la définition de ce que l'on entend par « omniprésence » de Σ_0 dans π). Interposons un plan P parallèle au plan π et percé de deux petits trous (trous d'Young) dans l'espace occupé par l'onde Σ décrivant la particule *ponctuelle* M : que peut-on dire du comportement de M vis-à-vis des deux trous ménagés dans P, si ce n'est que M est passée *à la fois* par *les deux* trous, puisqu'elle se trouve *au même* instant t devant les deux trous ? Et, puisque nous savons, avec la RGQ, que cette particule ponctuelle M possède en fait, dans l'espace physique complexe, une *structure ondulatoire*, comment ne pas s'attendre à trouver derrière les trous de P une distribution de probabilité de présence de l'objet M ayant l'allure de franges d'interférence ?

Nous sommes ici devant un probabilisme « physique », qui répond non seulement au « comment » mais encore au « pourquoi ». C'est, finalement, ce rôle de description (c'est-à-dire d'explication) *plus complète* des phénomènes qui donne sa principale raison d'être à la Relativité complexe.

4. Le probabilisme strict d'une particule étendue dans RGQ.

Nous verrons, en étudiant les modèles particulaires (section VIII) que *les hadrons* ne sont pas observés dans RGQ comme des particules ponctuelles, mais comme des régions étendues dans l'espace de RGQ, formées d'un ensemble de points de densité d variant entre un maximum (centre du hadron) et $d = 0$ (frontière du hadron).

Le comportement de tout point M appartenant au hadron entre 2 observations est encore cette fois-ci décrit comme une onde plane monochromatique Σ dont la fréquence est caractérisée par la densité propre d en M ; cette fréquence ν et la vitesse de phase $\tilde{V}$ de Σ, pour une vitesse V du point M dans le référentiel choisi de RGQ, sont encore données par (143) et (144).

C'est donc encore ici *une superposition* d'ondes planes Σ de fréquences variables et de vitesse de phase commune $\tilde{V}$ qui va décrire le phénomène représenté par l'évolution du hadron dans RGQ. La différence avec le cas des leptons est que les ondes Σ superposées sont ici issues de points *différents* de RGQ, alors que pour les leptons le spectre entier des ondes Σ était issu du même point (mathématique) de RGQ. Dans le cas des leptons le groupe d'ondes à vitesse de groupe $V = c^2/\tilde{V}$ aura une extension *ponctuelle* dans l'espace de RGQ, alors que dans le cas des hadrons ce groupe d'ondes aura une extension *finie non nulle* dans l'espace de RGQ.

Dans les deux cas nous sommes en présence d'un *probabilisme strict*, décrit par une onde $\overline{\Sigma}$ résultant de la superposition des ondes Σ associées à chacun des points M de densité propre d du hadron. L'impulsion p générée dans l'espace par cette onde $\overline{\Sigma}$ s'écrit :

$$(154) \qquad p = \sum_{\mathrm{vol}\,\Omega} \frac{h\nu}{\tilde{V}} = \frac{V}{c^2} \frac{\sum_{\Omega} h\nu_0}{\sqrt{1 - V^2/c^2}} = \frac{\mu_0 V}{\sqrt{1 - V^2/c^2}} \left(\mu_0 c^2 = \sum_{\Omega} h\nu_0\right)$$

qui est bien l'impulsion correcte du hadron de volume Ω et de masse propre μ_0 se déplaçant avec la vitesse V.

Nous aurons encore ici à *normaliser* l'amplitude de $\overline{\Sigma}$, en tenant compte du fait que l'énergie totale dans $\overline{\Sigma}$ doit être celle du hadron, soit :

$$(155) \qquad \int_V \frac{\overline{\Sigma}^2}{8\pi} dV = \frac{\mu_0 c^2}{\sqrt{1 - V^2/c^2}}$$

où V est un volume défini par les conditions aux limites.

Si nous désignons par ψ^2 la densité statistique de présence de la particule dans tout l'espace Ω qu'elle peut occuper nous devrons poser, avec (155) :

$$\psi^2 = \frac{\sqrt{1 - V^2/c^2}}{\mu_0 c^2} \frac{\overline{\Sigma}^2}{8\pi} \tag{156}$$

afin d'avoir la relation nécessaire déduite de (155) et (156) :

$$\int_\Omega \psi^2 \, dV = 1 . \tag{157}$$

Tenant compte de la relation relativiste (naturellement encore valable dans RGQ) :

$$W^2 = \frac{\mu_0^2 c^4}{1 - V^2/c^2} = \mu_0^2 c^4 + p^2 c^2 \tag{158}$$

on voit que la relation entre notre onde $\overline{\Sigma}$ déduite des équations (130 *a*) de la théorie et l'onde ψ de la Mécanique ondulatoire reste la même que dans le cas des leptons, soit :

$$\psi^2 = \frac{\overline{\Sigma}^2}{8\pi(\mu_0^2 c^4 + p^2 c^2)^{1/2}} . \tag{159}$$

En conclusion, la Relativité générale quantifiée conduit donc, pour l'observation de *toutes* les particules, à un *probabilisme strict* (c'est-à-dire non réductible à un point de vue statistique), dans le sens de l'Ecole de Copenhague. Ce probabilisme strict est cependant ici concilié avec un *déterminisme sous-jacent* dans l'espace *physique* : c'est finalement le choix du référentiel de description de la réalité physique qui conduit soit au probabilisme strict (RGQ, espace hyperbolique normal), soit au déterminisme (Relativité complexe, espace à $G_{\alpha\beta}$ complexes). Notons cependant que, dans ces deux descriptions de la réalité, les choix que nous avons faits pour définir ce que le formalisme appellera « impulsion-énergie » sont *différents*. Nous avons montré que ce que la Relativité générale (quantifiée ou non) et la Mécanique quantique nomment « impulsion-énergie en un point » correspond, en fait, à une impulsion-énergie ayant cette valeur mais de coordonnées *indéterminées* dans l'espace *physique*, lorsque ce dernier est rapporté à des coordonnées qui le décrivent *complètement* (coordonnées complexes).

DEUXIÈME PARTIE

LA RELATIVITÉ COMPLEXE ET L'UNIVERS COMME REPRÉSENTATION

J'ai envoyé mon âme dans l'invisible pour qu'elle aille déchiffrer les secrets de l'Univers ; elle est revenue et m'a dit : « Je suis, moi, le ciel et l'enfer. »

Oscar WILDE, *Le Portrait de Dorian Gray*.

SECTION V

LE CONNAISSANT, LE CONNU ET L'INCONNAISSABLE

Dans cette seconde partie, nous allons appliquer le formalisme général de la Relativité complexe à la représentation de l'Univers. Nous disons bien la « représentation », et non la « description » de l'Univers. Nous ne prétendons pas vouloir donner ici, à partir de la théorie, une description « absolue » d'une réalité qui aurait, en quelque sorte, « préexisté » à ce que nous allons dire pour en faire la description. Toute théorie possède un caractère nécessairement axiomatique, et dépend par conséquent du libre choix que nous avons fait de ses axiomes initiaux. Partant de ces axiomes nous ne pouvons donc proposer qu'une représentation (c'est-à-dire une description possible) et non pas une description absolue de ce qui existe. C'est pourquoi nous ne parlerons que de *modèles* des phénomènes prenant place dans l'Univers, dans ce sens que ces modèles seront tous étroitement dépendants de l'axiomatique et ne seront jamais une description de « ce qui est », c'est-à-dire une réalité indépendante de toute axiomatique ; une telle réalité, il est clair, est par définition inaccessible à aucune forme de description. Pour cette raison nous l'appellerons l'Inconnaissable.

Dans cette section V nous nous proposons de montrer comment la Relativité complexe suggère une distinction précise entre celui qui connaît (le Connaissant), ce qui est connu par lui (le Connu) et l'Inconnaissable.

1. Nécessité d'un espace-temps complexe pour une représentation complète des phénomènes de l'Univers.

1.1. Tous les modèles seront représentés dans un espace-temps riemannien, en choisissant l'une ou l'autre des deux métriques suivantes :

a) La métrique de Schwarzschild en symétrie sphérique :

$$ds^2 = e^{\nu} c^2 dt^2 - r^2 d\theta^2 - r^2 \sin^2 \theta \, d\varphi^2 - e^{\lambda} dr^2 \qquad (160)$$

où ν et λ sont seulement fonction de la distance r au centre du référentiel. Une telle métrique sera utilisée pour la représentation des *hadrons.*

b) La métrique d'un espace homogène et isotrope, en symétrie sphérique :

$$ds^2 = c^2 dt^2 - dr^2 \left(1 + \frac{Kr^2}{4R^2}\right)^{-2} \qquad (161)$$

où le rayon de l'espace $R(t)$ est une fonction du temps t seulement. Une telle métrique sera utilisée pour la représentation des leptons et pour celle de l'Univers dans son ensemble.

1.2. Choisissons un référentiel utilisant la métrique (160), ayant pour origine un point quelconque de l'espace de la Relativité générale quantifiée (RGQ). Examinons d'abord la structure de cet espace *supposé vide* (densité $d \equiv 0$). Nous obtenons alors à partir des équations de RGQ la solution bien connue de Schwarzschild pour la métrique (160) :

$$(162) \quad ds^2 = \left(1 - \frac{2\,l}{r}\right) c^2\, dt^2 - r^2(d\theta^2 + \sin^2\theta\, d\varphi^2) - \left(1 - \frac{2\,l}{r}\right)^{-1} dr^2$$

où $2\,l$ est une constante d'intégration, ayant les dimensions d'une longueur positive, habituellement appelée le rayon de Schwarzschild r_s :

$$r_s = 2\,l$$

r_s est nul pour un espace *rigoureusement* vide, qui est alors euclidien ($e^\nu = e^\lambda = 1$). Mais, dès qu'il existe dans l'espace une masse non nulle (que nous supposerons ponctuelle et située à $r = 0$), quelle que soit la petitesse de cette masse, on constate que la métrique (162) représente *deux types* d'espace. En fait, les composantes g_{tt} et g_{rr} du tenseur métrique changent de signe quand on traverse $r = r_s$. Ceci signifie encore [27] que r et t sont successivement du type espace et du type temps (ou vice versa) quand on traverse la surface $r = r_s$. Ceci peut être interprété en disant que les vecteurs de base sur les 4 axes du référentiel sont *tous* multipliés par $i = \sqrt{-1}$ quand on traverse $r = r_s$, quel que soit le sens de la traversée (r augmentant ou diminuant) (*).

Cette remarque constitue l'un des meilleurs arguments pour démontrer qu'un espace-temps *complexe* est *nécessaire* pour effectuer une représentation *complète* des phénomènes physiques : en effet, et comme nous venons de le voir, dès que l'on considère un espace-temps (r, t) qui n'est pas *rigoureusement* vide (ce qui est sans aucun doute le cas de notre Univers physique), nous découvrons qu'un tel espace-temps (r, t) n'est représentable complètement que si l'on suppose *la coexistence en chaque point de deux espace-temps complémentaires* :

- un espace $(\dot{r}, \dot{t})$, que nous appellerons l'*espace entropique*, défini par la métrique hyperbolique normale de la Relativité générale ;

(*) Voir, en Annexe 7, les remarques que nous adressons aux métriques déduites de (160) mais qui n'utilisent plus les coordonnées d'espace-temps (métrique de Kruskal-Szekeres, par ex.) ou à celles qui utilisent la métrique (162) dans des régions de l'espace où $T_{\alpha\beta} \neq 0$.

- un espace $(\tilde{r}, \tilde{t})$, que nous appellerons l'*espace néguentropique*, obtenu en multipliant par $i = \sqrt{-1}$ les vecteurs de base des coordonnées entropiques de la métrique précédente $(\dot{r}, \dot{t})$.

Nous justifierons plus loin ces qualificatifs d'entropique et néguentropique.

1.3. Supposons maintenant, comme on le fait dans RGQ (et également en Théorie quantique), qu'on choisisse de rapporter la représentation d'un phénomène physique à un système de coordonnées $(\dot{r}, t)$ limité à la description de l'espace entropique *seulement*. Les vecteurs de base d'un tel système de coordonnées ne sont donc pas complexes, mais seulement purement réels ou purement imaginaires. Comment vont se manifester les phénomènes physiques, qui sont supposés avoir lieu dans un espace-temps *complexe* :

$$Z^\alpha = \dot{Z}^\alpha + i\underline{\tilde{Z}}^\alpha \qquad (\alpha = 1 \text{ à } 4)\ ?$$

Puisqu'on ignore, dans le référentiel $(\dot{r}, \dot{t})$, l'espace néguentropique $(\tilde{r}, \tilde{t})$, qui est en chaque point $M_0(r_0, t_0)$ « adjacent » à l'espace entropique, cet espace néguentropique $(\tilde{r}, \tilde{t})$ dans son ensemble, ainsi que tous les phénomènes physiques qui lui sont propres, vont être « cachés » et confondus au point *mathématique* M_0, quelle que soit la structure *étendue* des phénomènes localisés en M_0 mais situés dans l'espace néguentropique $(\tilde{r}, \tilde{t})$. En d'autres termes, en chaque point M_0 de RGQ vient se projeter la *totalité* des phénomènes physiques associés à M_0 mais étendus dans l'espace néguentropique $(\tilde{r}, \tilde{t})$. Si nous désirons donner une représentation plus complète des phénomènes situés en M_0 nous serons donc, dans ce cas, contraint de proposer ce qu'on nomme généralement une représentation *non locale* de M_0 ; cela pourra être fait en choisissant un référentiel complémentaire dans lequel le point mathématique M_0 de RGQ obtiendra, dans ce nouveau référentiel, une structure *étendue*. La Relativité complexe, qui suppose la complexité de l'espace physique comme un de ses axiomes de base, justifie un tel type de représentation non locale, pour laquelle il n'y a plus invariance du point mathématique quand on passe d'une représentation dans RGQ à une représentation dans l'espace néguentropique $(\tilde{r}, \tilde{t})$. Ceci doit nous rappeler les toutes dernières tentatives unitaires d'Einstein [6], au cours desquelles il pensait à un formalisme qui ne serait pas limité dans ses développements par l'hypothèse usuelle de l'*invariance* du point quand on passe d'une représentation dans une autre.

On notera que pour un observateur à $r < 2l$ le volume spatial de son univers $(\tilde{r}, \tilde{t})$ est défini à chaque instant de son temps $\tilde{t}$ et vaut $2\pi^2 R^3$, si R est le rayon de la sphère définie par le rayon de Schwarzschild $r_s = 2l$. Par contre, l'observateur situé à $r > 2l$ aperçoit l'univers $(\tilde{r}, \tilde{t})$ comme une hypersurface $\bar{S}$ faite de la « surface » $r_s = 2l$ et du temps $\tilde{t}$ variant de $-\infty$ à $+\infty$, soit (Wheeler [27]) :

$$\bar{S} = \int_{r=2l} |g_{tt}\, g_{\theta\theta}\, g_{\varphi\varphi}|\, dt\, d\theta\, d\varphi = 0$$

car $g_{tt} = 0$ sur $r = 2\,l$. *Nous sommes* cet observateur situé dans $(\dot{r}, \dot{t})$, et la relation ci-dessus signifie que l'univers $(\tilde{r}, \tilde{t})$ nous apparaît comme *ponctuel*, quel que soit $r_s = 2\,l$. Nous reviendrons sur cet aspect ponctuel de $(\tilde{r}, \tilde{t})$ quand nous parlerons, dans la section VI, de la structure des leptons, qui sont précisément des micro-univers $(\tilde{r}, \tilde{t})$.

2. L'espace-temps néguentropique $(\tilde{r}, \tilde{t})$.

Nous sommes habitués à la représentation des phénomènes physiques situés dans l'espace entropique $(\dot{r}, t)$ seulement. Cet espace est ce que nous appelons le monde « visible », ou encore le monde directement « observable ». Le monde observable est caractérisé par l'importante loi de *non-décroissance de l'entropie*, ce qui justifie le qualificatif d'espace entropique que nous avons attribué à $(\dot{r}, t)$. On peut dire que la Physique qui a précédé la Relativité complexe a été limitée à l'investigation de cet espace entropique $(\dot{r}, t)$, avec cette idée qu'un tel espace, qui contenait effectivement tout le « directement observable », contenait aussi la totalité des phénomènes physiques.

Ce que la Relativité complexe, considérée comme une extension logique de la Relativité générale, a découvert d'essentiel est que cet univers observable $(\dot{r}, t)$ n'était *pas tout* l'Univers : $(\dot{r}, t)$ est en quelque sorte « doublé », en chacun de ses points, par un monde qui n'est pas directement observable $(\tilde{r}, \tilde{t})$, un monde qui se présente comme une véritable région *complémentaire* du monde observable $(\dot{r}, t)$.

Cette découverte de régions « invisibles » de notre Univers, que les études théoriques sur les trous noirs astronomiques sont encore venues préciser et confirmer, n'aurait sans doute pas une telle importance si les caractéristiques des phénomènes physiques se déroulant dans $(\tilde{r}, \tilde{t})$ avaient été *les mêmes* que celles prenant place dans ce qui avait, jusqu'ici, été considéré comme le « domaine » de la Physique, à savoir l'espace observable $(\dot{r}, t)$. Mais *ceci n'est pas le cas*, comme nous allons le voir : les propriétés physiques dans $(\tilde{r}, \tilde{t})$ sont, pour ainsi dire, *complémentaires* de celles qui caractérisent $(\dot{r}, t)$. Dans ce cas, $(\tilde{r}, \tilde{t})$ n'est pas seulement une extension de l'espace $(\dot{r}, t)$ faisant jusqu'ici le champ d'investigation de la Physique, c'est un véritable *nouvel espace*, avec ses propres caractéristiques, un espace où les phénomènes sont susceptibles d'évoluer différemment que dans l'espace observable $(\dot{r}, t)$. Cherchons à examiner ce point de manière plus précise.

2.1. ECHANGE DES RÔLES DE L'ESPACE ET DU TEMPS.

Nous avons noté (1.2 ci-dessus), utilisant la métrique de Schwarzschild, que la traversée de la « surface » de Schwarzschild (assimilable à un point) :

$$r = r_s$$

a pour conséquence le changement de « type » des coordonnées r et t de l'espace et du temps. Dans la région $r > r_s$ la direction t, $\partial/\partial t$, est du type temps ($g_{tt} > 0$), et la direction r, $\partial/\partial r$, est du type espace ($g_{rr} < 0$). Au contraire, dans la région où $r < r_s$, $\partial/\partial t$ est du type espace ($g_{tt} < 0$) et $\partial/\partial r$ est du type temps ($g_{rr} > 0$). On peut dire que la Relativité complexe donne naissance de cette manière *à deux mondes superposés* séparés en chaque point par cette particularité d'un échange entre les rôles de l'espace et du temps à l'instant où on traverse la « surface ponctuelle » $r = r_s$.

a) Qu'est-ce que cela signifie pour r de passer de cette manière du type espace au type temps ?

J. A. Wheeler [27] est spécialement explicite et clair à ce sujet. Wheeler prend l'exemple d'un astronaute dans un vaisseau spatial se déplaçant dans notre espace entropique observable ($\dot{r}$, t) et se dirigeant vers l'embouchure d'un trou noir, où précisément l'espace et le temps échangent leurs rôles respectifs :

« L'astronaute, dans son vaisseau spatial propulsé par ses moteurs à réaction, avant son arrivée à $r = r_s$, avait toujours la possibilité de mettre en marche ses moteurs pour changer son mouvement, de ralentir, et même faire demi-tour. Mais la situation devient très différente dès qu'il a laissé son vaisseau pénétrer *à l'intérieur* du trou noir, là où $r < r_s$. Dès lors la décroissance de r représente l'écoulement du temps. Aucune commande à bord du vaisseau spatial ne permet de « retourner » le temps. Ce pouvoir invisible de l'Univers qui entraîne chacun de nous, qu'il le veuille ou non, de ses 20 ans vers ses 40 ans et de ses 40 ans vers ses 80 ans, entraîne aussi la fusée spatiale de la coordonnée $r = r_s$ vers les valeurs plus petites, jusqu'à la coordonnée $r = 0$. Aucun acte de volonté humaine, aucun moteur, aucune fusée, aucune force ne peut arrêter le temps. Aussi sûrement que meurt chaque cellule, aussi sûrement que la montre de notre astronaute égrène continuellement son tic-tac sans jamais pouvoir arrêter les « minutes inexorables », aussi sûrement rien ne pourra arrêter la décroissance de r, jusqu'à ce qu'il atteigne $r = 0$. »

Ainsi, dès que l'on pénètre le monde ($\tilde{r}$, $\tilde{t}$), l'espace se met à « couler » de manière irréversible et continuelle autour de l'observateur, exactement comme le fait le temps dans notre espace visible habituel ($\dot{r}$, t). En d'autres termes, cela signifie encore que l'espace dans la région néguentropique ($\tilde{r}$, $\tilde{t}$) contient des phénomènes (c'est-à-dire des informations) qui vont continuellement « défiler » autour de l'observateur, un peu à la manière dont notre esprit « balaie » à chaque instant de notre durée le champ des informations contenues dans notre mémoire à cet instant.

b) Et que signifie pour le temps t de passer de la même manière du type temps au type espace dès qu'on pénètre dans le monde néguentropique ($\tilde{r}$, $\tilde{t}$) ?

Ceci signifie qu'il va devenir possible, dans ($\tilde{r}$, $\tilde{t}$), de « se déplacer » dans le temps, exactement comme on pouvait le faire dans l'espace dans notre monde observable bien connu ($\dot{r}$, t). Si l'astronaute de Wheeler actionne maintenant les jets de ses moteurs à réaction, ceci ne changera nullement son mouvement *dans l'espace* (nous avons vu que l'espace défilait de toute manière continûment autour de lui, comme le faisait notre bon vieux temps), mais l'action de ses fusées va avoir pour effet de faire apercevoir à l'astronaute, par les hublots de son vaisseau, des phénomènes (des informations) qu'il avait *déjà* vus à des instants *antérieurs* de son temps propre. Finalement, nous découvrons ici encore, dans ce monde néguentropique $(\tilde{r}, \tilde{t})$, une propriété fondamentale de notre esprit : être capable de pointer à nouveau notre attention sur des événements *passés*.

2.2. Inversion du sens du temps quand on va de $(\dot{r}, \dot{t})$ vers $(\tilde{r}, \tilde{t})$.

On découvre une telle inversion quand on analyse attentivement la métrique de Schwarzschild au moment de la traversée $r = r_s$, comme cela est maintenant bien connu [27].

On peut s'en apercevoir en examinant la trajectoire d'une particule-test partant au repos en un point A pour lequel $r > r_s$ et « tombant » (par exemple par interaction gravitationnelle, c'est-à-dire en suivant une géodésique) vers une masse M supposée être ponctuelle et située à $r = 0$, la métrique se caractérisant, comme nous l'avons vu, par l'échange des rôles de l'espace et du temps au moment où la particule-test traverse la « surface » $r = r_s$ (comme ce serait le cas si M est un trou noir).

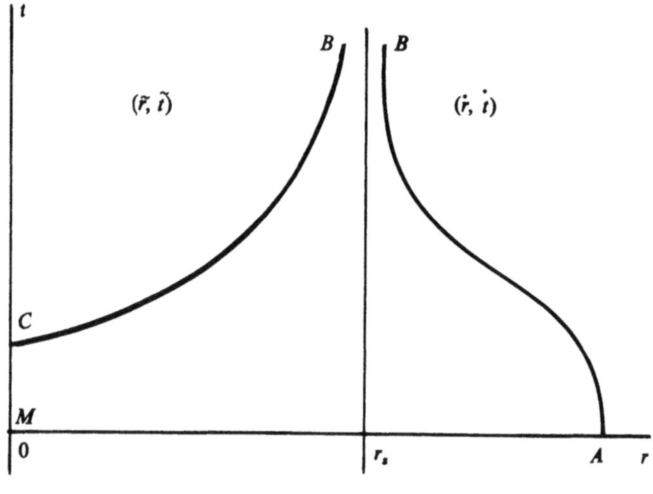

Le schéma précédent illustre la trajectoire de la particule dans un diagramme (r, t), c'est la courbe ABC. Le *temps propre* τ (durée) de la particule augmente régulièrement, quel que soit r. Mais, quand la particule arrive près de $r = r_s$, le *temps* t qui caractérise son monde extérieur $(\dot{r}, t)$ augmente de plus en plus vite et tend asymptotiquement vers $t = +\infty$ (courbe AB). Puis la particule traverse $r = r_s$ et pénètre dans l'espace néguentropique $(\tilde{r}, \tilde{t})$: le temps $\tilde{t}$ se substitue au temps t et *décroît* de $\tilde{t} = +\infty$ vers une valeur positive finie pour $r = 0$ (courbe BC).

On peut représenter la variation de t avec le temps propre τ de la particule comme suit :

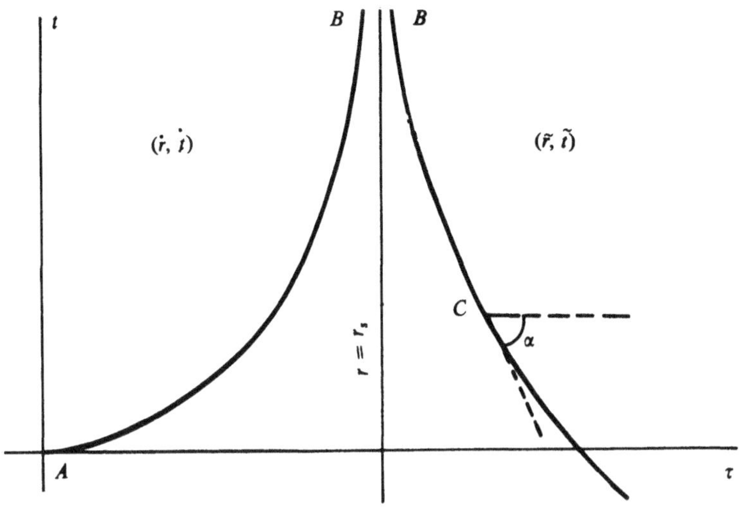

L'angle α entre les directions de t et τ tient compte de « l'écoulement » incessant de l'espace autour de l'observateur-particule de temps propre τ. Même si cet observateur demeure « au repos » à $r = 0$ (point C) il verra l'espace s'écouler autour de lui avec une vitesse v, et on aura :

$$\frac{dt}{d\tau} = \text{tg}\,\alpha = \frac{1}{\sqrt{1 - \frac{v^2}{c^2}}}$$

qui est la relation relativiste familière, valide également dans l'espace entropique $(\dot{r}, t)$ (mais v exprimant dans ce dernier cas la vitesse de l'observateur se déplaçant *lui-même* dans l'espace « immobile »).

L'analyse mathématique précise des résultats exprimés par les courbes précédentes peut être trouvée chez Wheeler [27].

Ce qu'il faut souligner ici est ce fait fondamental que le temps t dans le monde $(\tilde{r}, \tilde{t})$ *décroît* de valeurs infinies vers des valeurs plus petites pendant que le temps propre τ de l'observateur *augmente* (c'est-à-dire pendant que l'observateur devient « plus âgé »). Cela signifie que toutes les lois physiques dans $(\tilde{r}, \tilde{t})$ ont la même forme générale que dans $(\dot{r}, t)$, à ceci près que *t est changé en* $-t$. Quant à l'observateur, son temps *propre* τ reste *inchangé* dans les deux espaces

$(\dot{r}, \dot{t})$ et $(\tilde{r}, \tilde{t})$: τ augmente toujours. Nous devons donc conclure, par comparaison à notre espace entropique habituel $(\dot{r}, t)$, que *le monde* $(\tilde{r}, \tilde{t})$ *est un espace-temps néguentropique*, ce qui confirme le nom que nous avons donné à cet espace. Tous les phénomènes dans $(\tilde{r}, \tilde{t})$ évoluent avec une *entropie qui n'est jamais croissante*, ou encore avec une néguentropie non décroissante (puisque la néguentropie est l'entropie changée de signe).

Une fois de plus nous devons souligner qu'une évolution néguentropique des phénomènes dans $(\tilde{r}, \tilde{t})$ suggère que ces régions $(\tilde{r}, \tilde{t})$ de notre Univers ressemblent à ce qu'on pourrait nommer un espace-temps « spirituel » (*). Ce que nous appelons le « raisonnement », par exemple, est un phénomène prenant place dans ce qu'on a coutume de nommer « l'esprit », et ce phénomène a pour résultat d'amener vers un « ordre » plus élevé l'ensemble des informations mémorisées par notre esprit. Raisonner est, sans aucun doute, un phénomène néguentropique.

3. Le Connaissant, le Connu et l'Inconnaissable.

La première conséquence de ce qui précède est d'ouvrir à l'axiomatique utilisée pour représenter les phénomènes physiques un tout nouveau champ d'exploration, le champ des phénomènes prenant place dans l'espace-temps néguentropique $(\tilde{r}, \tilde{t})$. Ce dernier apparaît comme un champ complémentaire de celui de l'espace-temps observable $(\dot{r}, t)$ auquel, jusqu'ici, la Physique avait limité ses investigations.

Il est vrai, cependant, que la Physique n'a jamais ignoré qu'il existait un autre champ d'investigation, celui de l'Esprit : mais, délibérément, la Physique de ces trois derniers siècles avait décidé que l'Esprit devait rester hors du laboratoire, ou plutôt que les mécanismes de notre Esprit n'avaient pas nécessairement à être connus pour fournir la représentation du comportement de la matière « inerte », objet des études de la Physique. Bref, la Physique reconnaissait qu'elle donnait bien une représentation du Connu dans une axiomatique choisie par le Connaissant (l'Esprit), mais le Connaissant lui-même n'était pas objet de recherche de la Physique. Mais soudain, avec la Relativité complexe, nous découvrons que sans frapper à la porte le Connaissant vient de bondir dans le laboratoire du physicien, avec l'idée d'obtenir une représentation de lui-même en termes de concepts purement « physiques », quoiqu'il soit probablement nécessaire d'élargir quelque peu pour cela le langage de la Physique. Nous découvrons que le Connaissant est, dans son essence, constitué de phénomènes physiques prenant place dans l'espace-temps néguentropique $(\tilde{r}, \tilde{t})$, cet espace auquel nous venons juste de reconnaître des propriétés « connaissantes »

(*) Et ceci, sans vouloir faire appel à des implications « métaphysiques ». Nous restons strictement ici dans le domaine de la Physique.

(mémoire, raisonnement, néguentropie croissante). Nous pouvons dire que le Connaissant est capable de donner, au moyen de modèles, une représentation du monde entropique observable ($\vec{r}$, t) *et de lui-même* en tant que phénomène se déroulant dans l'espace néguentropique ($\tilde{r}$, $\tilde{t}$), ces *deux* représentations étant maintenant nommées le Connu.

Naturellement, répétons-le une fois encore, le Connu ne doit pas être confondu avec « ce qui est », qui est sans aucun doute l'Inconnaissable. Le Connu est seulement fait des modèles créés par l'Esprit à partir du libre choix d'une axiomatique. Un changement de choix de l'axiomatique entraîne un changement du Connu. C'est pourquoi nous devons affirmer que l'Univers, passé, présent et futur, « n'est pas », mais est seulement à chaque instant ce que nous pensons de lui à cet instant, dans une axiomatique déterminée.

Nous verrons, dans la section VI qui suit, que le Connaissant est formé de particules (les leptons chargés) qui possèdent une structure étendue dans l'espace néguentropique ($\tilde{r}$, $\tilde{t}$) *seulement*; ces particules (Connaissant élémentaire) apparaissent à travers leur représentation comme des micro-univers n'ayant aucune communication *directe* (seulement des communications virtuelles) avec l'espace entropique ($\vec{r}$, t). Ceci signifie encore que le Connaissant va proposer des modèles des phénomènes prenant place dans son monde extérieur (hadrons, l'Univers dans son ensemble) sans avoir une connaissance *directe* de ce monde extérieur (*). Il utilisera par conséquent, pour créer ces modèles, des mécanismes à l'image de ses propres mécanismes, qui sont les seuls mécanismes qu'il connaît *directement*. Nous ne devons pas, pour cette raison, être trop étonné de la similitude qui va nous apparaître entre le plus petit et le plus grand : en fait, tout le Connu va devoir nécessairement être à l'image du Connaissant, ce Connu ne pouvait pas être différent, le Connaissant est une meule à moudre l'Inconnaissable pour créer le Connu. Un résultat spectaculaire de cette connexion entre le Connaissant et le Connu est que nous allons être capable de calculer *directement* (c'est-à-dire sans introduction *d'aucun* paramètre numérique) *toutes les constantes fondamentales* intervenant en Physique (*c, h, e*...) *à partir du modèle leptonique seulement* (c'est-à-dire à partir du modèle du Connaissant seulement). Qu'est-ce qui pourrait mieux démontrer que l'Esprit (le Connaissant) est, en vérité, associé de manière étroite à la structure leptonique, et plus précisément au seul lepton *stable étendu* dans l'espace néguentropique ($\tilde{r}$, $\tilde{t}$) : l'électron (**) ?

(*) On reconnaît ici la « caverne de Platon ».

(**) Il est clair que nous sommes confronté ici, inévitablement, avec des concepts « métaphysiques » : qu'est-ce que la pensée, qui sommes-nous en tant qu'êtres pensants, d'où venons-nous avant notre naissance, que devient notre pensée après notre mort... Nous n'aborderons pas ici ces problèmes (fondamentaux), qui nous entraîneraient trop loin de la Physique traditionnelle, nous réservant d'en parler éventuellement ailleurs.

4. Les modèles du Connu.

4.1. MODÈLES DES PARTICULES.

Les particules seront représentées par deux modèles distincts :

- Le modèle leptonique (section VI).
- Le modèle hadronique (section VIII).

D'une manière plus précise (nous justifierons ces définitions dans les sections correspondantes qui suivent) :

a) Nous appellerons *leptons chargés* les structures particulaires étendues dans l'espace néguentropique ($\tilde{r}$, $\tilde{t}$), apparaissant par conséquent comme des points « mathématiques » doués de masses propres non nulles, ainsi que de spins et pulses, dans un référentiel de RGQ (qui est un référentiel plongé dans l'espace entropique ($\dot{r}$, t)). La représentation des leptons chargés sera donc constituée de modèles entièrement situés dans l'espace néguentropique ($\tilde{r}$, $\tilde{t}$) (représentations non locales).

b) Nous appellerons *hadrons* des structures composites formées d'une part de leptons chargés tels que définis ci-dessus et d'une partie neutre étendue dans l'espace entropique ($\dot{r}$, t) que nous nommerons *holon* (responsable des interactions fortes et gravitationnelles). Nous verrons comment la partie leptonique des hadrons peut être assimilée à ce qu'on nomme habituellement *les quarks* (propriétés chromodynamiques).

c) Les particules *non étendues dans l'espace*, donc ponctuelles (volume spatial nul), peuvent exister d'après nos équations (130) déduites de la Relativité complexe. Ces particules ont une masse propre *rigoureusement* nulle (à cause de leur volume spatial nul) et se déplacent à la vitesse de la lumière c dans n'importe quel référentiel. Elles peuvent être présentes aussi bien dans l'espace entropique ($\dot{r}$, t) que dans l'espace néguentropique ($\tilde{r}$, $\tilde{t}$), mais elles ne peuvent pas traverser la « surface » de Schwarzschild séparant ces deux types d'espace. Comme nous le verrons (section VI), nous ne pourrons avoir que des interactions « virtuelles » entre ces deux types d'espace (interactions faibles et électromagnétiques).

Ces particules de masse propre nulle sont appelées *photons* si elles possèdent un spin entier et *neutrinos* si elles possèdent un spin demi-entier.

Etant donné que ce sont des particules ponctuelles de densité propre nulle $d = 0$, les neutrinos et les photons ne possèdent pas ce qu'on peut nommer une « structure » dans l'espace, on peut seulement parler de leur énergie et de leur impulsion. Comme on s'en souvient (section III, § 4.5), ces quantités sont représentées parmi les caractéristiques de l'onde $\Sigma(E, H, A, V)$ solution des équations (130*a*) pour $d = 0$. Rappelons que cette solution peut toujours être superposée à la solution $d = d \neq 0$. $d = 0$ correspond à ce que nous avons nommé les interactions virtuelles (électromagnétiques et faibles), tandis que

$d = d \neq 0$ correspond aux interactions réelles (fortes et gravitationnelles).

Nous ne reviendrons donc pas, dans les sections prochaines, sur les photons et les neutrinos, puisque les « modèles » de ces particules ont déjà été entièrement fournis par les équations (130 *a*) pour $d = 0$.

4.2. Le modèle cosmologique.

C'est le modèle créé par le Connaissant pour la représentation de son monde extérieur considéré *dans son ensemble*. Le modèle cosmologique est une parfaite illustration de l'affirmation d'Albert Einstein [36]: « Une théorie peut être vérifiée par l'expérience mais aucun chemin ne mène de l'expérience à la création d'une théorie. » Etant donné que le Connaissant est enfermé à l'intérieur de sa structure leptonique il ne peut avoir un accès *direct* à son monde cosmologique extérieur ; il va par conséquent supposer que *les mêmes* mécanismes (les mêmes lois) gouvernent son monde leptonique et le monde cosmologique. Il en résultera, comme nous le verrons, que des équations tout à fait similaires vont être utilisées pour la représentation du micro-univers leptonique et pour l'Univers cosmologique. Ceci n'est nullement une « coïncidence » : l'objectif de la Science n'est pas de déchiffrer l'Inconnaissable mais de proposer des modèles cohérents du Connu, et ces modèles ne peuvent être qu'à l'image du Connaissant.

Pourquoi allons-nous fournir le modèle cosmologique *avant* le modèle hadronique ? Parce que les hadrons sont des particules (voir leur définition en 4.1.*b* ci-dessus) qui sont contenues à l'intérieur du modèle cosmologique (au moins pour leur partie holon). Hadrons et Univers dans son ensemble font tous deux intervenir les caractéristiques géométriques de l'espace-temps observable $(\dot{r}, t)$. Par conséquent, le modèle cosmologique va fournir les conditions aux limites (conditions complémentaires) pour le modèle hadronique. D'une façon plus précise encore, nous verrons que les propriétés gravitationnelles des hadrons dépendent de manière étroite de la valeur de ce que nous allons appeler la densité de l'« espace vide » ; il nous faut donc bien logiquement commencer par l'étude de l'« espace vide » de notre Univers considéré dans son ensemble avant d'aborder l'étude des hadrons.

Ceci n'est pas le cas du modèle leptonique parce que, comme nous l'avons expliqué, ce modèle est un micro-univers par lui-même, n'ayant aucune connexion *directe* avec le modèle cosmologique. Le premier a pour « substance » l'espace néguentropique $(\tilde{r}, \tilde{t})$, le second a pour substance (au moins pour sa partie « holon ») l'espace entropique observable $(\dot{r}, \dot{t})$.

SECTION VI

LE MODÈLE LEPTONIQUE

(avec la participation d'Adolphe Jonckbloedt)

Rappelons d'abord (section V) que ce modèle représente les leptons *chargés*, caractérisés par la charge électrique élémentaire *e*. Expérimentalement, ce sont l'électron, le muon et le lepton « lourd » tau récemment découvert (masse propre égale à 3 494 fois la masse propre de l'électron). Le modèle devrait également nous dire s'il peut exister *d'autres leptons lourds*, et dans l'affirmative quelles sont les masses propres de ceux-ci. Ce modèle devrait aussi nous permettre de recueillir des informations sur les possibilités de charges *fractionnaires*, telles qu'on les associe théoriquement aux quarks.

Les leptons vont ici être considérés comme des structures étendues *dans l'espace-temps néguentropique* $(\tilde{r}, \tilde{t})$ *seulement*; cependant, pour simplifier l'écriture, nous supprimerons le signe tilde au-dessus de r et t pour désigner les coordonnées d'espace et de temps.

1. Le micro-univers leptonique.

Nous considérons ici le lepton *dans son ensemble*, c'est-à-dire comme un micro-univers fermé limité par une « surface » ponctuelle de Schwarzschild le séparant de l'espace entropique, avec lequel le lepton ne peut avoir que des interactions virtuelles (dans le sens de Feynmann). Etant donné que nous savons (section V) que le modèle *cosmologique* ne peut être qu'à l'image du Connaissant, nous pouvons à l'inverse rechercher un modèle leptonique (également nécessairement à l'image du Connaissant) qui s'inspirera de la manière dont la Relativité générale, et aussi RGQ, construit une représentation de l'Univers cosmologique dans son ensemble.

La description du modèle leptonique est donc rapportée (comme le modèle cosmologique) à un système de coordonnées *absolu*, dans lequel toutes les caractéristiques physiques sont homogènes et isotropes à chaque instant du temps. Dans un tel système de coordonnées toute énergie (matière, rayonnement noir) est supposée être « au repos », c'est-à-dire avoir des coordonnées spatiales y^i $(i = 1, 2, 3)$ *constantes*, quel que soit l'instant t considéré. Nous appellerons l'axe des temps ct d'un tel référentiel particulier l'*axe des durées* $c\tau$. τ est ce qu'on nomme l'âge de l'univers leptonique. Cependant, étant donné que nous allons constater que le rayon du micro-univers leptonique est en pulsation avec une période T, toutes les caractéristiques de ce modèle leptonique seront identiques pour des durées $\tau + nT$, n désignant un entier $(n = 1, 2, ...)$. Ceci sera notamment vrai pour l'âge τ lui-même. Le modèle leptonique se propose de calculer la variation du rayon spatial $R(\tau)$ du lepton en fonction de la durée τ.

Trois types d'impulsion-énergie vont être pris en considération pour le calcul de R :

a) *Une densité leptonique d'énergie* D_ρ, qui est associée à la densité propre ρ de l'espace « vide » à l'intérieur du modèle ; nous avons (90) :

$$\frac{W_\rho^2}{c^2} - \sum_{j=1}^{3} P_{j\rho}^2 = \Omega_0^2\, c^2\, \rho^2 \tag{163}$$

où :

$$D_\rho = \frac{W_\rho}{\Omega_0} \qquad P_{j\rho}^2 = \frac{P_\rho^2}{3} \qquad (j = 1, 2, 3).$$

b) *Une densité d'énergie électromagnétique* D_E, constituée par la densité d'énergie du rayonnement noir à température θ remplissant le micro-univers :

$$D_E = \frac{W_E}{\Omega_0} = a\theta^4 \tag{164}$$

où $a = 7{,}62 . 10^{-15}$ cgs est la constante de Stephan.

Nous avons (90 *bis*) :

$$\frac{P_{jE}^2}{\Omega_0^2} = \frac{1}{3}\,\frac{D_E^2}{c^2} = \frac{1}{3}\,\frac{(a\theta^4)^2}{c^2} \qquad (j = 1, 2, 3). \tag{165}$$

c) Une énergie W_ν d'*un neutrino* se déplaçant à vitesse c à l'intérieur de l'univers leptonique. Pour préserver, vis-à-vis de ce neutrino, le principe d'homogénéité et d'isotropie de l'univers leptonique, nous admettrons que ce neutrino doit avoir une trajectoire bien définie :

• Il doit avoir une *coordonnée constante r*. Anticipant quelque peu sur les résultats de ce modèle (qui est une hypersphère riemannienne en pulsation) nous aurons entre la coordonnée r et la distance l la relation bien connue :

$$r = 2\,\mathrm{tg}\frac{l}{2R}.$$

Etant donné que r doit demeurer constant, la relation qui précède signifie aussi que $l/2R$ doit aussi demeurer constant. Dans un univers « sphérique » la « plus grande » distance est πR. Puisque nous sommes libre de choisir le centre du référentiel dans lequel le modèle est représenté, le principe d'isotropie suggère à nouveau de choisir ce centre de manière à avoir pour la distance l_ν du neutrino :

$$l_\nu = \frac{\pi}{2} R. \tag{166}$$

Si on compare ceci à la surface d'une sphère euclidienne, cela signifie que le neutrino se déplace suivant « l'équateur » de la sphère, le centre du référentiel (l'observateur) étant situé à l'un des deux pôles nord ou sud.

• La distance l_ν à l'observateur (centre du référentiel) n'est pas constante, puisque R croît puis décroît périodiquement (pulsation) quand la durée τ s'écoule. Nous voulons que le neutrino se déplaçant à vitesse c dans le modèle, accomplisse *une rotation complète* sur sa trajectoire « équatoriale » au cours d'une période T de pulsation. Ceci peut s'écrire :

$$\int_0^T \omega \, d\tau = 2\pi \qquad v = \omega R = c \tag{167}$$

ou encore :

$$\int_0^T \frac{d\tau}{R} = \frac{2\pi}{c} \tag{168}$$

(166) et (168) vont être des conditions complémentaires pour calculer le modèle leptonique.

Seules les impulsions-énergies *a*) et *b*) ci-dessus doivent entrer dans le tenseur physique leptonique qui sera utilisé pour calculer $R(\tau)$, puisque le neutrino n'a aucune influence sur *la géométrie* du modèle (quoique, naturellement, il aura à intervenir dans le calcul du bilan d'impulsion-énergie présent à chaque instant dans le modèle leptonique).

2. Le tenseur physique leptonique.

Ce tenseur $T_{\alpha\beta}$ est celui que nous allons introduire ultérieurement dans les équations leptoniques.

Dans les coordonnées leptoniques $(r, c\tau)$, T^α_β possède en chaque point de l'espace ses composantes *normales* (89) :

$$\begin{cases} T^4_4 = \dfrac{1}{c^2 \hbar^2} (\dot{W}^2 - \tilde{W}^2) \\ T^j_j = \dfrac{1}{\hbar^2} (\tilde{p}^2_j - \dot{p}^2_j) \qquad (j = 1, 2, 3) \end{cases} \tag{169}$$

où ($\dot{W}, \dot{p}_j$) est l'impulsion-énergie corpusculaire et ($\tilde{W}, \tilde{p}_j$) l'impulsion-énergie ondulatoire. Tenant compte de (90) et (90 *bis*), nous avons, avec (163) :

(170)
$$\left\{\begin{aligned} &\frac{\dot{W}^2}{c^2} - \sum_{j=1}^{3} \dot{p}_j^2 = \frac{\tilde{W}_\rho^2}{c^2} - \sum_{j=1}^{3} P_{j\rho}^2 = \frac{D_\rho^2\, \Omega_0^2}{c^2} - P_\rho^2 = \Omega_0^2\, c^2\, \rho^2 = \xi^2\, \hbar^2\, \rho^2 \\ &\frac{\tilde{W}^2}{c^2} = \sum_{j=1}^{3} \tilde{p}_j^2 = 3\, \tilde{p}_j^2 = \frac{D_E^2\, \Omega_0^2}{c^2} = \frac{\xi^2\, \hbar^2}{c^4} D_E^2 \end{aligned}\right.$$

où nous avons introduit la constante (voir (49)) ;

(171)
$$\xi = \frac{\Omega_0\, c}{\hbar},$$

Finalement, les composantes T_α^α s'écrivent :

(172)
$$\left\{\begin{aligned} T_4^4 &= \xi^2\, \rho^2 - \frac{\xi^2}{c^4} D_E^2 + \frac{P_\rho^2}{\hbar_2^2} \\ T_j^j &= \frac{1}{3}\, \frac{\xi^2}{c^4} D_E^2 - \frac{1}{3}\, \frac{P_\rho^2}{\hbar^2}. \end{aligned}\right.$$

Compte tenu du principe d'homogénéité et d'isotropie ces composantes ne dépendent que de la durée τ, quelle que soit la coordonnée spatiale r du point de l'espace que nous considérons à l'instant τ.

3. Les équations leptoniques.

La métrique d'un espace homogène et isotrope est [26] :

(173)
$$ds^2 = c^2\, d\tau^2 - R^2(\tau)\left[(dy^1)^2 + (dy^2)^2 + (dy^3)^2\right]\left(1 + \frac{Kr^2}{4}\right)^{-2}$$

avec :

$$r^2 = (y^1)^2 + (y^2)^2 + (y^3)^2.$$

$R(\tau)$ est une fonction réelle de la durée τ, et est d'après (173) une longueur permettant de mesurer la distance spatiale entre deux points de l'espace, à chaque instant τ. K est un coefficient numérique indiquant la courbure de l'espace (et non de l'espace-temps) K/R^2 ; si $K = +1$ l'espace est sphérique (ou elliptique) et fermé ; si $K = -1$ l'espace est hyperbolique ; si $K = 0$, l'espace est euclidien (et ouvert pour ces deux derniers cas). Dans le cas sphérique (ou elliptique) $R(\tau)$ est dit le rayon spatial de l'espace.

Donnant aux $g_{\alpha\beta}$ leurs valeurs dans la métrique (173), les équations (130 *b*) de RGQ conduisent au système suivant d'équations différentielles que doit satisfaire $R(\tau)$:

$$
(174)\quad \begin{cases} (a) & 2\dfrac{R''}{R} + \left(\dfrac{R'}{R}\right)^2 + \dfrac{Kc^2}{R^2} - \Lambda c^2 = c^2\, T_j^j = \dfrac{1}{3}\xi^2 \dfrac{D_E^2}{c^2} - \dfrac{1}{3}\dfrac{c^2}{\hbar^2} P_\rho^2 , \\ (b) & 3\left(\dfrac{R'}{R}\right)^2 + 3\dfrac{Kc^2}{R^2} - \Lambda c^2 = c^2\, T_4^4 = \xi^2 c^2\left(\rho^2 - \dfrac{D_E^2}{c^4}\right) + \dfrac{c^2}{\hbar^2} P_\rho^2 \end{cases}
$$

où les accents désignent une dérivation par rapport à la durée τ.

4. Variations de ρ et D_E avec le rayon R.

Notre axiome 1 (section II) stipule que la divergence du tenseur physique T_β^α doit être identiquement nulle :

$$
(175)\qquad \nabla_\alpha T_\beta^\alpha \equiv 0 . \qquad (\forall \tau)
$$

Ceci doit naturellement être vrai pour l'univers leptonique dans son ensemble. Montrons que les conditions (175) sont satisfaites pour :

$$
(176)\qquad \rho = \frac{\delta}{R^n} \qquad \frac{D_E}{c^2} = \frac{\gamma}{R^m}
$$

où δ et γ sont des constantes réelles et m et n des facteurs numériques.

Nous avons, avec (172) et (176) et les $g_{\alpha\beta}$ déduits de la métrique (173) :

$$
(177)\quad \begin{cases} T_{ii} = g_{ii}\, T_i^i = -\dfrac{16\, R^2}{(4 + Kr^2)^2} \times \dfrac{1}{3}\left(\xi^2 \dfrac{\gamma^2}{R^{2m}} - \dfrac{P_\rho^2}{\hbar^2}\right) \\ T_{44} = g_{44}\, T_4^4 = \xi^2\left(\dfrac{\delta^2}{R^{2n}} - \dfrac{\gamma^2}{R^{2m}}\right) + \dfrac{P_\rho^2}{\hbar^2} . \end{cases}
$$

La divergence de T_β^α est donnée par l'expression suivante :

$$
(178)\qquad \nabla_\alpha T_\beta^\alpha = \frac{1}{\sqrt{-g}} \frac{\partial}{\partial y^\alpha}\left(T_\beta^\alpha \sqrt{-g}\right) + \frac{1}{2} T_{\mu\nu} \frac{\partial g^{\mu\nu}}{\partial y^\beta}
$$

où :

$$
g_{\alpha\beta} = \frac{1}{g^{\alpha\beta}}
$$

et où g est le déterminant des $g_{\alpha\beta}$:

(179) $$\sqrt{-g} = \frac{64\, R^3}{(4 + Kr^2)^3}.$$

Après calcul nous obtenons finalement :

(180) $$\begin{cases} \nabla_j T^j_j \equiv 0 & (j = 1, 2, 3) \\ \nabla_4 T^4_4 \equiv 0 \end{cases}$$

quels que soient m et n dans (176). Nous avons par conséquent aussi :

(180 *bis*) $$\nabla_\alpha T^\alpha_\beta \equiv 0 \qquad (\alpha, \beta = 1, 2, 3, 4).$$

Voyons maintenant ce que deviennent les équations différentielles leptoniques pour n et m ayant les formes générales de variation (176) avec R.

Remplaçant ρ par δ/R^n et D_E/c^2 par γ/R^m dans (174) nous calculons :

(181) $$\begin{cases} (a) & 2\dfrac{R''}{R} + \left(\dfrac{R'}{R}\right)^2 + \dfrac{Kc^2}{R^2} - \Lambda c^2 = \dfrac{1}{3}\xi^2 c^2 \dfrac{\gamma^2}{R^{2m}} - \dfrac{1}{3}\dfrac{c^2}{\hbar^2} P_\rho^2 \\ (b) & 3\left(\dfrac{R'}{R}\right)^2 + 3\dfrac{Kc^2}{R^2} - \Lambda c^2 = \xi^2 c^2 \left(\dfrac{\delta^2}{R^{2n}} - \dfrac{\gamma^2}{R^{2m}}\right) + \dfrac{c^2}{\hbar^2} P_\rho^2. \end{cases}$$

Multipliant (181 *a*) par 3 et ajoutant à (181 *b*) nous obtenons :

(182) $$6\frac{R''}{R} + 6\left(\frac{R'}{R}\right)^2 + 6\frac{Kc^2}{R^2} - 4\Lambda c^2 = \xi^2 c^2 \frac{\delta^2}{R^{2n}}.$$

(181 *a*) donne aussi :

(183) $$P_\rho^2 = \frac{\hbar^2}{c^2}\left[-6\frac{R''}{R} - 3\left(\frac{R'}{R}\right)^2 - 3\frac{Kc^2}{R^2} + 3\Lambda c^2 + \xi^2 c^2 \frac{\gamma^2}{R^{2m}}\right].$$

L'intégration de (182) fournit :

(184) $$\frac{R'^2}{c^2} = -\frac{1}{6(n-2)}\xi^2 \frac{\delta^2}{R^{2n-2}} - K + \frac{1}{3}\Lambda R^2 + \frac{A}{R^2}$$

où A est une constante d'intégration. On en déduit :

(185) $$R'' = c^2\left[\frac{n-1}{6(n-2)}\xi^2 \frac{\delta^2}{R^{2n-1}} + \frac{1}{3}\Lambda R - \frac{A}{R^3}\right]$$

et pour P_ρ^2 (183) :

(186) $$P_\rho^2 = \hbar^2 \left[\xi^2 \frac{\gamma^2}{R^{2m}} - \frac{2n-3}{2n-4} \xi^2 \frac{\delta^2}{R^{2n}} + \frac{3A}{R^4} \right].$$

Nous supposerons, dans notre modèle leptonique, qu'il y a conservation de la masse propre totale de l'espace « vide », quel que soit le rayon R du micro-univers. Ceci s'écrit :

(187) $$\rho = \frac{\alpha}{R^3} \qquad (\forall \tau)$$

où α est une constante réelle. (187) est (176) pour $n = 3$.

Nous supposerons aussi que, dans le modèle leptonique, D_E représente la densité d'énergie d'un rayonnement noir :

(188) $$D_E = a\theta^4$$

se refroidissant de manière *adiabatique* quand le rayon R de l'univers augmente. Pour une telle transformation adiabatique nous avons [25] :

(189) $$\theta R = \text{Cte} \qquad (\forall \tau)$$

ou encore :

(190) $$\frac{D_E}{c^2} = \frac{\beta}{R^4}$$

où β est une constante réelle. (190) est autorisé par la relation (176) pour $m = 4$.

5. Les équations et leurs conditions aux limites.

Nous recherchons un modèle leptonique qui soit *exempt de toute singularité*, quelle que soit la durée τ, et plus particulièrement pour $R = R_{\min}$ (où pratiquement tous les modèles cosmologiques issus de la Relativité générale contiennent une singularité).

Faisant :

$$\tau = 0 \quad \text{pour} \quad R = R_{\min}$$

nous choisirons dans ce but les conditions aux limites suivantes pour $\tau = 0$:

(191) $$\begin{cases} R = R_0 \\ R' = 0 \\ P_\rho = 0. \end{cases}$$

Tenant compte de (187) et (190), 186 s'écrit :

(192) $$P_\rho^2 = \hbar^2\left(\xi^2 \frac{\beta^2}{R^8} - \frac{3}{2}\xi^2 \frac{\alpha^2}{R^6} + \frac{3A}{R^4}\right)$$

soit à $\tau = 0$, où $P_\rho = 0$ d'après (191) :

(193) $$\xi^2 \frac{\beta^2}{R_0^8} - \frac{3}{2}\xi^2 \frac{\alpha^2}{R_0^6} + \frac{3A}{R_0^4} = 0\,.$$

On en tire :

(194) $$A = \frac{1}{2}\xi^2 \frac{\alpha^2}{R_0^2} - \frac{1}{3}\xi^2 \frac{\beta^2}{R_0^4}.$$

Finalement, les équations (184), (185) et (186) deviennent, avec (187), (190) et (194) :

(195) $$\boxed{\frac{R'^2}{c^2} = \frac{1}{6}\frac{\xi^2}{R^2}\left[\alpha^2\left(\frac{3}{R_0^2} - \frac{1}{R^2}\right) - \frac{2\beta^2}{R_0^4}\right] - K + \frac{1}{3}\Lambda R^2}$$

et aussi :

(196) $$R'' = \frac{c^2}{6R^3}\left[2\xi^2 \frac{\beta^2}{R_0^4} - \xi^2 \alpha^2\left(\frac{3}{R_0^2} - \frac{2}{R^2}\right) + 2\Lambda R^4\right]$$

(197) $$P_\rho^2 = \frac{1}{2}\frac{\xi^2 \hbar^2}{R^4}\left[3\alpha^2\left(\frac{1}{R_0^2} - \frac{1}{R^2}\right) - 2\beta^2\left(\frac{1}{R_0^4} - \frac{1}{R^4}\right)\right].$$

L'équation (195) est celle que nous avons à résoudre pour obtenir le modèle leptonique déduit de la Relativité complexe.

Il nous faudra avoir :

(198) $$R'^2 \geqslant 0\,.$$

Nous verrons que la valeur de K se déduit de cette condition (198).

6. Le modèle leptonique dans le référentiel étendue-durée.

La représentation d'un micro-univers n'est pas facile à « visualiser » dans un référentiel $(r, c\tau)$, car un tel référentiel ne se concilie pas aisément avec le principe d'homogénéité et d'isotropie. En fait, l'homogénéité est supposée prendre place dans les régions du modèle ayant *le même âge*. Mais ces régions ne sont pas celles apparaissant en suivant la coordonnée r du référentiel pour un âge τ donné : plus r est grand et plus l'âge τ des phénomènes observés est petit. Ceci est une conséquence directe de la métrique usuelle dans un référentiel espace-durée :

(173 *bis*) $$ds^2 = c^2\,d\tau^2 - R^2(\tau)\,[(dy^1)^2 + (dy^2)^2 + (dy^3)^2]\left(1 + \frac{Kr^2}{4}\right)^{-2}$$

avec :

$$r^2 = (y^1)^2 + (y^2)^2 + (y^3)^2\,.$$

En fait, ce que nous voudrions est obtenir une représentation du modèle leptonique dans un référentiel où la coordonnée d'espace, η, porterait des régions du modèle ayant toutes *le même âge* :

$$\tau = \text{Cte le long de l'axe } \eta, \text{ quel que soit } \tau\,.$$

Naturellement, un tel référentiel $(\eta, c\tau)$ serait un système *absolu* (et non relativiste) de coordonnées; mais le référentiel espace-durée $(r, c\tau)$ était, lui aussi, un référentiel absolu, puisque nous avions fait un choix particulier de l'axe des temps $t \equiv \tau$. Ainsi, absolu pour absolu, il paraît préférable de choisir le référentiel qui soit le mieux adapté à la représentation du modèle leptonique dans son ensemble. Nous appellerons *étendue-durée* un tel référentiel, dans lequel la coordonnée d'espace porte les régions ayant toutes le même âge. La métrique d'un tel référentiel doit être écrite (voir [9]) :

(199)

$$\overline{ds^2} = c^2\,dt^2 = c^2\,d\tau^2 + R^2(\tau)\,[(d\eta^1)^2 + (d\eta^2)^2 + (d\eta^3)^2]\left(1 + \frac{K\eta^2}{4}\right)^{-2}$$

avec :

$$\eta^2 = (\eta^1)^2 + (\eta^2)^2 + (\eta^3)^2\,.$$

Les équations de la Relativité complexe, comme celles de la Relativité générale, demeurent valides dans le référentiel $(\eta, c\tau)$ (elles sont des équations tensorielles). La comparaison entre la métrique ds^2 (173 *bis*) et $\overline{ds^2}$ (199) montre que l'on change ds^2 en $\overline{ds^2}$ en changeant R en iR ($i = \sqrt{-1}$). Quand on tient compte de ce changement dans les équations leptoniques (174) on constate que ces équations demeurent inchangées, à l'exception de K qui est changé en $-K$.

Par ailleurs, les valeurs de T^α_α (composantes mixtes du tenseur leptonique) dépendent seulement de R (pas de R') ; T^α_α représente, pour chaque valeur de R, la manière dont varient ρ, D_E et P_ρ de manière à obtenir la conservation de T^α_α *dans l'espace-temps* (r, t), au cours d'une pulsation adiabatique. Puisque nous supposons maintenant que l'isotropie et l'homogénéité prennent place dans l'étendue η, nous supposerons aussi que T^α_α a dans η la même forme explicite conservative qu'il avait dans l'espace r.

Par conséquent, la représentation du modèle leptonique dans le référentiel étendue-durée $(\eta, c\tau)$ s'écrit, par comparaison à (195) :

$$(200) \qquad \frac{R'^2}{c^2} = \frac{1}{6}\,\frac{\xi^2}{R^2}\left[\alpha^2\left(\frac{3}{R_0^2} - \frac{1}{R^2}\right) - 2\,\frac{\beta^2}{R_0^4}\right] + K + \frac{1}{3}\Lambda R^2 .$$

L'analyse de (200) avec la condition (198) montre immédiatement qu'on doit avoir :

$$(201) \qquad K = +1 .$$

Le modèle leptonique, tel qu'il se présente en le rapportant à un référentiel étendue-durée $(\eta, c\tau)$, est donc un univers sphérique (ou elliptique) fermé de rayon spatial $R(\tau)$. Il est rempli par une densité propre de matière ρ, des photons (ceux d'un rayonnement noir à température θ) et un neutrino se déplaçant à vitesse c le long d'un « équateur » (voir 1.c ci-dessus) de l'hypersphère, par rapport au centre du système de coordonnées situé à l'un des « pôles » de l'hypersphère, à $\tau = \eta = 0$. Ce modèle est en pulsation avec une période T :

$$(202) \qquad \begin{cases} \tau = 0 & R = R_0 \quad R' = 0 \\ \tau = T/2 & R = \mathfrak{R} \quad R' = 0 . \end{cases}$$

Nous nous proposons de calculer tous les paramètres entrant dans la structure du modèle leptonique. Dans ce but il va nous falloir introduire *la quantification* dans le modèle. Avant de le faire nous allons commencer par mettre en évidence, dans le modèle leptonique, une loi de variation de la distance d'un point au centre du référentiel tout à fait analogue à la loi de Hubble pour l'Univers *cosmologique.*

7. La loi de récession dans le modèle leptonique.

Un important avantage de la représentation $(\eta, c\tau)$ du lepton dans son ensemble est d'offrir une définition très claire de la « distance » l de tout point de coordonnée η à l'instant τ ; comme on le sait [33], pour $K = +1$ nous avons :

(203) $$l = R(\tau) \int_0^\eta \frac{d\eta}{1 + \frac{\eta^2}{4}} = 2\, R(\tau) \text{ Arc tg } \frac{\eta}{2}$$

où η est la coordonnée *non dimensionnelle* spatiale, la coordonnée dimensionnelle s'écrivant :

(204) $$\overline{\eta} = \eta R\,.$$

La « plus longue » distance dans le modèle leptonique s'obtient pour $\eta = \infty$, soit avec (203) :

(205) $$L = \pi R\,,$$

La métrique $\overline{ds}^2$ peut s'écrire :

(206) $$\overline{ds}^2 = c^2\, dt^2 = c^2\, d\tau^2 + dl^2$$

et est valide en tout point du référentiel $(\eta, c\tau)$.

Si nous considérons un objet en mouvement, on peut lui associer dans le référentiel $(\eta, c\tau)$ une vitesse *absolue* $\mathcal{V}$:

(207) $$\mathcal{V} = \frac{dl}{d\tau}$$

et aussi une vitesse *relative* v pour tout observateur d'âge τ et regardant cet objet :

(208) $$v = \frac{dl}{dt}\,.$$

Les photons se déplacent dans le modèle selon :

$$c^2\, dt^2 = dl^2$$

ce qui signifie, d'après (206), selon $\tau =$ Cte.

(207) et (208) fournissent alors, pour les photons :

(209) $$\mathcal{V} = \infty \qquad v = c\,.$$

Avec (206) nous obtenons encore :

(210) $$\frac{1}{c^2}\left(\frac{dl}{dt}\right)^2 = 1 - \left(\frac{d\tau}{dt}\right)^2 \quad \text{ou} \quad \frac{d\tau}{dt} = \sqrt{1 - \frac{v^2}{c^2}}\,.$$

C'est la relation bien connue de la Relativité restreinte reliant le temps propre τ de tout objet en mouvement avec une vitesse relative v à son temps t tel qu'il est mesuré par un observateur quelconque.

Nous avons :

$$\frac{d\tau}{dt} = \frac{v}{\mathcal{V}} \tag{211}$$

et (210) donne alors :

$$v = \frac{c\mathcal{V}}{\sqrt{c^2 + \mathcal{V}^2}} \quad \text{ou} \quad \frac{v}{c} = \frac{\mathcal{V}}{\sqrt{c^2 + \mathcal{V}^2}}. \tag{212}$$

Avec (203) nous obtenons encore :

$$\frac{\partial l}{\partial \eta} = R\left(1 + \frac{\eta^2}{4}\right)^{-1} \quad \text{et} \quad \frac{\partial l}{\partial R} = 2 \operatorname{Arc\,tg} \frac{\eta}{2} = \frac{l}{R} \tag{213}$$

et nous avons donc aussi, pour n'importe quel objet ou phénomène observé à l'intérieur de la structure du modèle leptonique :

$$\mathcal{V} = \frac{dl}{d\tau} = \frac{\partial l}{\partial \eta}\frac{\partial \eta}{\partial \tau} + \frac{\partial l}{\partial R}\frac{\partial R}{\partial \tau} = R\left(1 + \frac{\eta^2}{4}\right)^{-1}\frac{d\eta}{d\tau} + \frac{lR'}{R}. \tag{214}$$

Le principe d'homogénéité et d'isotropie nous indique que tous les objets appartenant à la structure leptonique se meuvent (au moins en moyenne) en satisfaisant :

$$\eta = \text{Cte}.$$

Pour ce cas particulier (214) devient :

$$\mathcal{V} = \frac{lR'}{R}. \tag{215}$$

Par conséquent, la vitesse relative v de tout objet situé à distance l à l'instant τ dans le référentiel (η, $c\tau$) est donnée, d'après (212), par :

$$\boxed{\frac{v}{c} = \frac{lR'}{\sqrt{c^2 R^2 + l^2 R'^2}}}. \tag{216}$$

On calcule avec (216) :

$$(217)\qquad \begin{cases} l = 0 & \dfrac{v}{c} = 0 \\[2ex] l = \dfrac{\pi}{2} R & \dfrac{v}{c} = \dfrac{\pi R'}{\sqrt{4\,c^2 + \pi^2\,R'^2}} \\[2ex] l = L = \pi R & \left(\dfrac{v}{c}\right)_{\max} = \dfrac{\pi R'}{\sqrt{c^2 + \pi^2\,R'^2}}. \end{cases}$$

8. Les masses propres de l'électron et du muon.

Il y a deux types d'énergie qui contribuent à la masse du lepton :

a) *Une énergie potentielle* :

$$(218)\qquad E_p = 2\,\pi^2\,R^3\,c^2\left(\frac{\alpha}{R^3} \pm \frac{\beta}{R^4}\right) = 2\,\pi^2\,c^2\left(\alpha \pm \frac{\beta}{R}\right)$$

où $2\,\pi^2\,R^3$ est le volume riemannien d'un espace sphérique de rayon R ($K = +1$). Etant donné que (200) comporte les carrés α^2 et β^2, il y a *deux* énergies potentielles possibles, ce qui explique que les deux signes + et − figurent dans l'expression de (218) ci-dessus. Le signe − correspond à l'énergie potentielle de l'électron, le signe + à l'énergie potentielle du muon.

b) *Une énergie cinétique* :

$$(219)\qquad \begin{cases} E_{ce} = \dfrac{S_e}{T} + \dfrac{P_e}{T} = 2\left(n_e + \dfrac{1}{2}\right)\dfrac{h}{T} \\[2ex] E_{c\mu} = \dfrac{S_\mu}{T} + \dfrac{P_\mu}{T} = 2\left(n_\mu + \dfrac{1}{2}\right)\dfrac{h}{T} \end{cases}$$

où S_e et P_e représentent les actions associées respectivement au spin et au pulse de l'électron, S_μ et P_μ les mêmes quantités relatives au muon (ces actions valant $2\,\pi$ fois le spin et le pulse $(n + \frac{1}{2})\,\hbar$). T désigne la période de pulsation du modèle leptonique, solution de (200). Le facteur 2 indique l'équipartition du spin et du pulse (notre axiome 4). Les valeurs de l'entier n seront précisées un peu plus tard.

Finalement, les masses propres m_0 et μ_0 de l'électron et du muon doivent satisfaire les relations :

$$(220)\qquad \int_0^T 2\,\pi^2\,c^2\left(\alpha - \frac{\beta}{R}\right)dt + S_e + P_e =$$

$$= \int_0^T 2\,\pi^2\,c^2\left(\alpha - \frac{\beta}{R}\right)dt + 2(n_e + \tfrac{1}{2})\,h = m_0\,c^2\,T$$

$$(221)\quad \int_0^T 2\,\pi^2\,c^2\left(\alpha + \frac{\beta}{R}\right) dt + S_\mu + P_\mu =$$

$$= \int_0^T 2\,\pi^2\,c^2\left(\alpha + \frac{\beta}{R}\right) dt + 2(n_\mu + \tfrac{1}{2})\,h = \mu_0\,c^2\,T\,.$$

En changeant les signes de α et β (ce qui est autorisé par (200)) et aussi les signes de S_e, P_e, S_μ, P_μ, et h nous obtenons les équations pour les masses propres des *antiparticules* (positron et antimuon).

9. Le spin du lepton.

L'espace η est, par hypothèse, une région homogène et isotrope du lepton, à chaque instant τ. Cependant :

- Il existe un mouvement préférentiel du neutrino se déplaçant le long de l'« équateur » du modèle hypersphérique, à distance :

$$(222)\qquad l_\nu = \frac{\pi}{2} R$$

du centre du référentiel (η, $c\tau$) (voir relation (166)). Ceci définit un *axe de spin* du modèle leptonique, encore que, comme pour les méridiens (du type temps) de la surface d'une sphère, cet axe de spin n'est défini, à aucun instant, dans l'espace mais seulement défini dans le temps.

- Il existe aussi une *énergie de spin* provenant de la vitesse v de récession ou d'approche de toute région du modèle, telle que nous l'avons calculée en (216) ci-dessus. Tous les points du modèle (y compris par conséquent le neutrino ponctuel) se déplacent selon les « méridiens » de l'hypersphère, ce qui correspond précisément au mouvement de spin (mais avec ici, comme nous l'avons déjà souligné, aucun axe de spin privilégié).

Le calcul de l'expression explicite du spin du lepton va devoir prendre en considération les remarques qui précèdent, ce qui conduit à écrire pour les spins S_e et S_μ de l'électron et du muon, respectivement (*) :

$$(223)\quad S_e = \int_0^T \int_0^\infty c^2\left(\frac{\alpha}{R^3} - \frac{\beta}{R^4}\right)\left(\frac{1}{\sqrt{1 - \frac{v_r^2}{c^2}}} - 1\right) \times d\Omega_r\,dt +$$

$$+ TW_{eS} = (n_e + \tfrac{1}{2})\,h$$

(*) Pages 104 à 107 : Nous utilisons ici la variable r et l'indice r au lieu de η.

$$(224) \quad S_\mu = \int_0^T \int_0^\infty c^2\left(\frac{\alpha}{R^3} + \frac{\beta}{R^4}\right)\left(\frac{1}{\sqrt{1 - \frac{v_r^2}{c^2}}} - 1\right) \times d\Omega_r \, dt +$$

$$+ TW_{\mu S} = (n_\mu + \tfrac{1}{2})\, h$$

où W_{eS} et $W_{\mu S}$ sont les énergies associées au neutrino, r la coordonnée d'espace.

Etant donné que W_{eS} et $W_{\mu S}$ prennent en considération les vitesses de récession (217) :

$$(225) \qquad \frac{v_{l_\nu}}{c} = \frac{v_{\pi R/2}}{c} = \frac{\pi R'}{\sqrt{4\,c^2 + \pi^2 R'^2}}$$

à la distance $\pi R/2$ où se meut le neutrino, on peut aussi définir une sorte d'« énergie au repos » du neutrino, W_{0e} et $W_{0\mu}$, au moyen des relations suivantes :

$$(226) \qquad \frac{W_{eS}}{W_{0e}} = \frac{W_{\mu S}}{W_{0\mu}} = k_S = \frac{1}{T}\int_0^T \frac{dt}{\sqrt{1 - \frac{v_{\pi R/2}^2}{c^2}}}.$$

L'« énergie au repos » du neutrino ne doit pas être confondue ici avec l'« énergie propre » du neutrino, qui est nulle (V, 4.1.*c*, masse propre nulle du neutrino). L'« énergie au repos » est l'énergie que posséderait le neutrino dans le référentiel leptonique si celui-ci n'était pas en pulsation.

$d\Omega_r$ désigne, dans (223) et (224), l'élément de volume d'un espace riemannien caractérisé par $K = +1$, pour une coordonnée (pas une distance) r [33] :

$$(227) \qquad d\Omega_r = 4\,\pi R^3 \frac{r^2\, dr}{\left(1 + \frac{r^2}{4}\right)^3}.$$

Nous avons aussi, avec (216) :

$$(228) \qquad \frac{v_r^2}{c^2} = \frac{R'^2}{\frac{c^2 R^2}{l^2} + R'^2} = \frac{R'^2}{\frac{c^2 R^2}{(2\,R \operatorname{Arc\,tg} \frac{1}{2} r)^2} + R'^2}.$$

10. Le pulse du lepton.

La pulsation de l'univers leptonique ne crée pas seulement un spin (§ 9 ci-dessus), mais aussi une sorte de mouvement « hors d'univers » *directement* dû au changement de R avec le temps : chaque point de l'espace possède une vitesse $R'(\tau)$, à chaque instant τ ; les neutrinos sont donc, eux aussi, astreints à un tel mouvement « hors d'univers ». Ce mouvement est associé à ce que nous avons nommé le pulse, et nous conduit pour les expressions explicites du pulse de l'électron et du muon aux relations suivantes :

$$(229)\quad P_e = \int_0^T 2\,\pi^2\, c^2\left(\alpha - \frac{\beta}{R}\right)\left(\frac{1}{\sqrt{1 - \dfrac{R'^2}{c^2}}} - 1\right) dt + TW_{eP} = \left(n_e + \frac{1}{2}\right) h$$

$$(230)\quad P_\mu = \int_0^T 2\,\pi^2\, c^2\left(\alpha + \frac{\beta}{R}\right)\left(\frac{1}{\sqrt{1 - \dfrac{R'^2}{c^2}}} - 1\right) dt + TW_{\mu P} = \left(n_\mu + \frac{1}{2}\right) h$$

où W_{eP} et $W_{\mu P}$ sont les énergies des neutrinos ν_e et ν_μ.

Nous avons encore ici :

$$(231)\qquad \frac{W_{eP}}{W_{0e}} = \frac{W_{\mu P}}{W_{0\mu}} = k_P = \frac{1}{T}\int_0^T \frac{dt}{\sqrt{1 - \dfrac{R'^2}{c^2}}}$$

où les « énergies au repos » des neutrinos ν_e et ν_μ doivent naturellement être les mêmes ici que dans le calcul (226) précédent de ces énergies. Ceci implique deux relations :

$$(232)\qquad W_{0e} = \frac{W_{eS}}{k_S} = \frac{W_{eP}}{k_P}$$

$$(233)\qquad W_{0\mu} = \frac{W_{\mu S}}{k_S} = \frac{W_{\mu P}}{k_P}.$$

11. Les leptons lourds.

Les mêmes équations définissant le modèle leptonique devraient, en principe, être capables de contenir la représentation des leptons lourds, ou au moins celle du lepton lourd tau, qui a déjà été découvert expérimentalement. L'analyse des équations (220) et (221) fournissant respectivement les masses propres de l'électron et du muon montre que ces équations ne peuvent pas conjointement être prolongées pour s'appliquer aux masses d'autres particules éventuelles (états quantifiés supérieurs), mais qu'on ne peut utiliser qu'une seule des deux, à savoir l'équation (221) qui permet la transition $\tau \rightarrow \mu$ expérimentalement constatée. Les équations nouvelles, déduites de (221), pour les leptons lourds, s'écrivent donc :

$$
(234)\left\{
\begin{aligned}
&(a) \quad S_\tau = \int_0^T \int_0^\infty c^2\left(\frac{\alpha}{R^3} + \frac{\beta}{R^4}\right)\left(\frac{1}{\sqrt{1 - \frac{v_r^2}{c^2}}} - 1\right) \times d\Omega_r\, dt + \\
&\qquad\qquad TW_{\tau S} = \left(n_\tau + \frac{1}{2}\right) h \\
&(b) \quad P_\tau = \int_0^T 2\,\pi^2\, c^2\left(\alpha + \frac{\beta}{R}\right)\left(\frac{1}{\sqrt{1 - \frac{R'^2}{c^2}}} - 1\right) \times dt + \\
&\qquad\qquad TW_{\tau P} = \left(n_\tau + \frac{1}{2}\right) h \\
&(c) \quad \int_0^T 2\,\pi^2\, c^2\left(\alpha + \frac{\beta}{R}\right) dt + S_\tau + P_\tau = \int_0^T 2\,\pi^2\, c^2\left(\alpha + \frac{\beta}{R}\right) \times dt \\
&\qquad\qquad + 2\left(n_\tau + \frac{1}{2}\right) h = \tau_0\, c^2\, T
\end{aligned}
\right.
$$

avec à nouveau les relations s'appliquant à un neutrino ν_τ :

$$
(235) \qquad W_{0\tau} = \frac{W_{\tau S}}{k_S} = \frac{W_{\tau P}}{k_P}
$$

où k_S et k_P sont les mêmes que dans (226) et (231) ci-dessus.

La comparaison de (234 *c*) et (221) montre immédiatement que les masses des leptons lourds sont données par la relation :

$$
(236) \qquad \boxed{\tau_{0n} = \mu_0 + \frac{2(n_\tau - n_\mu)\, h}{c^2\, T}}
$$

et aussi :

$$
(236\ bis) \qquad W_{0\tau} = W_{0\mu} + \frac{(n_\tau - n_\mu)\, h}{k_P\, T}.
$$

(236) suggère que l'entier *n* augmente d'une unité quand on passe d'un lepton au suivant, pour des masses propres croissantes ; ainsi nous aurons :

électron : $n = 0$ c'est-à-dire spin $1/2\ \hbar$
muon : $n = 1$ c'est-à-dire spin $3/2\ \hbar$
lepton tau : $n = 2$ c'est-à-dire spin $5/2\ \hbar$

et ainsi de suite pour les prochains leptons plus lourds, s'ils existent, en faisant $n = 3, 4, \ldots$

Pour chacun de ces leptons, le pulse est égal au spin (notre axiome 4).

Les *transitions* d'un lepton à l'autre peuvent être représentées comme suit :

$$(237) \qquad \begin{array}{l} (a) \\ (b) \\ \\ (c) \end{array} \left\{ \begin{array}{l} \mu \rightleftarrows e + \bar{\nu}_e + \nu_\mu \\ \tau \rightleftarrows \mu + \bar{\nu}_\mu + \nu_\tau \\ \dots\dots\dots\dots\dots\dots \\ \tau_n \rightleftarrows \tau_{n-1} + \bar{\nu}_{\tau_{n-1}} + \nu_{\tau_n}. \end{array} \right.$$

Dans chacune de ces transitions il y a libération du neutrino de la particule qui se dématérialise en même temps que création d'un antineutrino correspondant à la présence d'un nouveau neutrino dans la particule qui se matérialise. On voit donc qu'à chaque lepton chargé correspond un neutrino caractéristique, ces neutrinos se distinguant l'un de l'autre tant par leur énergie que par leur spin (qui est le spin de la particule à laquelle ils correspondent).

12. Equipartition de l'énergie du spin et du pulse des neutrinos.

D'après notre axiome 4 il doit y avoir équipartition entre les énergies de spin et de pulse du neutrino tournant dans le modèle leptonique à distance (222) :

$$l_\nu = \frac{\pi R}{2}.$$

Comparant (226) et (231), cela signifie encore qu'il nous faut avoir :

$$(238) \qquad k_S = k_P.$$

Nous aurons à tenir compte de cette relation (238) pour calculer le modèle leptonique.

13. La longueur élémentaire l_0.

Dans les équations du modèle leptonique entre une constante qui a été définie en (49) :

$$(49\ bis) \qquad \xi = \frac{\Omega_0 c}{\hbar} \qquad (h = 2\pi\hbar)$$

où Ω_0 est une constante absolue que nous avons appelée *le volume quantique*, elle-même associée à ce que la Physique a nommé une « longueur élémentaire » l_0 [29] :

$$\Omega_0 = \tfrac{4}{3}\pi l_0^3.$$

Cette constante l_0, comme cela est bien connu, a été surtout utilisée en Physique pour éviter *les divergences* propres au formalisme de la Théorie quantique ; un exemple en est le champ électrique de l'électron (supposé ponctuel) à distance r, soit e^2/r, qui tend vers l'infini quand r tend vers zéro. De manière à éviter cette divergence on introduit généralement un paramètre « de coupure », l_0, et on dit que le champ électrique n'est défini que pour $r \geqslant l_0$. Dans cette interprétation l_0 peut être considéré comme le « rayon » de l'électron (ce qui est, naturellement, contradictoire avec l'hypothèse d'un électron *ponctuel* qui a été utilisée pour développer le formalisme quantique et qui, par ailleurs, est confirmée par l'expérience).

En Relativité complexe la raison de l'introduction de l_0 (ou Ω_0) est claire (voir section II, § 5) : on veut établir une correspondance entre ce que nous avons appelé la densité propre ρ, qui est définie en chaque point *mathématique* (volume nul) en Relativité complexe et des fonctions comme l'énergie W ou l'impulsion P qui sont utilisées en Relativité générale ; or ces fonctions *ne sont pas des densités* (d'énergie ou d'impulsion) et, par conséquent, elles ne peuvent concerner qu'un volume fini et non nul d'espace (puisqu'on ne peut pas faire entrer dans un volume strictement nul d'espace une énergie ou un moment physique qui soit lui-même non nul). La relation (47) :

$$\text{(47 bis)} \qquad \Omega_0^2\, c^2\, \rho^2\, u_\alpha\, u_\beta = \frac{-\hbar^2\, \nabla_\alpha \partial_\beta (U/\sqrt{-G})}{U/\sqrt{-G}}$$

établit cette correspondance en introduisant le volume quantique Ω_0, qui est lui-même une sphère de rayon l_0.

Maintenant que nous possédons une représentation de l'électron, et plus généralement du lepton chargé, comme un volume non nul localisé entièrement dans l'espace néguentropique $(\tilde{r}, \tilde{t})$, on comprend pourquoi tout formalisme (comme la Théorie quantique) développé dans l'espace entropique observable $(\dot{r}, t)$ nécessite de considérer l'électron comme « ponctuel » dans cet espace ; mais on comprend aussi comment vient nécessairement s'introduire un paramètre « de coupure » assimilable à un « rayon » non nul de l'électron, puisque cette particule a effectivement un rayon non nul dans l'espace néguentropique $(\tilde{r}, \tilde{t})$ où elle se situe, limitant dans ce même espace le rapprochement entre deux électrons. Autrement dit, les difficultés liées aux divergences quantiques tiennent principalement (sinon totalement) au fait que la Théorie quantique ignore l'existence de l'espace néguentropique $(\tilde{r}, \tilde{t})$, qui n'est pas directement observable. C'est aussi pourquoi la Théorie quantique a été conduite, pour surmonter ces divergences, aux tentatives de théories *non locales*, où un point dans la représentation $(\dot{r}, t)$ apparaît comme un volume fini et non nul dans « une autre » représentation (ce qui est une autre façon d'admettre *la nécessité* d'« un autre » espace venant en quelque sorte « doubler » l'espace observable $(\dot{r}, \dot{t})$). On peut dire que les théories non locales apparaissent dans cette optique comme le premier pas vers la Relativité complexe et la représentation *complète* des phénomènes dans l'espace complexe.

Dès que nous possédons le modèle complet de l'électron il nous devient possible de *calculer la valeur de* Ω_0 (et donc aussi de l_0), puisque l'électron est une illustration du volume non nul qui correspond à une particule ponctuelle dans la représentation observable ($\dot{r}$, $\dot{t}$). Mais alors apparaît une difficulté : le rayon du modèle leptonique n'est pas constant mais en pulsation dans le temps, avec une période T. Nous devons donc écrire la relation (47 *bis*) ci-dessus sous la forme :

(47 *ter*) $$\rho = \frac{1}{\Omega_0}\varphi(h, c, U, G, u_\alpha, u_\beta) = \frac{1}{\frac{4}{3}\pi l_0^3}\varphi$$

et puisque $1/l_0^3$ varie avec le temps $\tilde{t}$ *à chaque instant* du temps $\dot{t}$ de l'espace observable ($\dot{r}$, $\dot{t}$), nous devrons écrire aussi :

(239) $$\rho = \varphi\frac{1}{T}\int_0^T \frac{dt}{\frac{4}{3}\pi R^3} = \frac{\varphi}{\frac{4}{3}\pi}\frac{1}{T}\int_0^T \frac{dt}{R^3}.$$

La comparaison de (239) avec (47 *ter*) conduit à la définition de l_0 :

(240) $$\frac{1}{l_0^3} = \frac{1}{T}\int_0^T \frac{dt}{R^3}$$

ou encore :

(241) $$\int_0^T \frac{dt}{R^3} = \frac{4\pi cT}{3\hbar\xi}.$$

14. La nature de l'« espace vide ».

L'hypothèse de base de notre modèle leptonique est le principe d'isotropie et d'homogénéité en chaque point du modèle. La matière de densité propre ρ (qui est ce que nous nommons l'« espace vide » pour le lepton considéré *dans son ensemble*, c'est-à-dire comme un « univers » clos sur lui-même), et également le rayonnement du corps noir, sont tous deux localement « au repos » en chaque point du modèle. Cependant, ce terme « au repos » signifie seulement que, s'il existe un mouvement local, alors il y a une impulsion égale selon chaque direction de l'espace à chaque instant, de sorte que la valeur *moyenne* de l'impulsion est nulle (c'est, par exemple, le cas des photons du rayonnement noir). Mais les équations du modèle n'utilisent pas le moment P mais le carré P^2 de celui-ci, et la valeur moyenne de P^2 peut naturellement être différente de zéro, en dépit du fait que, en conformité avec le principe d'homogénéité et d'isotropie, la valeur moyenne de P est nulle localement. Un bon exemple est encore le rayonnement noir, pour lequel nous avons (170) :

$$3\,\tilde{P}_j^2 = P^2 = \frac{\xi^2 \hbar^2}{c^4} D_E^2 = \frac{\xi^2 \hbar^2}{c^4} (a\theta^4)^2 . \qquad (170\ bis)$$

Nous comprenons pourquoi nous obtenons ce résultat pour le rayonnement noir, constitué de photons se déplaçant dans toutes les directions selon une distribution de Maxwell dépendant de la température θ. Mais peut-il en être de même pour l'« espace vide », constitué de matière de densité propre ρ ? Cette matière *n'est pas* faite de particules, c'est un milieu *continu*, et l'on pourrait donc s'attendre à ce que le principe d'homogénéité et d'isotropie entraîne pour cette matière un repos « absolu », c'est-à-dire encore à la fois $P_\rho \equiv 0$ et $P_\rho^2 \equiv 0$ identiquement nuls. Là était notre première idée quand nous avons commencé à travailler sur le modèle leptonique ; une idée qui était d'ailleurs encouragée par ce qui avait été fait jusqu'ici pour tous les modèles *cosmologiques*, qui ont aussi à traiter du problème de la densité de matière enfermée dans un univers dans son ensemble. Mais, à la réflexion, nous avons décidé que s'il en était bien ainsi *les équations elles-mêmes* devraient le dire, en démontrant que, compte tenu des hypothèses de base, P_ρ^2 devait nécessairement être obtenu identiquement nul. C'est pourquoi nous avons introduit dans les équations la densité propre de matière ρ au moyen de la relation relativiste *complète*, qui dans tous les cas *doit* être satisfaite :

$$\frac{W_\rho^2}{c^2} - P_\rho^2 = \Omega_0^2\, c^2\, \rho^2 . \qquad (163\ bis)$$

En outre, nous choisîmes $P_\rho = 0$ comme condition *initiale* à $\tau = 0$, de manière à laisser ouverte la possibilité d'une solution :

$$\frac{W_\rho^2}{c^2} \equiv \Omega_0^2\, c^2\, \rho^2 \qquad P_\rho^2 \equiv 0 \qquad (\forall \tau) . \qquad (242)$$

Or, *ce n'est pas* la solution à laquelle ont conduit les équations du modèle : pour $\tau > 0$, et durant toute la période T de pulsation du modèle (sauf $\tau = 0$ ou T), nous avons obtenu une valeur *négative* pour P_ρ^2. Notre première réaction a été que ceci ne faisait que confirmer le principe d'homogénéité et d'isotropie : P_ρ correspondait à une énergie cinétique *imaginaire*, nous n'avions pas à en tenir compte dans un bilan d'impulsion-énergie *réel* concernant le modèle, nous n'avions qu'à abandonner toute valeur imaginaire dans un tel bilan.

Mais, après un examen plus minutieux, nous découvrîmes que ce résultat avait probablement une interprétation beaucoup plus profonde.

Que peut bien signifier un moment imaginaire P_ρ associé à une densité propre réelle ρ ? Etant donné que nous pouvons écrire :

$$(243) \qquad P_\rho = \frac{\Omega_0 \, \rho c}{\sqrt{1 - \frac{\mathcal{V}^2}{c^2}}}$$

où ρ est réel et $\mathcal{V}$ une vitesse *de phase* de « quelque chose » appartenant au milieu continu remplissant et constituant l'« espace vide », (243) signifie que ce « quelque chose » génère dans le milieu une vitesse de phase égale ou plus grande que c :

$$c \leqslant \mathcal{V} \leqslant \infty .$$

Revenant maintenant à la transition entre Relativité complexe (section II) et Relativité générale quantifiée RGQ (section III), il nous faut nous souvenir que RGQ a fait l'approximation (88) :

$$(88\ bis) \qquad \begin{aligned} \langle \dot{E}\tilde{E} \rangle &\equiv 0 \\ \langle \dot{P}_j \tilde{P}_j \rangle &\equiv 0 \end{aligned} \qquad (\forall y^\alpha)$$

qui signifie à son tour que RGQ *néglige les fluctuations* de l'espace, et que cette approximation est seulement acceptable si l'impulsion-énergie oscillante telle qu'elle est définie *en Relativité complexe* (qui, ne l'oublions pas, constitue l'espace *physique*) pour la matière ($\dot{E}$, $\dot{P}_j$) d'une part et pour le rayonnement électromagnétique ($\tilde{E}$, $\tilde{P}_j$) d'autre part, est représentée dans les deux cas par des ondes monochromatiques, les premières déphasées de $\pi/2$ par rapport aux secondes. De toute évidence, ce n'est pas le cas ici, et c'est la raison pour laquelle il nous faut tenir compte dans le modèle de l'existence d'une onde de phase se propageant à une vitesse égale ou plus grande que c, comme le font les ondes de phase en Mécanique ondulatoire (section IV).

En d'autres termes, ce que le $P_\rho^2 < 0$ nous permet de découvrir est l'existence *nécessaire*, dans un univers considéré dans son ensemble, de *fluctuations de l'espace vide* dès que cet espace contient simultanément de la matière et du rayonnement. Ce résultat est, en fait, l'hypothèse de base de l'Electrodynamique stochastique [37]. Nous obtenons ici une justification d'une telle hypothèse.

Etant donné que le modèle leptonique est représenté dans un référentiel similaire au référentiel de RGQ, nous accepterons ici également l'approximation consistant à négliger les fluctuations de l'espace (au moins au cours de la présente étude), et nous nous limiterons à considérer seulement les bilans d'impulsions-énergies *réelles* dans le modèle leptonique ; c'est-à-dire que nous accepterons pour ce modèle la solution (163 *bis*), en écrivant de manière plus précise :

$$(163\ ter) \qquad \frac{W_\rho^2}{c^2} = \Omega_0^2 \, c^2 \rho^2 + (|P_\rho|)^2$$

où $|P_\rho|$ désigne la partie *réelle* de P_ρ. Ceci, de toute évidence, ne signifie pas que les ondes de phase remplissant l'espace du modèle « n'existent pas », mais que nous n'en tenons pas compte dans un bilan des impulsions-énergies réelles, puisqu'il s'agit avec ces ondes de phase d'un phénomène se propageant à une vitesse *supérieure* à c (donc associé à des impulsions-énergies imaginaires) (*).

Pour conclure ce paragraphe, nous dirons donc que la Relativité complexe montre que :

- *L'espace vide* est en fait constitué par une matière continue de densité propre ρ.
- *Des fluctuations doivent* se développer dans un espace vide contenant du rayonnement électromagnétique.
- *Des vitesses de groupe* $0 \leqslant v \leqslant c$ peuvent se développer dans l'espace vide, en corrélation avec des ondes de phase à vitesse égale ou supérieure à c (voir *la création continue* de matière dans notre modèle cosmologique, section VII, §§ 20, 21).

15. Le Système *L*

Nous disposons maintenant du système *complet* d'équations et de ses conditions complémentaires et initiales que doit satisfaire le modèle leptonique. Nous appellerons cet ensemble d'équations le Système L.

Le Système comprend en fait $(3\,n + 14)$ équations, l'indice n étant associé à l'ensemble $(p + 1)$ des leptons chargés que décrit le Système, avec $n = 1, 2, \ldots, p$. Le spin (ou le pulse) de ces leptons est $(n + \frac{1}{2})\,\hbar$, avec conventionnellement $n = 0$ pour l'électron, de masse propre m. La masse propre du muon est ainsi désignée par τ_1, celle du lepton tau τ_2, le « prochain » lepton lourd à découvrir τ_3, et ainsi de suite τ_n.

Ces $(3\,n + 14)$ équations doivent permettre le calcul des $(2\,n + 15)$ quantités suivantes :

$$R(\tau),\ c,\ h,\ m,\ \tau_n,\ l_0,\ T,\ \alpha,\ \beta,\ \Lambda,\ R_0,\ \mathfrak{R},\ k_S,\ k_P,\ W_{0m},\ W_{0\tau_n},\ K\,.$$

Toutes ces quantités sont des constantes, sauf le rayon $R(\tau)$ qui est une fonction périodique du temps τ.

Les antileptons chargés sont obtenus en changeant simultanément les signes des $(n + 4)$ quantités :

$$h,\ \alpha,\ \beta,\ W_{0m},\ W_{0\tau_n}$$

les masses propres calculées étant alors conventionnellement négatives.

(*) C'est ce qui arrive en Mécanique ondulatoire, où de telles ondes de phase sont associées à un phénomène « subjectif » (connaissance des probabilités d'observation) et non « objectif » [19], [20].

Ce qu'il y a de tout à fait remarquable dans le Système L est qu'il ne dépend èn fait d'*aucun paramètre*, puisque tous ceux qui figurent dans les équations sont finalement *calculés* par la solution du système d'équations. Le Système L décrit donc un micro-univers ne reposant, pour sa représentation dans un modèle, que sur des *principes de cohérence globale*. En ce sens, nous pouvons dire que le Système L représente un *bootstrap leptonique*, avec le sens qu'a donné Geoffrey Chew au mot « bootstrap » pour le bootstrap *hadronique*. Nous revenons plus en détail sur cet aspect important dans notre Annexe 8.

La solution du Système L doit permettre *le calcul direct* de 5 des principales constantes physiques fondamentales, à savoir c, h, m, μ et τ_2 ; par ailleurs, comme nous allons le voir au paragraphe 18.2, le Système L conduit également *au calcul de la charge électrique élémentaire e.*

Le Système L

$$n = 1, 2, \ldots, p \quad h = 2\pi\hbar \quad K = -1, 0 \text{ ou } +1 \quad l_v = \pi R/2$$

$$\frac{dR}{d\tau} = R' \quad \xi = \frac{4}{3}\pi l_0^3 \frac{c}{\hbar} \quad l = 2R \operatorname{arc\,tg}\left(\frac{\eta}{2}\right)$$

$$d\Omega_\eta = 4\pi R^3\left(1 + \frac{\eta^2}{4}\right)^{-3}\eta^2\, d\eta \qquad v_\eta^2 = R'^2\left[\frac{R^2}{\left(2R\operatorname{arc\,tg}\left(\frac{\eta}{2}\right)\right)^2} + \frac{R'^2}{c^2}\right]^{-1}$$

L1	$\frac{R'^2}{c^2} = \frac{1}{6}\frac{\xi^2}{R^2}\left[\alpha^2\left(\frac{3}{R_0^2} - \frac{1}{R^2}\right) - 2\frac{\beta^2}{R_0^4}\right] + K + \frac{1}{3}\Lambda R^2$
L2	$R_{\tau=0} = R_0$
L3	$R'_{\tau=0} = 0$
L4	$R_{\tau=T/2} = \mathfrak{R}$
L5	$R'_{\tau=T/2} = 0$
L6	$c^2 \geqslant R'^2 \geqslant 0$
L7	$\int_0^T 2\pi^2 c^2\left(\alpha - \frac{\beta}{R}\right)d\tau + h = mc^2 T$
L8	$\int_0^T 2\pi^2 c^2\left(\alpha + \frac{\beta}{R}\right)d\tau + 2\left(n + \frac{1}{2}\right)h = \tau_n c^2 T$
L9	$\int_0^T\int_0^\infty c^2\left(\frac{\alpha}{R^3} - \frac{\beta}{R^4}\right)\left[\left(1 - \frac{v_\eta^2}{c^2}\right)^{-1/2} - 1\right]d\Omega_\eta\, d\tau + Tk_S W_{0m} = \frac{1}{2}h$

$$L10 \quad \int_0^T \int_0^\infty c^2\left(\frac{\alpha}{R^3} + \frac{\beta}{R^4}\right)\left[\left(1 + \frac{v_\eta^2}{c^2}\right)^{-1/2} - 1\right] d\Omega_\eta \, d\tau + \\ + Tk_S W_{0\tau_n} = \left(n + \frac{1}{2}\right) h$$

$$L11 \quad \int_0^T 2\pi^2 c^2\left(\alpha - \frac{\beta}{R}\right)\left[\left(1 - \frac{R'^2}{c^2}\right)^{-1/2} - 1\right] d\tau + \\ + Tk_P W_{0m} = \frac{1}{2} h$$

$$L12 \quad \int_0^T 2\pi^2 c^2\left(\alpha + \frac{\beta}{R}\right)\left[\left(1 - \frac{R'^2}{c^2}\right)^{-1/2} - 1\right] d\tau + \\ + Tk_P W_{0\tau_n} = \left(n + \frac{1}{2}\right) h$$

$$L13 \quad k_S = \frac{1}{T}\int_0^T \left(1 - \frac{v_{l\nu}^2}{c^2}\right)^{-1/2} d\tau$$

$$L14 \quad k_P = \frac{1}{T}\int_0^T \left(1 - \frac{R'^2}{c^2}\right)^{-1/2} d\tau$$

$$L15 \quad k_S = k_P$$

$$L16 \quad \int_0^T \frac{d\tau}{R} = \frac{2\pi}{c}$$

$$L17 \,. \quad \int_0^T \frac{d\tau}{R^3} = \frac{T}{l_0^3} = \frac{4\pi c T}{3\hbar\xi}$$

16. La solution numérique du Système *L*

Pour l'analyse numérique du Système L nous pourrons pratiquement nous limiter à $n = 1, 2$, c'est-à-dire les équations se rapportant à l'électron, au muon et au tau, puisque les équations $L8$ et $L10$ donnent immédiatement, pour les masses propres et les énergies des neutrinos associés des leptons « lourds » :

$$(244) \quad \begin{cases} \tau_n = \mu + \dfrac{2(n-1)h}{c^2 T} & (n = 1, 2, \ldots, p) \\ W_{0\tau_n} = W_{0\mu} + \dfrac{(n-1)h}{Tk_P}. \end{cases}$$

Ceci posé, l'analyse numérique des $3n + 14 = 20$ équations du Système L peut alors être conduite comme suit :

1) Donnons-nous un ensemble de six valeurs numériques, dans un système d'unités physiques donné (cgs par exemple), correspondant respectivement aux valeurs des six paramètres :

$$h, c, m, \mu, \tau \text{ et } \xi.$$

Appelons P_0 l'ensemble de ces six paramètres initialement choisis.

2) On constate alors que, P_0 étant donné, on peut rechercher la solution exacte non pas du Système L mais d'un Système L' obtenu en supprimant six des équations de L, à savoir :

$(L\text{-}L')$ $L11$, $L12$ $(n = 1, 2)$, $L14$, $L15$ et $L17$.

Cette solution L' est obtenue facilement sur ordinateur ; on commence par calculer α par addition de $L7$ et $L8$, puis β par soustraction de $L7$ à $L8$, en se servant de $L16$. $L8$, considéré avec $n = 1$ et $n = 2$, donne aussi :

$$T = \frac{2h}{c^2(\tau - \mu)}.$$

Enfin, en se servant des conditions complémentaires $L2$ à $L6$, on obtient $K = +1$ ainsi que les expressions de Λ et $\mathfrak{R}$ en fonction de R_0. On peut alors résoudre $L1$ et calculer ainsi toutes les expressions intégrales du système L, c'est-à-dire obtenir numériquement *tous* les paramètres entrant dans le système L.

3) Soient :

$$F_i = 0 \qquad (i = 1 \text{ à } 6)$$

les six équations dont le système L' ne tient pas compte par rapport au Système L (équations $L\text{-}L'$). On peut calculer l'« écart » entre la solution L et la solution L' en introduisant une *fonction d'écart* χ définie comme suit :

$$\chi^2 = \frac{1}{6}\sum_{i=1}^{6}\left(\frac{F_i}{\varepsilon_i}\right)^2$$

où $\frac{F_i}{\varepsilon_i}$ est non dimensionnel.

Si la solution de L' était aussi la solution de L nous aurions naturellement :

$$\chi^2 = 0$$

et, dans ce cas, l'ensemble P_0 des six paramètres choisis (plus ou moins arbitrairement) en (1) ci-dessus correspondrait à la solution numérique *exacte* de L.

4) Pour la recherche de la solution de L commençons par faire confiance à l'ordinateur que représente *la Nature elle-même*, c'est-à-dire choisissons un ensemble P_0 numériquement identique aux valeurs numériques *expérimentales* que l'on obtient pour ces six paramètres (*). Puis choisissons pour la variation de ces paramètres des « plages » comprises entre le double et la moitié de la valeur « naturelle » de P_0. Enfin discrétisons le calcul en choisissant, par exemple, cinq valeurs régulièrement espacées entre P_0 et les deux extréma des plages de variation. Nous disposons ainsi maintenant de $11^6 = 1\,771\,561$ ensembles P_i de paramètres, qu'on peut entrer tour à tour comme données initiales dans le calcul (1, 2, 3) effectué ci-dessus. Si la solution du Système L *existe*, et est d'autre part *stable* et *unique*, on trouvera pour la fonction d'écart χ_L correspondant à cette solution (c'est-à-dire à ce jeu P_L de paramètres) un profond « puits » de minimisation. χ_L mesure l'approximation avec laquelle on a calculé la solution L ($\chi_L = 0$ pour la solution « exacte »). Soit χ_i la fonction d'écart correspondant à l'un quelconque des ensembles P_i. Le rapport :

$$\frac{\min \chi_i}{\chi_L} \qquad (i \neq L)$$

sera une mesure de la « profondeur » du puits au fond duquel se trouve la solution calculée de L.

5) On notera que, une fois obtenu un premier ensemble P_L correspondant à la solution de L, on peut *recommencer le calcul* afin de *préciser* les valeurs numériques des six paramètres figurant dans P_L, en donnant maintenant par exemple des plages de variation de seulement $\pm$ 20 % à chacun de ces paramètres, et en discrétisant à nouveau au moyen de cinq valeurs également espacées entre les valeurs de P_L et les deux extréma de ces plages. Ceci jusqu'à obtenir les valeurs numériques de P_L avec la précision souhaitée. Le calcul converge ainsi vers la solution *exacte* du Système L.

6) Nous avons procédé au calcul effectif sur ordinateur de la recherche de la solution numérique du Système L, selon la méthode préconisée dans 1 à 5 ci-dessus. Cependant, essentiellement pour des raisons de temps de calcul,

(*) Nous verrons à la section VIII (hadrons) que la masse propre M_0 du nucléon suggère

$$\xi = \frac{4}{3}\pi l_0^3 \frac{c}{\hbar} = 6{,}467 \,.\, 10^{-4} \text{ cgs},$$

soit pour la longueur élémentaire $l_0 = 1{,}76 \,.\, 10^{-14}$ cm. Mais, bien entendu, cette valeur numérique de ξ *déduite* de M_0 n'est bien qu'une « suggestion » pour entamer le calcul de la solution *exacte* du Système L : c'est ce Système L qui doit *directement* calculer ξ, d'où on déduira *ensuite* M_0, masse propre du nucléon, comme une *vérification* du formalisme général (modèles leptonique et hadronique).

nous nous sommes limité à choisir pour chaque paramètre des plages de variation de seulement $\pm$ 10 % par rapport aux valeurs numériques connues expérimentalement, avec une seule valeur des paramètres aux deux extréma de chaque plage de variation. Cela conduit pratiquement à tester $3^6 = 729$ ensembles de paramètres P_i. On constate *bien effectivement* un profond puits de minimisation de la fonction d'écart χ *pour l'ensemble des six paramètres* P_i *correspondant aux valeurs expérimentales de ces paramètres.* L'approximation de la solution L calculée vaut : $\chi_L = 2$ %. Par ailleurs, ce puits est *unique* dans la région analysée, et le rapport exprimant la « profondeur » du puits vaut :

$$(i \neq L) \qquad \frac{\min \chi_i}{\chi_L} = 50\,.$$

La solution numérique est présentée ci-dessous selon deux systèmes d'unités différents :

- *Les unités CGS* habituelles.
- *Les unités L* : nous avons ainsi nommé le système d'unités qu'aurait choisi un observateur (le Connaissant) qui se trouverait prisonnier dans le micro-univers leptonique fermé (de nouveau la « caverne » de Platon !). Son système « naturel » d'unités serait basé sur les mesures qu'il peut effectuer *directement* à l'intérieur de son univers : nous avons choisi α pour unité de masse, pour unité de longueur le rayon minimum R_0 de l'univers pulsant et pour unité de temps la période de pulsation T. Notons que, puisque nous avons (187) :

$$\rho = \frac{\alpha}{R^3}$$

l'unité α est aussi la densité maximum ρ_0 de la matière dans l'univers leptonique :

$$\rho_0 = \rho_{\tau=0}\,.$$

Les résultats numériques sont, il est clair, beaucoup plus simples dans le système « naturel » des unités L. Les équations elles-mêmes se prêtent beaucoup mieux à une analyse mathématique en les rendant non dimensionnelles, ou en faisant ainsi :

$$-\rho_0 = R_0 = T = 1\,(= -\,\alpha)\,.$$

17. Représentation graphique de la solution.

Le graphe 1 montre les variations avec le temps des principales caractéristiques du modèle leptonique. La densité ρ varie entre $3{,}1 \,.\, 10^{17}$ et $1{,}33 \,.\, 10^{15}$ g/cm^3, tandis que la température θ varie entre $1{,}526 \,.\, 10^{13}$ et $2{,}479 \,.\, 10^{12}$ degrés Kelvin. La vitesse maximum de pulsation R' atteint la valeur 0,861 c, pour $R = 1{,}79 \,.\, 10^{-14}$ cm.

Solution numérique du Système L

Symbole	Définition	cgs	unités L
c	Vitesse de la lumière	3.10^{10}	18,846
h	Constante de Planck	$6{,}61.10^{-27}$	3 617
l_0	Longueur élémentaire $\left(\xi = \frac{4}{3}\pi l_0^3 \frac{c}{\hbar} = 6{,}467.10^{-4}\right)$	$1{,}76.10^{-14}$	2,256
T	Période de pulsation	$4{,}9.10^{-24}$	1
α	Densité rayonnement noir : $D_E = \frac{\beta c^2}{R^4}$	$-1{,}472.10^{-25}$	-1
β	Densité rayt noir : $D_E = \frac{Bc^2}{R^4}$	$-1{,}7.10^{-39}$	$-1{,}48$
Λ	Constante leptonique	$-1{,}282.10^{27}$	$-0{,}078$
R_0	Rayon minimum	$7{,}8.10^{-15}$	1
$\mathfrak{R}$	Rayon maximum	$4{,}8.10^{-14}$	6,154
m_0	Masse propre de l'électron	$9{,}11.10^{-28}$	0,006 2
μ_0	Masse propre du muon	$1{,}884.10^{-25}$	1,28
τ_{0n} ($n = 2$)	Masse propre du lepton tau	$3{,}183.10^{-24}$	21,62
k_S	Coeff. relativiste d'énergie de spin	1,36	1,36
k_P	Coeff. relativiste d'énergie de pulse	1,36	1,36
W_{0e}	Energie « au repos » neutrino ν_e	$0{,}824.10^{-3}$	2 209
$W_{0\mu}$	Energie « au repos » du neutrino ν_μ	$2{,}615.10^{-3}$	7 010
$W_{0\tau}$	Energie « au repos » du neutrino ν_τ	$3{,}61.10^{-3}$	9 677
K	Signe de la courbure espace lepton	+ 1	+ 1
τ_{0n} ($n = 3$)	Masse propre du « prochain » lepton lourd	$6{,}184.10^{-24}$	42

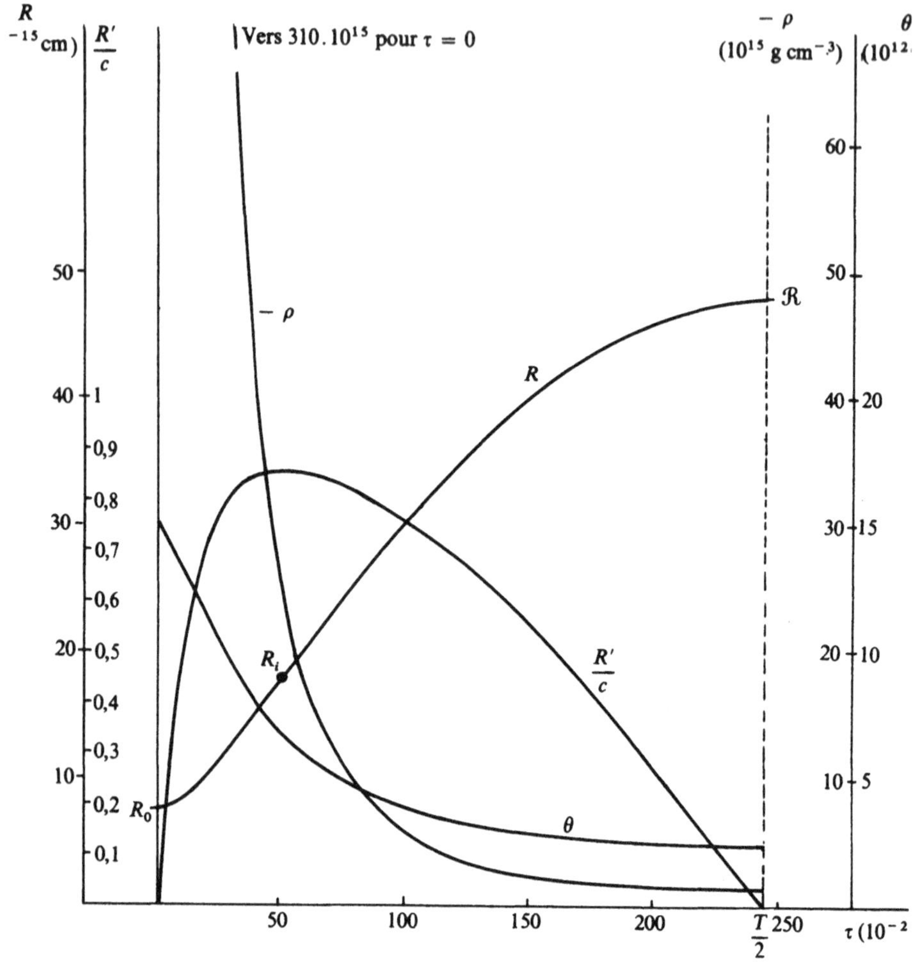

Graphe 1.

Etant donné que la masse propre du lepton est une valeur *moyenne* sur une période T de pulsation, il existe une valeur de l'énergie du lepton à chaque instant du temps leptonique $\tilde{t}$, pour l'électron $W_e(\tilde{t})$ et pour le muon $W_\mu(\tilde{t})$. Nous verrons (§ 20) qu'à chaque valeur de l'énergie correspond une fréquence :

$$\nu = \frac{W(\tilde{t})}{h}.$$

Ces fréquences forment donc un spectre *continu* à *chaque* instant du temps *observable* dans l'espace entropique $(\dot{r}, t)$; ceci, comme nous le verrons, va justifier l'aspect probabiliste *ponctuel* du lepton en tant que phénomène observable (vitesse *de groupe* ponctuellement localisée de l'onde de phase ψ).

18. Les interactions électromagnétiques et la charge élémentaire e.

18.1. INTERACTIONS VIRTUELLES.

Les leptons sont des micro-univers représentés par leur modèle dans l'espace-temps néguentropique $(\tilde{r}, \tilde{t})$, mais ils composent aussi (avec les trous noirs cosmologiques, que nous examinerons dans la section qui suit) *la totalité* de l'espace-temps néguentropique. En ce sens, on ne doit pas dire que les leptons « se déplacent » dans un espace-temps $(\tilde{r}, \tilde{t})$: *ils sont* l'espace-temps $(\tilde{r}, \tilde{t})$. Plus généralement, tous les univers *fermés* possédant une structure $(\tilde{r}, \tilde{t})$ composent la totalité de l'espace-temps $(\tilde{r}, \tilde{t})$; jusqu'ici, les trous noirs cosmologiques et les leptons (qui sont des univers-trous, § 21) forment la représentation de la partie néguentropique de notre Univers complexe. Toutes ces structures néguentropiques ont une représentation ponctuelle dans l'espace entropique $(\dot{r}, \dot{t})$. Il n'existe *pas d'autre espace* mettant spatialement en relation les structures leptoniques étendues et l'espace de notre propre Univers observable $(\dot{r}, t)$. C'est *parce que* cet espace observable existe que cela a un sens de dire que les leptons « se déplacent dans l'espace », ou que deux leptons sont séparés par une distance r. Quand, prenant comme origine du référentiel $(\tilde{r}, \tilde{t})$, la localisation ponctuelle du lepton dans le référentiel $(\dot{r}, t)$, vous suivez la coordonnée $\tilde{r}$ jusqu'à $\tilde{r} = \infty$, vous ne trouvez jamais *un autre* lepton, vous ne faites que « tourner » dans le premier lepton jusqu'à revenir à votre point de départ $\dot{r} = \tilde{r} = 0$. C'est pourquoi on ne peut parler d'interactions *réelles* entre deux leptons à distance $\dot{r}$ l'un de l'autre, puisque rien ne permet de sortir d'un univers leptonique donné (ou d'y entrer), et par conséquent que rien de réel ne peut être transporté à travers le seul espace connectant les deux structures leptoniques, à savoir l'espace observable $(\dot{r}, t)$ dans lequel chaque lepton possède une représentation ponctuelle. Toute interaction entre deux leptons, ou entre un lepton et l'espace-temps observable $(\dot{r}, t)$, doit donc, pour cette raison, être qualifiée d'*interaction virtuelle.* Mais comment de telles interactions virtuelles peuvent-elles « physiquement » exister (ou être représentées) ?

L'univers leptonique est, comme nous l'avons vu, rempli par un rayonnement noir à très haute température. L'énergie $\tilde{W}$ et l'impulsion $\tilde{P}$ d'un photon de ce rayonnement à l'intérieur de la structure leptonique satisfait (90 *bis*) :

$$\text{(90 ter)} \qquad \frac{\tilde{W}^2}{c^2} - \sum_{j=1}^{3} \tilde{P}_j^2 = 0$$

relation qui est invariante pour un *changement de signe* de l'impulsion linéaire le long d'une direction quelconque d'espace.

Mais, d'un autre côté, le principe de conservation de l'impulsion-énergie (notre axiome 2) implique qu'un tel changement de signe ne peut avoir lieu dans une région quelconque de l'espace complexe sans que, de manière concomitante, un changement de signe complémentaire opérant sur une impulsion égale mais de signe inverse, ait également lieu (ces impulsions étant naturellement rapportées au même référentiel).

C'est ce qui va avoir lieu pour les interactions virtuelles leptoniques, comme cela peut être parfaitement représenté sur un *diagramme de Feynmann* :

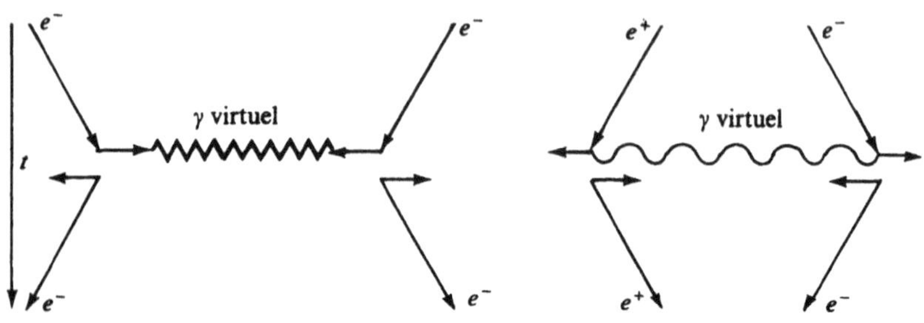

Les diagrammes ci-dessus montrent l'interaction virtuelle entre deux structures leptoniques (deux électrons ou un électron et un positron). Il n'y a pas de véritable propagation d'impulsion entre les deux structures (puisque chacune d'elle constitue un univers *fermé*), mais il y a un échange simultané de signe des impulsions respectives entre deux photons, un dans chaque univers leptonique. Cette interaction virtuelle est autorisée et a effectivement lieu si, et seulement si, elle satisfait le principe de conservation de l'impulsion-énergie dans un référentiel auquel nous rapportons l'ensemble de l'Univers physique complexe. On constate curieusement que ce type d'interactions « virtuelles » a pour conséquence de réintroduire en Physique le principe des « actions à distance ».

Le signe de la densité d'énergie D_E du rayonnement noir, soit (188) et (190) :

$$D_E = \frac{\beta c^2}{R^4} = \pm\, a\theta^4 \tag{245}$$

est celui de β. Nous sommes donc conduits à considérer *deux* types de photons dans le rayonnement noir, des photons d'énergie positive, pour lesquels $\beta > 0$, et des « antiphotons », pour lesquels $\beta < 0$. Nous admettrons que l'échange de photons virtuels est une *répulsion* s'ils ont le même signe d'énergie, et une *attraction* s'ils ont des signes opposés d'énergie. Les résultats de telles interactions apparaissent sur les diagrammes de Feynmann.

18.2. Valeur numérique de la charge électrique élémentaire e.

Considérons deux univers leptoniques à distance r.

Soit $n_\nu\, d\nu$ le nombre de photons par unité de volume ayant une fréquence comprise entre ν et $\nu + d\nu$ dans le rayonnement noir à température θ. Nous admettrons aussi (notre axiome 7 ci-dessous, section VIII) que toutes les particules en pulsation, et notamment les leptons, ont la *même période* et sont *en phase*. Si R est le rayon spatial du lepton à l'instant t, le volume du lepton tel que l'évaluera un observateur dans un espace quasi euclidien comme $(\dot{r}, t)$ est $\frac{4}{3}\,\pi R^3$ (et non $2\,\pi^2\,R^3$). Par conséquent le nombre de photons dans la structure leptonique de fréquences comprises entre ν et $\nu + d\nu$ est :

(246) $$\tfrac{4}{3}\,\pi R^3\, n_\nu\, d\nu\,.$$

Etant donné que la distribution des photons noirs est isotrope dans l'espace, le nombre de photons du premier lepton capables d'échanger leur impulsion linéaire avec les photons noirs de l'autre lepton tout en satisfaisant la conservation du moment total (c'est-à-dire sans générer un moment angulaire de rotation) est :

(247) $$\frac{4}{3}\,\pi R^3\, n_\nu\, d\nu\, \frac{kR^2}{4\,\pi r^2}$$

où $\sigma = kR^2$ (k = Cte numérique) est la « section efficace » applicable à cette interaction, et :

(248) $$\frac{kR^2}{4\,\pi r^2}$$

l'angle solide à l'intérieur duquel l'interaction prend place.

Or, comme on le voit sur le schéma ci-dessous, cet angle solide est nul pour

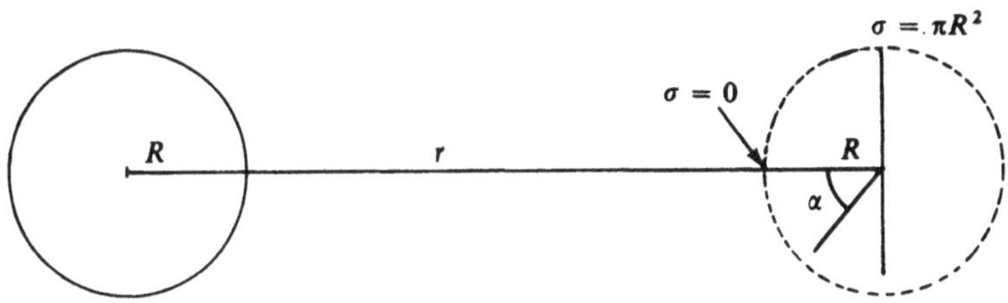

les photons localisés sur la surface sphérique qui est à l'intersection de la surface de l'une des sphères et de la ligne joignant les centres de ces sphères. D'un autre côté, cette section efficace est πR^2 pour la section équatoriale de la dite sphère. La section efficace moyenne est :

(249) $$\bar{\sigma} = \pi R^2\, \frac{2}{\pi} \int_0^{\pi/2} \sin^2 \alpha\, d\alpha = \frac{\pi R^2}{2}$$

où $R \sin \alpha$ est le rayon des sections successives pour r variant de $r - R$ à r. La comparaison de (249) à (248) montre que la section efficace moyenne est caractérisée par :

$$k = \frac{\pi}{2}$$

ou encore par l'angle solide moyen :

$$\frac{R^2}{8\,r^2}.$$

Les photons échangés ont un moment linéaire $h\nu/c$. Au cours de l'interaction virtuelle les photons échangés ont leur impulsion qui passe de $h\nu/c$ à $-\,h\nu/c$ (ou *vice versa*), ce qui correspond à un moment linéaire total $2\,h\nu/c$ cédé à chaque lepton. La durée associée à une telle interaction est $2/\nu$. La force $F_{\nu R}$ appliquée à chaque lepton dans le référentiel du centre de masse est par conséquent, pour la totalité des photons virtuels de fréquences comprises entre ν et $\nu + d\nu$:

(251) $$F_{\nu R} = \frac{4}{3}\,\pi R^3\, n_\nu\, d\nu\, \frac{R^2}{8\,r^2}\, \frac{2\,h\nu}{c}\, \frac{\nu}{2}$$

et pour le spectre total de fréquences du rayonnement noir à température $\theta(t)$:

(252) $$F_R = \frac{\pi}{6}\,\frac{h}{c}\,\frac{1}{r^2}\,R^5 \int_{\nu_l}^{\infty} n_\nu\, \nu^2\, d\nu\,.$$

Finalement, la force moyenne $\overline{F}$ pour R prenant toutes les valeurs permises sur une période de pulsation T de l'univers leptonique est :

(253) $$\overline{F} = \frac{1}{T}\int_0^T F_R\, dt = \frac{\pi}{6}\,\frac{h}{c}\,\frac{1}{r^2}\,\frac{1}{T}\int_0^T \int_{\nu_l}^{\infty} R^5\, n_\nu\, \nu^2\, dt\, d\nu$$

ν_l désigne la fréquence minimum qui peut prendre place dans l'univers leptonique, quand on tient compte de la longueur d'onde maximum λ_l :

(254) $$\lambda_l = 2\,\pi R$$

soit encore :

(255) $$\nu_l = \frac{c}{\lambda_l} = \frac{c}{2\,\pi R}.$$

La distribution de Planck pour le rayonnement noir est :

(256) $$n_\nu\, d\nu = \frac{8\,\pi\nu^2}{c^3}\,\frac{1}{e^{h\nu/K\theta} - 1}\, d\nu$$

K désignant ici la constante de Boltzmann.
Faisons :

(257) $$\frac{h\nu}{K\theta} = x .$$

Avec (245) on calcule (pour β négatif) :

(258) $$\frac{h\nu_l}{K\theta} = x_l = \frac{hc}{2\,\pi K}\left(\frac{-\,a}{\beta c^2}\right)^{1/4}$$

expression qui est indépendante de R.
En tenant compte de la relation bien connue [25] :

(259) $$K = \left(\frac{15\,ac^3\,h^3}{8\,\pi^5}\right)^{1/4}$$

on calcule, en utilisant la valeur de β :

$$\beta = -\,1{,}7\,.\,10^{-39}\ \text{cgs}$$

obtenue par la résolution du Système L :

(260) $$\frac{h\nu_l}{K\theta} = \left(\frac{-\,\pi h}{30\,c\beta}\right)^{1/4} = x_l = 1{,}92 .$$

(253) s'écrit encore :

(261) $$\overline{F} = \frac{4\,\pi^2}{3}\,\frac{1}{h^4\,c^4}\,\frac{K^5}{r^2}\,\frac{1}{T}\int_0^T R^5\,\theta^5\int_{1,92}^{\infty}\frac{x^4}{e^x-1}\,dx\,dt .$$

La définition (245) de β donne :

(262) $$R^5\,\theta^5 = \left(\frac{\beta c^2}{-\,a}\right)^{5/4} = \left(\frac{hc\gamma}{a}\right)^{5/4}$$

où nous avons.posé :

(263) $$\gamma = -\,\frac{c\beta}{h} = 7{,}716\,.\,10^{-3}\ \text{cgs} .$$

Introduisant la valeur de K donnée par (259), la relation (261) devient :

(264) $$\overline{F} = \frac{8\,\pi^3}{3}\,\frac{c\hbar}{r^2}\left(\frac{15\,\gamma}{8\,\pi^5}\right)^{5/4}\int_{1,92}^{\infty}\frac{x^4}{e^x-1}\,dx = \frac{e^2}{r^2} .$$

On calcule numériquement :

$$\int_{1,92}^{\infty} \frac{x^4}{e^x - 1}\, dx = 23,6 . \tag{265}$$

Finalement, avec la valeur de β obtenue dans le Système L, (264) s'écrit :

$$\frac{e^2}{\hbar c} = \frac{8\,\pi^3}{3}\left(\frac{15\,\gamma}{8\,\pi^5}\right)^{5/4} \times 23,6 = 7,65.10^{-3} \tag{266}$$

qui doit être comparée à la valeur expérimentale :

$$\left(\frac{e^2}{\hbar c}\right)_{\text{exp}} = \frac{1}{137} = 7,30.10^{-3} . \tag{267}$$

Ainsi, le Système L, joint au modèle électromagnétique que nous venons d'analyser, calcule la valeur de la charge électrique élémentaire e à moins de 2,3 % près :

$$\begin{cases} e_{\text{calculé}} = 4,91.10^{-10} \text{ cgs} - e \\ e_{\text{observé}} = 4,80.10^{-10} \text{ cgs} - e . \end{cases} \tag{268}$$

18.3. LA CHARGE ÉLECTRIQUE FRACTIONNAIRE ET LES QUARKS.

L'interaction électromagnétique entre *deux* électrons est donnée par (264), quelle que soit la distance r. Cependant, il est intéressant de noter qu'une sorte de « saturation » de l'interaction électrostatique (analogue à la saturation des interactions fortes) a lieu quand nous avons deux ou plus de deux électrons se rapprochant *très près* l'un de l'autre. Illustrons ce phénomène en considérant une structure « en ligne » Q, dans laquelle un électron négatif est à distance $2\,R$ de deux électrons positifs, l'ensemble formant de manière « naturelle » (à cause de la répulsion des deux positrons) un alignement des trois particules, comme le montre la figure ci-dessous.

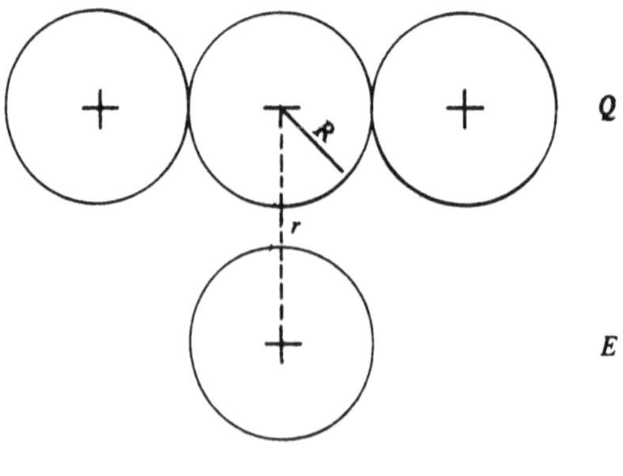

Considérons alors l'intensité de l'interaction électrostatique qu'exerce une telle structure Q sur un quatrième électron E situé, pour celui-ci, à distance $r \gg R$ de la structure Q.

Une partie des photons des électrons composant la structure Q interagissent entre eux de façon *permanente*, c'est cette interaction qui justifie la cohésion de la structure Q elle-même ; mais cela signifie aussi que le nombre de photons dans chaque électron composant Q qui sont *disponibles* à chaque instant pour une interaction électrostatique *avec* E n'est plus (246) :

$$N = \int_{\nu_l}^{\infty} \frac{4}{3} \pi R^3 \, n_\nu \, d\nu$$

mais seulement une fraction N' de ceux-ci :

$$N' = \int_{\nu_l}^{\infty} \frac{4}{3} \pi R^3 \, n'_\nu \, d\nu$$

avec $n'_\nu < n_\nu$. Nous pouvons calculer N'/N en considérant deux électrons interagissant à distance « de contact », c'est-à-dire à $r = 2\,R$:

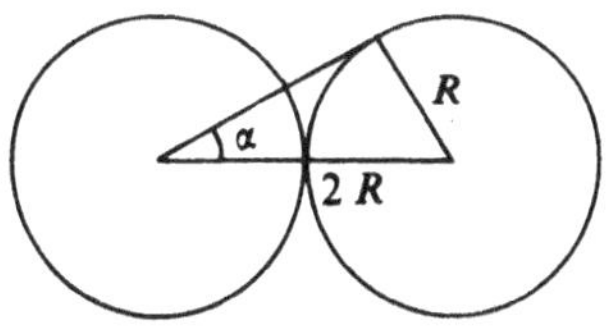

$$\sin \alpha = \frac{R}{2\,R} \quad \text{soit} \quad \alpha = \frac{\pi}{6}$$

et
$$\frac{N'}{N} = 1 - \frac{\pi/6}{\pi/2} = \frac{2}{3}.$$

Cela signifie encore que la structure Q agira sur un électron éloigné tel que E comme si Q avait une charge électrique de seulement :

$$\frac{2}{3} e .$$

Nous appellerons *quark* une structure leptonique composite telle que Q agissant sur un électron éloigné de charge e avec une charge électrique $\pm \frac{2}{3} e$. Il peut donc exister des particules composites, en principe indépendantes, telles que les quarks Q, qui possèdent une charge électrique *fractionnaire* $\pm \frac{2}{3} e$.

Une structure Q peut seulement s'annihiler avec une autre structure Q, afin d'assurer la conservation de la charge électrique :

$$Q^+ + Q^- \rightarrow 2\,\gamma .$$

La création de structures Q ne peut, d'autre part, avoir lieu que par 2 :

$$3(e^+, e^-) \to Q^+ + Q^- .$$

Cette interaction est sans doute beaucoup moins probable que :

$$3(e^+, e^-) \to 6\,\gamma$$

et ceci pourrait expliquer la difficulté *d'observer* des structures Q en tant que particules indépendantes *libres.* Nous verrons (section VIII) que de telles structures Q ne peuvent exister qu'*associées* à un hadron.

Une conséquence directe de cette possibilité d'existence des quarks en tant que partie de la structure des hadrons est qu'on doit logiquement s'attendre à ce que les noyaux de certains atomes contiennent des nucléons porteurs de *charges fractionnaires.* Un tel atome, même non ionisé, serait alors électriquement chargé, avec une charge totale de $\pm \frac{1}{3}$, ou $\mp \frac{2}{3}$ (ce qui est équivalent).

Ce résultat théorique devrait être comparé aux expériences récentes du groupe Fairbank [38] à Stanford (Physical Review Letters, 1980). Ce groupe prétend en effet qu'il a effectivement observé des charges fractionnaires dans des atomes de niobium. Mais, contrairement à l'interprétation de Fairbank et son équipe, nos résultats ne semblent pas prouver que des quarks porteurs de charges fractionnaires existent comme des particules *isolées indépendantes*; ces expériences prouvent seulement que quelques nucléons de l'élément niobium pourraient être *associés* à des quarks portant des charges fractionnaires. Il est intéressant de noter que ces charges fractionnaires observées sont bien de $\pm \frac{1}{3}\, e$ (ou leur équivalent $\mp \frac{2}{3}\, e$) à 1 % près de e. Notre interprétation justifie à la fois les résultats observés de Fairbank et les considérations théoriques de la chromodynamique quantique (pas de quarks « libres »).

Il faut remarquer ici que, si les nucléons porteurs de charges fractionnaires existent effectivement, cela pourrait avoir un impact considérable non seulement concernant les propriétés chimiques des éléments, mais aussi pour leurs propriétés physiques, comme par exemple la fusion nucléaire. Un neutron portant une charge $- \frac{2}{3}\, e$, par exemple, pourrait remplacer l'électron dans un atome de deutérium, et tourner ainsi sur une orbite de 10^{-11}-10^{-12} cm, c'est-à-dire très près du noyau de deutérium. Ceci abaisserait très sensiblement la température qui est requise pour obtenir des réactions de fusion dans le deutérium (*).

18.4. PHOTONS RÉELS DU CHAMP ÉLECTROMAGNÉTIQUE.

La création des photons du champ électromagnétique par l'intermédiaire du mouvement d'un lepton chargé suit un processus tout à fait similaire à celui

(*) George Zweig, le co-« créateur » des quarks avec Murray Gell-Mann, a calculé qu'une mol.-g d'un tel deutérium « chargé » (soit environ 6 g de deutérium) serait suffisante pour générer des réactions de fusion capables de satisfaire 10 % des besoins annuels d'énergie de tous les Etats-Unis !

que nous venons de décrire (18.1). Si le lepton possède, par exemple, un mouvement accéléré dans le référentiel $(\dot{r}, t)$ de l'observateur, ceci signifie que tous les photons du rayonnement noir localisés à l'intérieur de la structure leptonique sont eux-mêmes accélérés. La conservation de l'impulsion-énergie dans l'espace complexe rend alors nécessaire la génération de photons dans $(\dot{r}, t)$, mais de photons *réels* cette fois (ces photons possèdent une impulsion-énergie directement observable dans $(\dot{r}, t)$). Ces photons sont ceux du champ électromagnétique, ils sont décrits par nos équations (130 *a*) pour $d = 0$ (équations de Maxwell).

19. Les interactions faibles.

L'univers leptonique contient aussi un neutrino qui tourne dans le modèle sphérique selon une orbite « équatoriale », comme nous l'avons vu dans le paragraphe 9 ci-dessus. Ce mouvement définit un axe de spin pour le modèle leptonique considéré dans son ensemble. Nous nommerons *interactions faibles* toutes celles faisant intervenir le neutrino leptonique.

Les interactions faibles obéissent à un mécanisme tout à fait similaire à celui que nous venons de décrire pour les interactions électromagnétiques, avec cette différence que l'échange d'impulsion-énergie a lieu en faisant intervenir *le neutrino* présent dans la structure leptonique, au lieu des photons du rayonnement noir.

On peut à nouveau utiliser les diagrammes de Feynman pour illustrer ce mécanisme des interactions faibles.

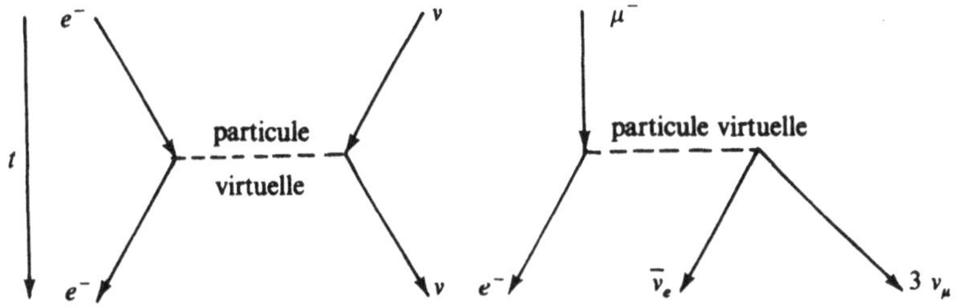

Nous distinguerons deux types d'interactions faibles :

a) Les interactions entre un lepton chargé et un neutrino présent dans l'espace observable $(\dot{r}, t)$ (interactions faibles de couleur).

b) Les interactions prenant place durant les transitions d'un lepton vers un autre lepton (interactions faibles de conversion), comme par exemple :

$$\mu^- \rightarrow e^- + \bar{\nu}_e + \nu_\mu . \qquad (270)$$

Dans chacun de ces cas nous devons avoir conservation de l'impulsion-énergie totale en considérant à la fois ce qui se passe dans l'espace leptonique $(\tilde{r}, \tilde{t})$ et l'espace observable $(\dot{r}, t)$. Etant donné que la structure leptonique est un univers *fermé*, rien ne peut de nouveau ici se propager de l'espace $(\tilde{r}, \tilde{t})$ à l'espace observable $(\dot{r}, t)$, ou *vice versa.* L'interaction faible procède donc par échange de particules *virtuelles* exprimant des modifications complémentaires et concomitantes d'impulsion-énergie dans les deux espaces concernés.

A la différence de l'interaction électromagnétique, où seules des impulsions *linéaires* étaient échangées, l'interaction faible est aussi concernée par la conservation de *moments angulaires de rotation.* Cela signifie encore que, pendant une interaction faible, la structure leptonique dans son ensemble peut être le siège de moments angulaires dont il nous faudra tenir compte pour expliquer la distribution de l'impulsion-énergie du phénomène *observé* dans l'espace $(\dot{r}, t)$. Ceci se traduira par la conservation du spin total au cours des interactions.

Revenons avec un peu plus de détails sur les deux types d'interactions faibles :

a) *Les interactions faibles de couleur* :

Ce sont celles au cours desquelles il y a changement de signe de l'impulsion du neutrino à l'intérieur du micro-univers leptonique, avec émission d'un neutrino dans l'espace observable $(\dot{r}, t)$ afin d'assurer la conservation de l'impulsion-énergie totale. Ce neutrino créé pourra lui-même, dans certaines circonstances (voir section VIII), interagir dans une structure *hadronique*, pour assurer une énergie de liaison du lepton dans une telle structure ; nous dirons alors qu'il s'agit d'une interaction faible *de couleur.*

On peut procéder au calcul de l'énergie de liaison ainsi créée entre le lepton et la structure hadronique. Le changement de signe de l'impulsion du neutrino leptonique, mesuré dans l'espace observable, correspond au passage de l'impulsion du neutrino de $+ W_{0\nu}/c$ à $- W_{0\nu}/c$ en un temps $2\,T$ (T = période de pulsation du lepton). $2\,W_{0\nu}/c$ sera donc l'impulsion du neutrino créé à l'extérieur de la structure leptonique, et l'interaction de ce neutrino extérieur avec la structure hadronique engendrera une force de liaison F_ν entre le lepton et la structure hadronique :

$$F_\nu = \frac{2\,W_{0\nu}}{c}\,\frac{1}{2\,T}.$$

S'il s'agit d'un électron nous aurons, compte tenu des résultats de l'analyse numérique du Système L :

$$F_{\nu e} = \frac{2\,W_{0e}}{c}\,\frac{1}{2\,T} = 5{,}6\ 10^9 \text{ dynes} = 5{,}7 \text{ tonnes}\,.$$

C'est bien l'ordre de grandeur de la force de liaison que fournit l'expérience pour les interactions « de couleur ». On doit donc conclure ici que *les gluons*, qu'on suppose être les particules virtuelles intervenant dans ce type d'interacactions, ne sont autres que *des neutrinos.* L'interaction faible de couleur ne peut se produire que si le neutrino de liaison est libéré *dans* la structure hadronique elle-même, ce qui limite la « portée » de l'interaction faible de couleur aux dimensions de la structure hadronique ($\simeq 10^{-13}$ cm). Nous reviendrons sur ce type d'interactions en étudiant le modèle hadronique (section VIII, § 3.2).

b) *Les interactions faibles de conversion* :

Il y a ici conversion d'un lepton chargé en un autre lepton chargé ; par exemple :

$$\mu^- \rightarrow e^- + \bar{\nu}_e + \nu_\mu .$$

Les énergies respectives W_{0e} et $W_{0\mu}$ des neutrinos ν_e et ν_μ dans l'espace observable $(\dot{r}, t)$ sont données par le Système L :

$$W_{0e} = 0{,}824.10^{-3} \text{ ergs} = 515 \text{ MeV}$$

$$W_{0\mu} = 2{,}615.10^{-3} \text{ ergs} = 1\,634 \text{ MeV} .$$

Comme on le voit, ces énergies d'interactions faibles ne sont pas si « faibles » que cela ($mc^2 = 0{,}5$ MeV). Mais, l'énergie *observée* n'est pas directement l'énergie des neutrinos individuels, qui ont une très faible section efficace d'interaction avec la matière avoisinante. Il n'en reste pas moins que l'énergie globale ainsi libérée dans l'espace observable par la réaction de conversion $\mu^- \rightarrow e^-$ est de $1\,634 - 515 = 1\,119$ MeV. Ceci pourrait éclairer le problème de la production de hadrons au cours des interactions de très grande énergie entre leptons chargés.

20. L'observation probabiliste des leptons.

Ce problème a déjà été traité dans la section IV, paragraphe 3. Nous allons donc nous contenter de rappeler et résumer les principaux résultats, tenant compte des précisions qui nous ont été apportées par le modèle leptonique.

Dans l'espace observable $(\dot{r}, t)$ le lepton apparaît comme un point mathématique d'énergie propre $m_0 c^2$ (ou $\mu_0 c^2$), doté d'un spin et d'un pulse tous deux demi-entiers. L'observation de cette structure ponctuelle est fournie par nos équations (130 *a*). Le lepton est représenté dans l'espace-temps $(\dot{r}, t)$ comme une onde $\Sigma(E, H, A, V)$ ayant dans le référentiel propre du lepton (vitesse nulle dans $(\dot{r}, \dot{t})$), une vitesse de phase infinie.

La fréquence propre ν_0 de cette onde peut, en première approximation, et d'après (106), être écrite :

$$\nu_0 = \frac{m_0 c^2}{h} . \tag{271}$$

Mais le modèle leptonique nous a indiqué que l'énergie $m_0 c^2$ était en fait la valeur *moyenne* sur une période T de pulsation du lepton de l'énergie $\tilde{W}(\tilde{t})$ de ce lepton à chaque instant t de $(\dot{r}, t)$ (220). L'onde Σ est composée par conséquent, à *chaque* instant t de l'espace temps *observable* $(\dot{r}, t)$, d'un spectre *continu* d'ondes monochromatiques de fréquences ν :

$$\nu(\tilde{t}) = \frac{W(\tilde{t})}{h} . \tag{272}$$

Ce spectre produit à son tour un groupe d'ondes *ponctuel* se déplaçant dans l'espace $(\mathring{r}, t)$ avec une vitesse de groupe v, et nous avons :

$$0 \leqslant v \leqslant c \tag{273}$$

alors que la vitesse de phase $\mathcal{V}$ de Σ est toujours telle que :

$$c \leqslant \mathcal{V} \leqslant \infty . \tag{273 bis}$$

C'est le groupe d'ondes qui indique à l'observateur la région de $(\mathring{r}, \dot{t})$ où la probabilité de localiser le lepton ponctuel est la plus grande, à chaque instant t. Mais le lepton *peut* être observé (quoiqu'avec une plus faible probabilité) dans *la totalité* de la région d'espace occupée par *l'onde* Σ. Cette onde Σ (et non seulement le groupe d'ondes) est donc la représentation, non pas du lepton lui-même, mais de la *probabilité d'observation* de ce lepton. L'observation des leptons (comme d'ailleurs de toute particule) est donc caractérisée par un probabilisme *strict* (au sens de l'Ecole de Copenhague).

21. Les univers-trous.

Les résultats que nous avons obtenus pour le modèle leptonique nous permettent de réfléchir plus généralement à ce que nous voulons nommer des univers-trous.

Nous dirons qu'il y a formation d'univers-trou dans l'espace quand les conditions locales produisent une courbure de l'espace telle que *cet espace se referme sur lui-même*, avec $K = +1$ comme signe de sa courbure, de telle sorte qu'on se trouve alors en présence d'un véritable univers *indépendant*, n'ayant notamment plus d'interactions *directes* avec l'espace d'où il a émergé.

C'est la forme locale du tenseur physique $T_{\alpha\beta}$ qui détermine finalement si, dans la région d'espace considérée, les conditions physiques justifient ou non la formation d'un univers-trou. Ces conditions locales, nous l'avons vu pour l'univers-trou leptonique, font intervenir une densité continue de matière ρ, l'impulsion-énergie d'un rayonnement noir électromagnétique et l'impulsion-énergie d'un neutrino. Parce que le système d'équations (Système L) construit avec ces conditions locales et certains principes de cohérence globale (voir Annexe 8) fournissait une solution, nous en avons conclu qu'il pouvait bien exister un univers-trou *d'action quantifiée*, et nous avons identifié celui-ci avec le lepton chargé. Nous constaterons, en étudiant le modèle *cosmologique*, que notre Univers observable pris dans son ensemble peut lui-même être considéré comme un univers-trou, mais un univers-trou *d'action nulle*. Enfin, les trous noirs cosmiques (que nous n'étudierons pas dans le présent ouvrage) constituent aussi un type d'univers-trou, dont l'origine est ici *le champ gravitationnel* créé par une très forte densité de matière.

Il peut donc exister *plusieurs* types d'univers-trou, ceux-ci se distinguant nettement les uns des autres par leurs conditions locales de formation. En ce sens, il ne serait pas exact de prétendre, par exemple, que le lepton chargé est un « micro-trou noir » : c'est *un univers-trou d'action quantifiée,* et à ce type correspond *une classe et une seule* de particules, les leptons chargés. Les interactions gravitationnelles, notamment, qui caractérisent la formation des univers-trous noirs, n'interviennent nullement dans les univers-trous leptoniques.

SECTION VII

LE MODÈLE COSMOLOGIQUE

(avec la participation d'Adolphe Jonckbloedt)

Nous venons de voir (section VI ci-dessus) que l'impulsion-énergie est capable d'engendrer des micro-univers *fermés* qui peuvent être représentés par le modèle leptonique. Par univers « fermés », nous entendons qu'aucune impulsion-énergie ne peut s'échapper d'une telle structure, ni qu'aucune impulsion-énergie venant de l'extérieur de la structure ne peut y pénétrer. Le modèle leptonique a pour principale caractéristique d'être *quantifié par un spin et un pulse tous deux demi-entiers.*

L'impulsion-énergie peut aussi donner naissance à un autre type d'Univers fermé, caractérisé principalement cette fois par une *action totale nulle* et, par conséquent, un spin et un pulse nuls. Ainsi que nous le verrons dans la présente section, cet Univers fermé est notre Univers cosmologique, et il peut être représenté par ce que nous appelons le modèle cosmologique.

Les modèles leptonique et cosmologique sont tous deux solutions des équations (52) de la Relativité complexe et ils appartiennent à des régions complémentaires de l'espace-temps complexe où est supposée localisée la totalité de l'impulsion-énergie. Ainsi que nous l'avons expliqué dans la section V ci-dessus, le modèle leptonique est situé entièrement dans la région néguentropique $(\tilde{r}, \tilde{t})$ de l'espace-temps complexe, tandis que le modèle cosmologique est situé entièrement dans la région entropique observable $(\dot{r}, t)$ de l'espace-temps complexe.

Les hadrons, que nous étudierons dans la prochaine section VIII, *ne sont pas* des micro-univers fermés, ce sont seulement des micro-structures *quantifiées* qui se situent dans la région entropique cosmologique $(\dot{r}, t)$ de l'espace-temps complexe. Le modèle hadronique devra justifier leurs caractéristiques observables et, plus particulièrement, la stabilité du proton.

1. Les éléments du modèle cosmologique.

Le modèle cosmologique consiste essentiellement en la détermination de la variation du rayon spatial R de l'Univers dans son ensemble en fonction du temps t.

La représentation du modèle est rapportée, comme d'habitude, à un système de coordonnées *absolu* dans lequel toutes les caractéristiques physiques de l'Univers sont isotropes et homogènes à tout instant (principe cosmologique). En outre, nous utiliserons ici un référentiel cosmologique étendue-durée $(\eta, c\tau)$

ainsi que nous l'avons fait pour le modèle leptonique (section VI, § 6). Rappelons que, dans un tel référentiel, tous les phénomènes le long de l'axe η à un instant donné τ ont *le même âge* τ. Le principe cosmologique entraîne aussi que, dans le modèle cosmologique, toute la matière (y compris les galaxies) est supposée avoir des coordonnées spatiales *constantes* $\eta = \sqrt{(\eta^1)^2 + (\eta^2)^2 + (\eta^3)^2}$, quel que soit l'âge τ.

Trois types de densité d'énergie sont pris en considération pour le calcul du rayon spatial $R(\tau)$ de l'Univers.

a) *Une densité d'énergie cosmologique* D_ρ qui est associée à la densité propre ρ de l'espace « vide ». Nous avons (90) :

(274) $$\frac{W_\rho^2}{c^2} - \sum_{j=1}^{3} P_{j\rho}^2 = \Omega_0^2\, c^2\, \rho^2$$

où

(274 *bis*) $$D_\rho = \frac{W_\rho}{\Omega_0} \qquad P_{j\rho}^2 = \frac{P_\rho^2}{3} \qquad (j = 1, 2, 3)\,.$$

b) *Une densité d'énergie électromagnétique* D_E constituée par l'énergie de la radiation du corps noir à la température θ remplissant tout l'Univers :

(275) $$D_E = a\theta^4\,.$$

où $a = 7{,}62 \,.\, 10^{-15}$ cgs est la constante de Stéphan.

c) *Une densité d'énergie matérielle* D_M associée aux particules de matière présentes dans l'espace. D_M désigne la densité d'énergie *relativiste* des particules de matière ; comme la plupart de ces particules (primaires du rayonnement cosmique) ont des vitesses très voisines de c, nous devrons distinguer la densité d'énergie « au repos » D_{0M} de la densité d'énergie D_M dans les équations que nous allons écrire pour représenter le modèle cosmologique.

Seules D_ρ et D_E contribuent à la détermination des caractéristiques *géométriques* du modèle cosmologique, y compris le rayon $R(\tau)$ de l'Univers dans son ensemble. En Relativité générale quantifiée RGQ (cf. III.4.7.*e*), les particules sont de fortes courbures *locales* de l'espace limitées par une frontière où la densité est nulle située à une très courte distance ($\simeq 10^{-13}$ cm) du centre de la particule. D'autre part, nous verrons aussi plus loin (section VIII, modèle hadronique) que le potentiel gravitationnel de la particule n'est pas statique, mais qu'il est en pulsation autour de zéro et que sa valeur moyenne dans le temps est nulle. Il est vrai cependant que, dans le tenseur physique $T_{\alpha\beta}$, c'est *le carré* de la densité d'énergie gravitationnelle qui intervient, et celui-ci n'est pas nul dans le temps. Nous dirons donc que le carré D_ρ^2 de la densité d'énergie propre cosmologique *tient compte* de la contribution à la densité d'énergie cosmologique de la densité d'énergie gravitationnelle et que celle-ci intervient donc *indirectement* dans le calcul du rayon spatial R de l'Univers *dans son ensemble*. Toutefois, D_M contribue, avec D_ρ et D_E, au calcul de l'énergie *totale* de l'Univers. Bien que les leptons soient des structures qui, ainsi que nous l'avons vu, sont situées en dehors de l'espace-temps entropique ($\dot{r}$, t) où l'Univers cosmologique est localisé, ils ont (VI, 18, 19) des interactions virtuelles avec l'Univers cosmologique, d'où il résulte que la densité d'énergie matérielle D_M tient évidemment compte de l'impulsion-énergie associée aux leptons.

2. Une énergie totale identiquement nulle.

Etant donné que les équations de RGQ que nous allons utiliser pour en déduire le modèle cosmologique reposent sur notre axiome 2 (II.3) de conservation de l'impulsion-énergie, et étant également donné que l'Univers dans son ensemble doit, par définition, être considéré comme un système « isolé » (ni impulsion, ni énergie entrant ou sortant), l'hypothèse la plus naturelle pour définir notre modèle cosmologique est de supposer que l'impulsion-énergie totale était nulle à l'instant de la création et donc aussi à tout instant en vertu de notre axiome 2 ; ce qui signifie encore que les énergies positive et négative emplissant l'Univers se compensent exactement l'une l'autre quel que soit l'instant τ :

Axiome 5. — *L'énergie totale de l'Univers dans son ensemble, évaluée dans le référentiel cosmologique, est identiquement nulle.*

Ceci s'écrit :

(276) $$D_\rho + D_E + D_M \equiv 0 \qquad \forall \tau .$$

3. Le tenseur physique cosmologique.

Comme il entre dans notre modèle cosmologique les mêmes types de densités d'impulsion-énergie que dans notre modèle leptonique, le tenseur physique T^α_β pour l'Univers dans son ensemble s'écrira de la même manière que dans le modèle leptonique, c'est-à-dire (172) :

(277) $$\begin{cases} T^j_j = \dfrac{1}{3}\,\dfrac{\xi^2}{c^4}\,D_E^2 - \dfrac{1}{3}\,\dfrac{P_\rho^2}{\hbar^2} & (j = 1, 2, 3) \\ T^4_4 = \xi^2\,\rho^2 - \dfrac{\xi^2}{c^4}\,D_E^2 + \dfrac{P_\rho^2}{\hbar^2} & \end{cases}$$

4. Les équations cosmologiques.

La métrique de l'espace sphérique, isotrope et homogène du modèle cosmologique, s'écrit dans le référentiel étendue-durée (199) :

(278)
$$\overline{ds}^2 = c^2\,\mathrm{d}t^2 = c^2\,d\tau^2 + R^2(\tau)[(d\eta^1)^2 + (d\eta^2)^2 + (d\eta^3)^2]\left[1 + \frac{K\eta^2}{4}\right]^{-2}$$

En donnant aux $g_{\alpha\beta}$ leurs valeurs dans la métrique (278), les équations (130 *b*) de RGQ conduisent au même système d'équations que pour le modèle leptonique ((174), avec K changé en $-K$ dans le référentiel étendue-durée) :

$$(279)\quad \begin{cases} (a) & 2\dfrac{R''}{R} + \left(\dfrac{R'}{R}\right)^2 - \dfrac{Kc^2}{R^2} - \Lambda c^2 = c^2 T^j_j = \dfrac{1}{3}\xi^2 \dfrac{D_E^2}{c^2} - \dfrac{1}{3}\dfrac{c^2}{\hbar^2} P_\rho^2 \\ (b) & 3\left(\dfrac{R'}{R}\right)^2 - 3\dfrac{Kc^2}{R^2} - \Lambda c^2 = c^2 T^4_4 = \xi^2 c^2 \left(\rho^2 - \dfrac{D_E^2}{c^4}\right) + \dfrac{c^2}{\hbar^2} P_\rho^2 \end{cases}$$

où les accents désignent une dérivation par rapport à la durée (ou l'âge) τ.

5. Variations de ρ et D_E avec le rayon R.

On peut montrer, comme nous l'avons fait pour le modèle leptonique (VI.4), que la condition de notre axiome 1 (section II) de conservation du tenseur physique :

$$\nabla_\alpha T^\alpha_\beta \equiv 0 \qquad (\forall \tau)$$

est satisfaite pour les expressions ci-après de ρ et D_E :

$$(280)\qquad \rho = \frac{\delta}{R^n} \qquad \frac{D_E}{c^2} = \frac{\gamma}{R^m}$$

où δ et γ sont des constantes (positives ou négatives) et m et n des facteurs numériques.

a) Nous admettrons, dans notre modèle cosmologique, qu'il y a conservation de la masse propre totale de l'espace « vide », quel que soit le rayon de l'Univers (c'est-à-dire $\forall \tau$). Ceci s'écrit :

$$(281)\qquad \rho = \frac{\alpha}{R^3}$$

où α est une constante. (281) est (280) pour $n = 3$.

b) Nous admettrons également dans notre modèle cosmologique que D_E représente, comme nous l'avons dit précédemment, la densité d'énergie de la radiation d'un corps noir

$$(282)\qquad D_E = a\theta^4$$

se refroidissant *adiabatiquement* lorsque le rayon $R(\tau)$ de l'Univers augmente. Pour une telle transformation adiabatique, nous avons [25] :

$$(283)\qquad \theta R = \text{Cte} \qquad (\forall \tau)$$

ou encore :

$$\frac{D_E}{c^2} = \frac{\beta}{R^4} \tag{284}$$

ce qui est permis par la relation (280) pour $m = 4$.

6. Les équations et leur constante d'intégration.

Les équations cosmologiques (279) conduisent, de la même manière que nous l'avons fait pour le modèle leptonique (VI. 4 et 5), aux équations suivantes :

$$\frac{R'^2}{c^2} = -\frac{1}{6}\frac{\xi^2 \alpha^2}{R^4} + K + \frac{1}{3}\Lambda R^2 + \frac{A}{R^2} \tag{285}$$

$$P_\rho^2 = \hbar^2\left(\frac{\xi^2 \beta^2}{R^8} - \frac{3}{2}\frac{\xi^2 \alpha^2}{R^6} + 3\frac{A}{R^4}\right) \tag{286}$$

où A est une constante d'intégration.

Considérons d'autre part le rayon $R = R_0$, à un instant $\tau = \tau_0$ pour lequel on a $P_\rho = 0$

$$\tau = \tau_0 \begin{cases} R = R_0 \\ P_\rho = 0\,. \end{cases} \tag{287}$$

Notons bien que nous ne prétendons pas ici que τ_0 est l'instant « initial », c'est-à-dire « origine » de l'Univers. (285) exclut d'ailleurs un véritable instant « origine » de l'Univers $\tau = 0$ puisque (285) ne change pas en changeant τ en $-\tau$ et définit donc une solution cosmologique située symétriquement de part et d'autre de $\tau = 0$. Nous conviendrons donc de faire coïncider $\tau = 0$ avec l'instant de *compression maximum* de l'Univers ($R = R$ minimum $= R_m$). A son tour, R_m sera déterminé par des conditions *physiques* : pour $R < R_m$ la solution cosmologique n'est plus *physiquement* acceptable. Nous déterminerons au paragraphe 17 ci-dessous la valeur de $R = \mathrm{R}_m$, que nous ferons coïncider avec $\tau = 0$; nous serons alors à même de calculer numériquement la valeur de τ_0, pour laquelle $P_\rho = 0$ (et alors, par définition (287), $R = R_0$).

Avec (287) nous obtenons pour la constante d'intégration A :

$$A = \frac{1}{2}\xi^2\frac{\alpha^2}{R_0^2} - \frac{1}{3}\xi^2\frac{\beta^2}{R_0^4} \tag{288}$$

et finalement pour (285) et (286) :

$$\frac{R'^2}{c^2} = \frac{1}{6}\frac{\xi^2}{R^2}\left[\alpha^2\left(\frac{3}{R_0^2} - \frac{1}{R^2}\right) - 2\frac{\beta^2}{R_0^4}\right] + K + \frac{1}{3}\Lambda R^2 \tag{289}$$

$$P_\rho^2 = \frac{1}{2}\frac{\xi^2 \hbar^2}{R^4}\left[3\,\alpha^2\left(\frac{1}{R_0^2} - \frac{1}{R^2}\right) - 2\,\beta^2\left(\frac{1}{R_0^4} - \frac{1}{R^4}\right)\right] \tag{290}$$

(289) et (290) sont les équations que nous allons utiliser pour calculer le modèle cosmologique.

(289) donne également :

(291) $$R'' = \frac{c^2}{6\,R^3}\left[2\,\xi^2\,\frac{\beta^2}{R_0^4} - \xi^2\,\alpha^2\left(\frac{3}{R_0^2} - \frac{2}{R^2}\right) + 2\,\Lambda R^4\right].$$

Etant donné que nous devons avoir :

(292) $$R'^2 \geqslant 0 \qquad (\forall\tau)$$

l'examen de (289) montre immédiatement que :

(293) $$K = +1\,.$$

(293) signifie que l'espace de l'Univers est sphérique (*), avec un volume fini $2\,\pi^2\,R^3$ et une distance « maximum » finie πR (pour les coordonnées η tendant vers l'infini).

(292) et (293) indiquent également :

(294) $$\Lambda < 0$$

ce qui signifie que l'expansion de l'espace s'inversera et deviendra une compression à une époque $T/2$ où le rayon sera $\mathfrak{R}$ et où on aura $R' = 0$:

(295) $$\tau = \frac{T}{2} \qquad R = \mathfrak{R} \qquad R' = 0\,.$$

T sera appelé la période de pulsation de l'Univers.

7. La loi de récession dans le modèle cosmologique.

Dans la section VI, paragraphe 7, nous avons établi la loi de récession de tout objet situé à la distance l et à l'instant τ dans le référentiel (η, $c\tau$). La vitesse relative v de cet objet pour l'observateur regardant cet objet à l'instant τ est :

(296) $$\boxed{\frac{v}{c} = \frac{lR'}{\sqrt{c^2\,R^2 + l^2\,R'^2}}}$$

ce qui est une récession si R' est positif (phase d'expansion de l'Univers) et un mouvement vers l'observateur si R' est négatif (phase de compression de l'Univers).

(*) Nous vérifierons ultérieurement (§ 18 *c*) que la topologie de l'espace physique n'est pas elliptique $\left(\text{distance maximum } \frac{\pi}{2} R\right)$, ce qui serait également permis par $K = +1$.

Nous calculons d'après (296) :

$$\text{(297)} \quad \begin{cases} l = 0 & \dfrac{v}{c} = 0 \\ l = L = \pi R & \left(\dfrac{v}{c}\right)_{\max} = \dfrac{\pi R'}{\sqrt{c^2 + \pi^2 R'^2}} < 1 . \end{cases}$$

Pour un objet situé à la distance maximum $L = \pi R$ et dans le cas limite où R' serait égal à c, l'énergie de l'objet reste *finie* :

$$\text{(298)} \qquad R' = c \qquad \left(\frac{v}{c}\right)_{\max} = \frac{\pi}{\sqrt{1 + \pi^2}} = 0{,}953 .$$

Le déplacement vers le rouge est, comme d'habitude, donné par :

$$\text{(299)} \qquad Z = \frac{\Delta\lambda}{\lambda} = \sqrt{\frac{1 + \beta}{1 - \beta}} - 1 \qquad \left(\beta = \frac{v}{c}\right).$$

8. Un Univers avec action, spin et pulse nuls.

Nous pouvons écrire pour l'Univers dans son ensemble les mêmes équations que celles que nous avons écrites pour le modèle leptonique afin d'exprimer l'action, le spin et le pulse dans ce modèle (équations (7) à (12) du Système L, section VI). Mais ici, l'action totale associée à l'énergie sur une période T de pulsation du modèle cosmologique, de même que le spin et le pulse, sont *égaux à zéro.*

a) *Spin* :

$$\text{(300)} \; S = \int_0^T \int_0^\infty c^2 \left(\frac{\alpha}{R^3} + \frac{\beta}{R^4} + \frac{D_{0M}}{c^2}\right)\left(\frac{1}{\sqrt{1 - \dfrac{v_r^2}{c^2}}} - 1\right) d\Omega_r \, d\tau = 0 .$$

b) *Pulse* :

$$\text{(301)} \; P = \int_0^T 2\,\pi^2 c^2 R^3 \left(\frac{\alpha}{R^3} + \frac{\beta}{R^4} + \frac{D_{0M}}{c^2}\right)\left(\frac{1}{\sqrt{1 - \dfrac{R'^2}{c^2}}} - 1\right) d\tau = 0 .$$

c) *Action* :

(302)
$$A = \int_0^T 2\,\pi^2\,c^2\,R^3\left(\frac{D_\rho}{c^2} + \frac{\beta}{R^4} + \frac{D_M}{c^2}\right)d\tau + P + S$$
$$= \int_0^T 2\,\pi^2\,c^2\,R^3\left(\frac{D_\rho}{c^2} + \frac{\beta}{R^4} + \frac{D_M}{c^2}\right)d\tau = 0\,.$$

Ainsi, aucune impulsion-énergie n'est nécessaire pour « expliquer » l'existence de l'Univers dans son ensemble sans violer le principe de conservation de l'impulsion-énergie (notre axiome 2).

Dans (300), v_r et $d\Omega_r$ ont la même définition que dans (227) et (228) ci-dessus (VI.9) pour le modèle leptonique.

9. Vitesse de la lumière et pas d'accélération à l'instant $\tau = \tau_0$.

Etant donné que l'Univers a une énergie totale nulle à l'instant $\tau = \tau_0$ (comme d'ailleurs à tout instant, axiome 5, rel. (276)) et aussi qu'à cet instant $\tau = \tau_0$ aucune impulsion P_ρ n'est transférée aux particules de matière présentes dans l'espace ((287), $P_\rho = 0$ à $\tau = \tau_0$), (276) est équivalente à :

(303)
$$\frac{\alpha}{R^3} + \frac{\beta}{R^4} + \frac{D_{0M}}{c^2} = 0 \quad \text{à} \quad \tau = \tau_0\,.$$

Ceci signifie que nous pouvons avoir :

(304)
$$\frac{R'^2}{c^2} = 1 \qquad \text{à} \quad \tau = \tau_0$$

sans qu'il y ait divergence de la relation (301) pour le pulse à cet instant $\tau = \tau_0$. Nous admettrons que la vitesse « naturelle » d'expansion d'un Univers à énergie *propre* totale nulle est, comme c'est le cas des photons et des neutrinos, la vitesse de la lumière $R' = c$.

Par contre, il nous faut aussi dire alors que $R' = c$, à cet instant $\tau = \tau_0$, est la vitesse *maximum* d'expansion (ou de compression) de l'Univers, puisqu'on doit avoir :

$$\frac{R'^2}{c^2} \leqslant 1 \qquad \forall\tau\,.$$

En d'autres termes, de part et d'autre de $\tau = \tau_0$ où $R' = c$, on doit avoir $R'^2 < c^2$. Ceci s'écrit encore :

(305)
$$R'' = 0 \qquad \text{à}\ \tau = \tau_0\,.$$

Maintenant, (304) et (305), lorsque nous les introduisons toutes deux dans les équations (289) et (291) du modèle cosmologique, conduisent immédiatement aux deux relations suivantes entre α, β, Λ et le rayon R_0 de l'Univers.

$$\alpha^2 = \frac{4}{3} \frac{\beta^2}{R_0^2} \tag{306}$$

$$\Lambda = -\frac{1}{4} \frac{\xi^2 \alpha^2}{R_0^6} = -\frac{1}{3} \frac{\xi^2 \beta^2}{R_0^8} . \tag{307}$$

Il y a aussi lieu de remarquer, d'après (290), que la relation (306) entre α et β correspond également à :

$$\frac{dP_\rho^2}{d\tau} = 0 \qquad \text{à } \tau = \tau_0 \tag{308}$$

$$P_\rho^2 \geqslant 0 \qquad \forall \tau . \tag{309}$$

10. Relation entre Λ et le rayon maximum $\mathfrak{R}$.

Soit $\mathfrak{R}$ le rayon d'expansion maximum, lorsque $\tau = T/2$ et $R' = 0$. (289) donne :

$$0 = \frac{1}{6} \frac{\xi^2}{\mathfrak{R}^2} \left[\alpha^2 \left(\frac{3}{R_0^2} - \frac{1}{\mathfrak{R}^2} \right) - 2 \frac{\beta^2}{R_0^4} \right] + 1 + \frac{1}{3} \Lambda \mathfrak{R}^2 \tag{310}$$

ou encore avec (306) :

$$\Lambda = -\frac{3}{\mathfrak{R}^2} \left[1 + \frac{\xi^2 \alpha^2}{\mathfrak{R}^2} \left(\frac{1}{4 R_0^2} - \frac{1}{6 \mathfrak{R}^2} \right) \right] . \tag{311}$$

Si nous faisons l'approximation :

$$\mathfrak{R}^2 \gg R_0^2$$

alors (311) devient, avec (307) :

$$\Lambda \# \frac{-\dfrac{3}{\mathfrak{R}^2}}{1 - 3 \dfrac{R_0^4}{\mathfrak{R}^4}} \# -\frac{3}{\mathfrak{R}^2} . \tag{312}$$

11. Le Système C.

Nous sommes à présent en mesure d'écrire l'ensemble complet d'équations que le modèle cosmologique doit vérifier. Nous appelons cet ensemble le Système C.

Le modèle cosmologique, avec ses 13 inconnues :

$$\alpha,\ \beta,\ \Lambda,\ T,\ R_0,\ \mathfrak{R},\ K,\ D_\rho,\ P_\rho,\ D_{0M},\ D_M,\ R,\ \tau_0$$

est solution du Système *C*. On notera que l'équation (13) de ce système exprime la relation relativiste selon laquelle l'énergie totale des particules de matière (énergie potentielle + énergie cinétique) ne peut être inférieure à l'énergie potentielle *seule*. Cette limite nous permettra de déterminer l'instant $\tau = 0$ où l'Univers ne peut plus avoir son rayon R qui diminue ($R = R_m$ à $\tau = 0$, voir § 6 ci-dessus).

Le Système C

$$\frac{1}{c^2}\left(\frac{dR}{d\tau}\right)^2 = \frac{1}{6}\,\frac{\xi^2}{R^2}\left[\alpha^2\left(\frac{3}{R_0^2} - \frac{1}{R^2}\right) - 2\,\frac{\beta^2}{R_0^4}\right] + K + \frac{1}{3}\Lambda R^2 \qquad (1)$$

$$R'^2 \geqslant 0 \quad \forall\tau \qquad\qquad \boxed{K = +1} \qquad (2)$$

$$P_\rho^2 = \frac{\xi^2\,\hbar^2}{R^4}\left[\frac{3}{2}\,\alpha^2\left(\frac{1}{R_0^2} - \frac{1}{R^2}\right) - \beta^2\left(\frac{1}{R_0^4} - \frac{1}{R^4}\right)\right] \qquad (3)$$

$$\left.\begin{array}{lll} (4) & \tau = \tau_0 & R = R_0 \\ (5) & \tau = \tau_0 & R'^2 = c^2 \\ (6) & \tau = \tau_0 & R'' = 0 \end{array}\right\}$$

$$\alpha^2 = \frac{4}{3}\,\frac{\beta^2}{R_0^2}$$

$$\Lambda = -\frac{1}{4}\,\frac{\xi^2\,\alpha^2}{R_0^6} = -\frac{1}{3}\,\frac{\xi^2\,\beta^2}{R_0^8}$$

$$\int_0^T 2\,\pi^2\,c^2\,R^3\left(\frac{\alpha}{R^3} + \frac{\beta}{R^4} + \frac{D_{0M}}{c^2}\right)\left(\frac{1}{\sqrt{1 - \frac{R'^2}{c^2}}} - 1\right)d\tau = 0 \qquad (7)$$

$$\int_0^T\int_0^\infty c^2\left(\frac{\alpha}{R^3} + \frac{\beta}{R^4} + \frac{D_{0M}}{c^2}\right)\left(\frac{1}{\sqrt{1 - \frac{v_r^2}{c^2}}} - 1\right)d\Omega_r\,d\tau = 0 \qquad (8)$$

$$\int_0^T 2\,\pi^2\,c^2\,R^3\left(\frac{D_\rho}{c^2} + \frac{\beta}{R^4} + \frac{D_M}{c^2}\right)d\tau = 0 \qquad (9)$$

(10) $$\boxed{D_\rho^2 = \frac{\alpha^2 c^4}{R^6} + \frac{P_\rho^2 c^4}{\xi^2 \hbar^2}}$$

(11) $\tau = \frac{T}{2} \quad R' = 0$

(12) $\tau = \frac{T}{2} \quad R = \mathfrak{R}$

$$\boxed{\Lambda = -\frac{3}{\mathfrak{R}^2}\left[1 + \frac{\xi^2 \alpha^2}{\mathfrak{R}^2}\left(\frac{1}{4 R_0^2} - \frac{1}{6 \mathfrak{R}^2}\right)\right]}$$

(13) $D_M / D_{0M} \geqslant 1 \quad \forall \tau$

Inconnues : α, β, Λ, T, R_0, $\mathfrak{R}$, K, D_ρ, P_ρ, D_{0M}, D_M, R, τ_0.

12. Réalité objective de l'Univers dans son ensemble.

Un coup d'œil sur le Système C montre qu'il ne peut être résolu *numériquement* sans qu'on ait obtenu, par des données *d'observation*, les valeurs expérimentales relatives à :

- *L'échelle* du modèle dans l'espace et le temps, c'est-à-dire, par exemple, le rayon d'expansion maximum $\mathfrak{R}$ et la période de pulsation T du rayon $R(\tau)$.
- *L'âge actuel* τ_a de l'espace tri-dimensionnel qui constitue ce que nous appelons habituellement notre « monde extérieur ».

Pratiquement, *toutes* les données d'observation seront obtenues à l'âge actuel τ_a d'évolution de l'Univers, en appelant $\tau = 0$ l'instant où l'Univers a eu son rayon minimum R_m. Par conséquent, nous aurons besoin de *trois données d'observation* relatives à l'état actuel de notre Univers pour résoudre numériquement le Système C. Nous allons évidemment choisir les trois données d'observation qui sont connues avec la meilleure précision (voir § 16 ci-après).

Il y a une signification *philosophique* associée à cette nécessité pour le Connaissant (c'est-à-dire nous-même) d'interroger son « monde extérieur » pour obtenir une description complète du modèle cosmologique : le Connaissant, qui est enfermé dans son propre espace-temps néguentropique $(\tilde{r}, \tilde{t})$, est en contact par l'intermédiaire d'interactions virtuelles avec un Univers *complètement séparé* $(\dot{r}, t)$; mais le Connaissant constate que cet Univers $(\dot{r}, t)$ n'est pas un pur produit de sa propre « imagination », car il ne sait pas définir l'échelle et l'âge de cet Univers sans avoir obtenu des données numériques provenant de « quelque chose » qui est localisé *hors* de son propre univers néguentropique $(\tilde{r}, \tilde{t})$. En d'autres termes, le modèle cosmologique est un Connu qui possède une certaine « réalité objective » *indépendamment* du Connaissant, bien qu'il ne soit pas indépendant de l'axiomatique que le Connaissant a choisie pour donner une représentation de l'Univers cosmologique.

Ainsi, il ne serait pas exact de prétendre que la Relativité complexe conduit à adopter un point de vue complètement idéaliste pour la représentation de l'Univers : une représentation *idéaliste* du Connaissant conduit à une représentation *réaliste* de l'Univers dans son ensemble.

13. Création et annihilation continues de particules de matière.

Etant donné que l'impulsion-énergie totale de l'Univers dans son ensemble est nulle à tout instant (axiome 5, relation (276)), nous pouvons écrire (276) sous la forme :

$$(313) \qquad \frac{D_\rho}{c^2} + \frac{\beta}{R^4} + \frac{D_M}{c^2} \equiv 0 \qquad \forall\tau$$

qui satisfait automatiquement la relation (9) du Système C.

Comme le montre la relation (10) du Système C, D_ρ tient compte de l'impulsion P_ρ associée à la densité propre cosmologique ρ de l'espace « vide ». Etant donné que, d'après le principe cosmologique, l'espace vide est « au repos », nous supposerons que toute l'impulsion P_ρ est dissipée sous forme de création de neutrinos (comme c'était le cas dans le modèle leptonique), puis transférée aux électrons présents dans l'espace par interaction faible, enfin également par ces électrons aux protons et noyaux atomiques de l'espace par interaction électromagnétique. Finalement, P_ρ est donc transféré aux particules de matière remplissant l'espace, particules qui acquièrent ainsi une énergie cinétique.

Dans une telle situation, (313) signifie aussi :

$$(314) \qquad \frac{\alpha}{R^3} + \frac{\beta}{R^4} + \frac{D_{0M}}{c^2} \equiv 0 \qquad \forall\tau$$

qui satisfait automatiquement les relations (7) et (8) du Système C relatives au pulse et au spin de l'Univers dans son ensemble.

Or, nous allons constater, lorsque nous aurons obtenu la solution numérique du Système C, que le rapport D_M/D_{0M}, qui est égal à 1 à l'instant $\tau = \tau_0$, croît très rapidement et est supérieur à 100 à l'âge actuel τ_a de l'Univers. Ceci signifie que des particules de matière peuvent être *créées* partout dans l'espace par les collisions de particules de matière ayant des vitesses très voisines de la vitesse de la lumière c ; d'autre part, des particules créées peuvent aussi s'annihiler (particules à courte durée de vie moyenne) et être transformées en radiation ou en énergie cinétique d'autres particules de matière (stables ou instables).

Ce processus justifie l'augmentation continue de la masse totale de matière dans l'Univers, ainsi que nous l'évaluerons dans le paragraphe 20 ci-après.

La comparaison de (313) et (314) donne, avec la relation (10) du Système C :

$$(315) \qquad D_{0M} = -\frac{\alpha c^2}{R^3} - \frac{\beta c^2}{R^4}$$

$$D_M = -D_\rho - \frac{\beta c^2}{R^4} = +\sqrt{\frac{\alpha^2 c^4}{R^6} + \frac{P_\rho^2 c^4}{\xi^2 \hbar^2}} - \frac{\beta c^2}{R^4} \qquad (316)$$

où D_ρ est négatif, comme nous le verrons au paragraphe 14 ci-après.

14. L'espace vide est constitué d'antimatière.

Etant donné que, d'après l'observation, la densité d'énergie électromagnétique :

$$D_E = \frac{\beta c^2}{R^4}$$

est positive, et étant donné également que l'observation montre que l'Univers contient actuellement beaucoup plus de particules de matière (énergie positive) que d'antimatière (énergie négative), (315) montre que, pour avoir D_{0M} et β positifs, *nous devons* avoir une valeur *négative* pour la constante α.

$$\rho = \frac{\alpha}{R^3} < 0 .$$

Par conséquent, la densité propre cosmologique de l'espace vide est une *densité d'antimatière* ($\rho < 0$) actuellement différente de zéro et remplissant uniformément l'espace. Le fait que ce que nous appelons communément l'espace « vide » est constitué d'une densité d'antimatière uniforme et très faible ($\simeq 10^{-32}$ g/cm^3, voir § 17) explique immédiatement cet autre fait d'observation que notre Univers est constitué principalement de *particules de matière* (bien que des particules d'antimatière soient théoriquement autorisées également par les équations de RGQ).

15. Caractéristiques des ondes de gravitation.

Nous verrons (section VIII.4.7) que le potentiel gravitationnel des hadrons contribue également à de petites fluctuations de la densité propre cosmologique ρ autour de sa valeur moyenne dans le temps $\rho = \alpha/R^3$. La période de ces fluctuations est la période de pulsation à la fois des leptons et des hadrons, c'est-à-dire (section VI) :

$$T = 4{,}9.10^{-24} \text{ s} .$$

Les ondes gravitationnelles et la création-annihilation de matière sont toutes deux compatibles avec (313) et (314).

16. Données d'observation à l'époque actuelle τ_a.

Des conditions complémentaires relatives aux données d'observation actuelles à l'âge actuel τ_a de l'Univers doivent être prises en considération pour définir une solution numérique du modèle cosmologique.

a) *La température* θ_a *de la radiation du corps noir* [27] :

(317) $$\theta_a = 2{,}7 \pm 0{,}2 \text{ degrés K}.$$

b) *La constante de Hubble* H_a.

Pour des distances pas trop grandes, et quel que soit le modèle d'Univers, nous savons [33] que les équations de la Relativité générale conduisent pour H à la relation :

(318) $$H = \frac{v}{l} = \frac{R'}{R}$$

où v est la vitesse relative de récession d'une galaxie à la distance l.

La meilleure estimation de H_a (H à l'époque actuelle τ_a) est [27] :

(319) $$H_a = 1{,}8 \,.\, 10^{-18} \pm 0{,}1 \text{ s}^{-1}.$$

c) *La densité propre d'énergie de la matière* D_{0Ma} :

(320) $$5 \,.\, 10^{-32} \leqslant \frac{D_{0Ma}}{c^2} \leqslant 3 \,.\, 10^{-31} \text{ g/cm}^3.$$

d) *Le déplacement maximum vers le rouge observé* $Z_{\max}$:

A ce jour (mai 1982), le déplacement maximum vers le rouge observé se rapporte au quasar OQ 172, ayant pour Z :

(321) $$\left(\frac{\Delta\lambda}{\lambda}\right)_{\max} = Z_{\max} = \sqrt{\frac{1+\beta}{1-\beta}} - 1 = 3{,}53$$

où $\Delta\lambda$ est le déplacement de la longueur d'onde λ et $\beta = v/c$. Si un tel déplacement vers le rouge est entièrement dû à la vitesse de récession v de ce quasar, (321) signifie encore :

(322) $$\beta_{\max} = 0{,}907.$$

e) *Le paramètre de décélération q.*

q est défini par la relation :

(323) $$q = -\frac{RR''}{R'^2} = -\frac{R''}{H^2 R}.$$

A l'époque actuelle τ_a, nous avons l'estimation [27] :

(324) $$0 \leqslant q_a \leqslant 2.$$

f) *L'âge actuel de l'Univers.*

Cet âge est encore imprécis ; les recherches les plus récentes [7] indiquent :

$$12.10^9 \leqslant \tau_a \leqslant 20.10^9 \text{ années}.$$

g) *La « constante » actuelle de gravitation* G_a.

La section VIII fera apparaître que la valeur de la « constante » de gravitation ($G_a = 6{,}67.10^{-8}$ cgs) est associée à la valeur actuelle de la densité cosmologique ρ_a, avec :

$$5.10^{-32} \leqslant |\rho_a| \leqslant 3.10^{-31} \text{ g/cm}^3.$$

17. La solution cosmologique unique.

Ainsi que nous l'avons expliqué dans le paragraphe 12 ci-dessus, nous avons besoin de *trois données d'observation* pour résoudre numériquement le Système *C*. Nous avons choisi :

$$(325) \qquad \begin{cases} \theta_a = 2{,}7\ {}^\circ\text{K} \\ H_a = 1{,}8.10^{-18}\ \text{s}^{-1} \\ q_a = 0{,}28\,;\ 0{,}5\,;\ 1 \end{cases}$$

en donnant à q_a, le paramètre de décélération, trois valeurs successives (*).

Il faut remarquer que, si l'on désire seulement une *première approximation* de la solution, on peut poser :

$$(326) \qquad \mathfrak{R} \gg R_0$$

et il vient alors :

$$(327\,a) \qquad R \# R_0 + \mathfrak{R} \sin \frac{c(\tau - \tau_0)}{\mathfrak{R}}$$

ou

$$(327\,b) \qquad \tau \# \tau_0 + \frac{\mathfrak{R}}{c} \arcsin \frac{R - R_0}{\mathfrak{R}}.$$

En admettant également que $R_a \gg R_0$, nous tirons de (291) et (323) :

$$q_a = -\frac{R_a''}{H_a^2 R_a} = -\frac{1}{6}\frac{c^2}{H_a^2 R_a^4}\left(2\xi^2 \frac{\beta^2}{R_0^4} - 3\xi^2 \frac{\alpha^2}{R_0^2} + 2\Lambda R_a^4\right).$$

(*) Nous expliquons en Annexe 2 comment la répartition de la densité numérique des quasars en fonction du redshift *Z*, telle qu'elle a été *mesurée expérimentalement*, suggère la valeur $q_a = 0{,}28$. Nous calculerons donc toutes les valeurs numériques de notre modèle cosmologique en adoptant la valeur $q_a = 0{,}28$.

Les deux premiers termes entre parenthèses sont négligeables devant le dernier, ainsi qu'on peut le vérifier au départ des valeurs numériques figurant ci-après sous le titre « Solution du Système C ». Nous avons donc :

$$(328\,a) \qquad \Lambda = -3\,q_a \frac{H_a^2}{c^2} \quad \text{et} \quad (328\,b) \quad \mathfrak{R} = \sqrt{-\frac{3}{\Lambda}} = \frac{c}{H_a\sqrt{q_a}}.$$

Nous tirons également de (289) écrite avec $K = +1$ et (318) :

$$(328b) \qquad \frac{R_a'^2}{c^2} = \frac{H_a^2\,R_a^2}{c^2} = \frac{1}{6}\,\frac{\xi^2}{R_0^2\,R_a^2}\left(3\,\alpha^2 - 2\frac{\beta^2}{R_0^2}\right) + 1 + \frac{1}{3}\Lambda R_a^2\,.$$

Ici, le premier terme du second membre est négligeable devant 1, d'où :

$$R_a^2 = \frac{3\,c^2}{3\,H_a^2 - \Lambda c^2}\,.$$

ou, avec (328 a) :

$$(328\,c) \qquad R_a = \frac{c}{H_a\sqrt{1+q_a}}\,.$$

Enfin, nous tirons de (327 b), avec (328 b) et (328 c), et compte tenu de $R_a \gg R_0$ et $\tau_a \gg \tau_0$:

$$(328\,d) \qquad \tau_a = \frac{\mathfrak{R}}{c}\arcsin\frac{R_a}{\mathfrak{R}} = \frac{1}{H_a\sqrt{q_a}}\arcsin\sqrt{\frac{q_a}{1+q_a}}\,.$$

Nous calculons ensuite :

$$(328\,e) \quad \left\{ \begin{array}{l} T = \dfrac{\pi\mathfrak{R}}{c} = \dfrac{\pi}{H_a\sqrt{q_a}} \quad \dfrac{R_a'}{c} = \dfrac{1}{\sqrt{1+q_a}} \quad \beta = \dfrac{a\theta_a^4\,R_a^4}{c^2} = \dfrac{a\theta_a^4\,c^2}{H_a^4(1+q_a)^2} \\ \text{ainsi que :} \\ \alpha = -\sqrt{\dfrac{4}{3}}\,\dfrac{\beta}{R_0} \qquad R_0 = \left(\dfrac{\xi\beta\mathfrak{R}}{3}\right)^{1/4} \\ \rho_a = \dfrac{\alpha}{R_a^3} \qquad \dfrac{D_{Ea}}{c^2} = \dfrac{\beta}{R_a^4} \\ \dfrac{D_{0Ma}}{c^2} = -\rho_a - \dfrac{D_{Ea}}{c^2}\,. \end{array} \right.$$

Pour calculer par (327b) l'« âge » τ de l'Univers, c'est-à-dire la durée qui s'est écoulée depuis l'instant $\tau = 0$ où le rayon R avait sa valeur *minimum* R_m, il nous faut calculer τ_0 (défini par $P_\rho = 0$, $R = R_0$). Des relations (315) et (316) et de la relation (13) du Système C on conclut que R_m est atteint pour $D_{0M} = 0$ ($D_M / D_{0M} = +\infty$), soit avec (315)

$$R_m = -\frac{\beta}{\alpha} = R_0 \sqrt{\frac{3}{4}}$$

et aussi :

$$\tau_0 \# \frac{R_0 - R_m}{c}.$$

Les résultats numériques sont donnés à la page suivante.

18. Représentation graphique et principales caractéristiques de la solution cosmologique.

Les graphes 2 à 5 donnent la représentation graphique de la solution unique du Système C qui correspond au modèle cosmologique déduit de la Relativité complexe, avec $q_a = 0{,}28$ (*).

Les principales caractéristiques de ce modèle, par comparaison avec les modèles traditionnels issus de la Relativité générale, sont les suivantes :

a) Le rayon minimum R_m de l'Univers est beaucoup plus grand qu'on ne le pensait habituellement jusqu'ici : 3/1 000 du rayon maximum $\mathfrak{R}$. Dans un certain sens, ce nouveau grand rayon semble plus acceptable pour le « sens commun », car il est assez difficile d'admettre l'état « originel » de l'Univers présenté par les modèles précédents, où le rayon R_m était pratiquement nul, ce qui faisait de cet état originel un point singulier (densité d'énergie de l'Univers tendant vers des valeurs infinies). A vrai dire, les modèles précédents rendaient simplement évident le fait que les équations de la Relativité générale n'étaient pas applicables à la description de l'Univers dans son ensemble si l'on adoptait la forme traditionnelle du tenseur physique $T_{\alpha\beta}$. La nouvelle forme de $T_{\alpha\beta}$ déduite de la Relativité complexe a rendu possible la description correcte de l'état de compression maximum.

b) Cependant, un avantage des anciens modèles était que la température de l'Univers à l'origine était en général très élevée ($\simeq 10^{13}$ degrés K), ce qui fournissait une explication pour la création des noyaux atomiques, et plus spécialement des éléments lourds. Mais :

— Il était difficile d'admettre que ces éléments aient pu être tous créés aussi rapidement, dans les premières minutes de l'Univers, car la température diminuait très rapidement avec l'expansion de l'Univers. De toute manière, après environ 100 millions d'années (c'est-à-dire après une période originelle qui est

(*) L'âge τ_a de l'Univers est une fonction inverse de la valeur de q_a. Etant donné que les valeurs expérimentales montrent que $0 \leqslant q_a \leqslant 2$, nous calculons pour $H_a = 1{,}8.10^{-18}$ s^{-1} que $11{,}91.10^9 \leqslant \tau_a \leqslant 17{,}63.10^9$ années.

Solution du Système C
(cgs)

$\theta_a = 2{,}7\ ^{\circ}\mathrm{K}$

$H_a = 1{,}8.10^{-18}\ \mathrm{s}^{-1}$

Symbole	Signification	$q_a = 0{,}28$	$q_a = 0{,}5$	$q_a = 1$
R_m	Rayon minimum	$9{,}48.10^{25}$	$8{,}15.10^{25}$	$6{,}47.10^{25}$
$\mathfrak{R}$	Rayon maximum	$3{,}15.10^{28}$	$2{,}357.10^{28}$	$1{,}667.10^{28}$
Λ	Constante cosmologique	$-3{,}024.10^{-57}$	$-5{,}4.10^{-57}$	$-1{,}08.10^{-56}$
$T/2$	Demi-période	$52{,}30.10^{9}$ années	$39{,}14.10^{9}$ années	$27{,}68.10^{9}$ années
α	Constante α	$-2{,}235.10^{53}$	$-1{,}894.10^{53}$	$-1{,}341.10^{53}$
β	Constante β	$2{,}119.10^{79}$	$1{,}544.10^{79}$	$8{,}679.10^{78}$
τ_a	Age actuel	$16{,}22.10^{9}$ années	$15{,}32.10^{9}$ années	$13{,}85.10^{9}$ années
R_a	Rayon actuel	$1{,}473.10^{28}$	$1{,}361.10^{28}$	$1{,}179.10^{28}$
ρ_a	Densité cosmologique actuelle	$-6{,}993.10^{-32}$	$-7{,}513.10^{-32}$	$-8{,}183.10^{-32}$
$\frac{D_{Ea}}{c^2}$	Densité actuelle d'énergie électromagnétique (divisée par c^2)	$4{,}5.10^{-34}$	$4{,}5.10^{-34}$	$4{,}5.10^{-34}$
$\frac{D_{0Ma}}{c^2}$	Densité propre actuelle des particules de matière	$6{,}948.10^{-32}$	$7{,}468.10^{-32}$	$8{,}138.10^{-32}$
$\frac{D_{Ma}}{c^2}$	Densité relativiste actuelle des particules de matière	$8{,}15.10^{-30}$	$9{,}408.10^{-30}$	$1{,}118.10^{-29}$
$\frac{D_{Ma}}{D_{0Ma}}$	Rapport relativiste actuel pour les particules de matière	117,3	126	137,4
$\frac{P_{\rho a}}{\xi\hbar}$	Densité actuelle d'impulsion	$\pm\ 8{,}149.10^{-30}$	$\pm\ 9{,}41.10^{-30}$	$\pm\ 1{,}118.10^{-29}$
R'_a/c	Vitesse actuelle de l'expansion	0,884	0,816	0,707
$Z_{a\max}$	Déplacement maximum actuel vers le rouge	4,728	4,33	3,66
$v_{a\max}/c$	Vitesse maximum actuelle de récession	0,941	0,932	0,912
R_0	Rayon à $\tau = \tau_0$	$1{,}095.10^{26}$	$9{,}411.10^{25}$	$7{,}473.10^{25}$
τ_0	Instant où $P_\rho = 0\ (R = R_0)$	$1{,}55.10^{7}$ années	$1{,}33.10^{7}$ années	$1{,}06.10^{7}$ années

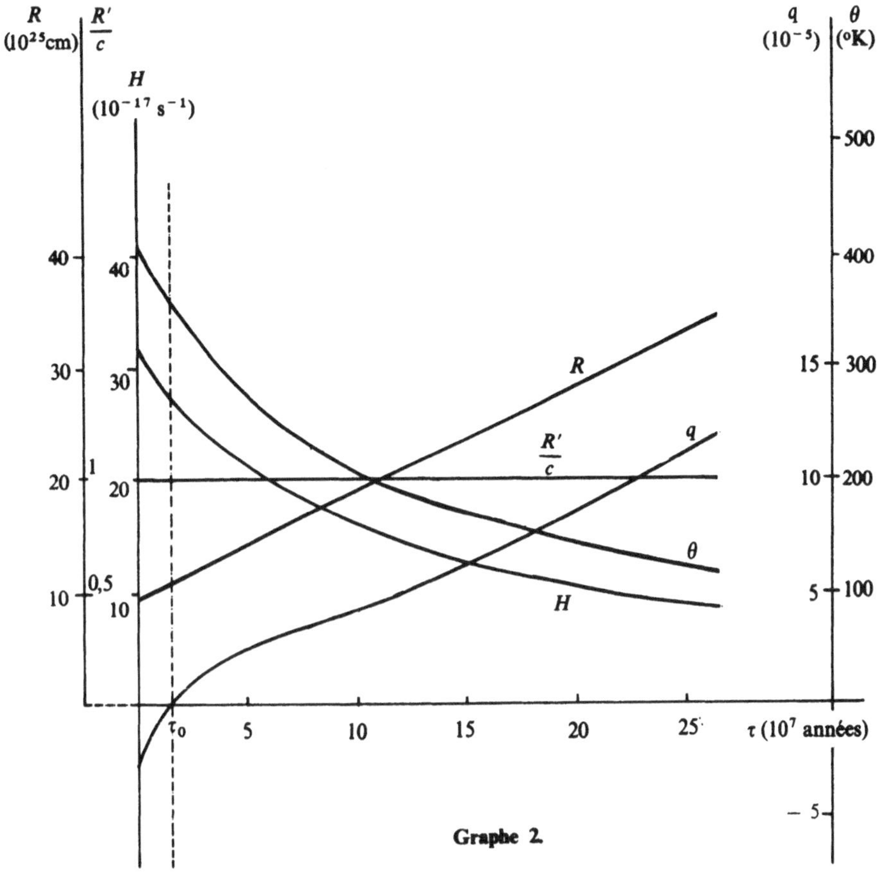

Graphe 2.

mal connue dans les modèles traditionnels), le rayon et la température de l'Univers dans ces modèles traditionnels étaient sensiblement égaux à ceux que nous obtenons à présent à $\tau = 0$ dans notre modèle déduit de la Relativité complexe.

— Une caractéristique importante de notre modèle est le fait que les particules de matière acquièrent une énergie cinétique très élevée du fait, précisément, de l'expansion même de l'Univers : l'équation (316) montre que l'impulsion P_ρ associée à l'espace « vide » est transférée aux particules de matière présentes dans l'Univers et que ces particules acquièrent de cette façon une énergie cinétique qui est, actuellement, égale à plus de cent fois leur propre énergie potentielle. En fait, nous pouvons considérer que les particules cosmiques remplissant l'Univers ont une distribution d'énergie quasi maxwellienne, D_M dans (316) donnant la valeur de la *densité moyenne d'énergie* à toute époque de l'Univers. Ce résultat fournit d'abord une explication de *l'origine*

Graphe 3.

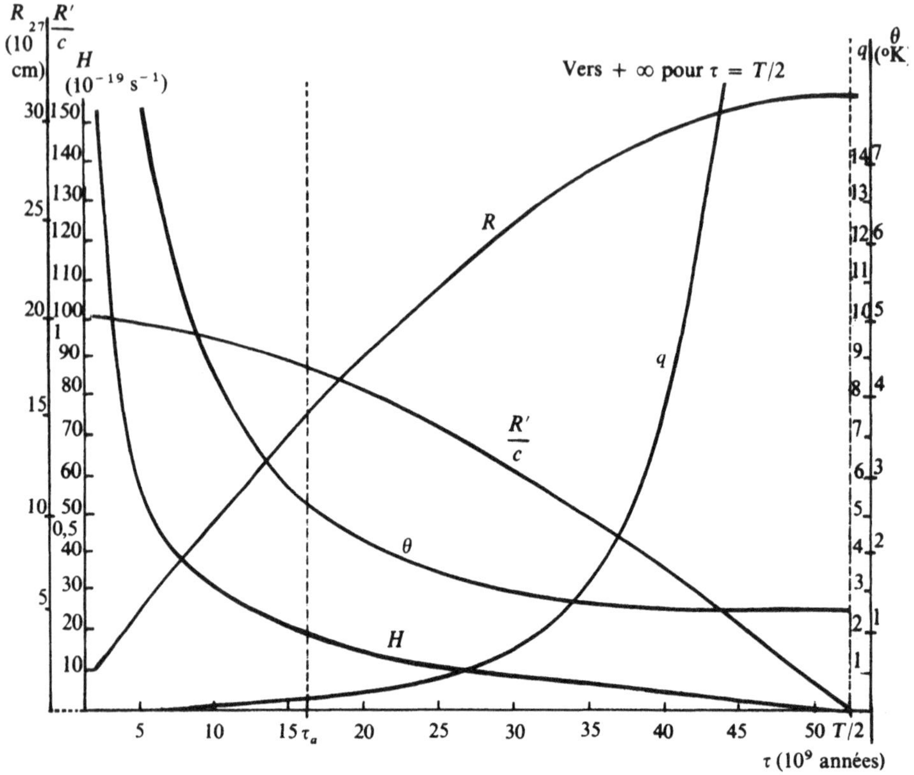

des primaires de très haute énergie observées dans le rayonnement cosmique (certaines particules ayant des énergies dépassant 10^9 fois leur énergie propre). Mais il propose en outre une explication de la *création des éléments lourds*, car nous avons affaire ici à une sorte de « gaz » de particules remplissant tout l'Univers et correspondant à une température qui est, actuellement, de l'ordre de 10^{15} degrés (pour un $K\theta$ égal à 100 fois l'énergie propre d'un proton).

En fait, comme nous l'avons expliqué au paragraphe 13 ci-dessus, le processus de transfert de l'impulsion P_ρ aux particules de matière opère en 3 temps : création de neutrinos, puis transfert total d'énergie cinétique des neutrinos aux électrons (interaction faible), puis enfin « thermalisation » entre électrons et particules matérielles de charge positive (surtout protons) par interactions électromagnétiques. Compte tenu de la neutralité électrique de l'espace les charges positives et négatives sont en nombre égal, soit n charges de chaque signe par unité de volume :

$$n = \frac{D_{OM}}{\mu c^2 + mc^2} \# \frac{D_{OM}}{\mu c^2}$$

Graphe 4.

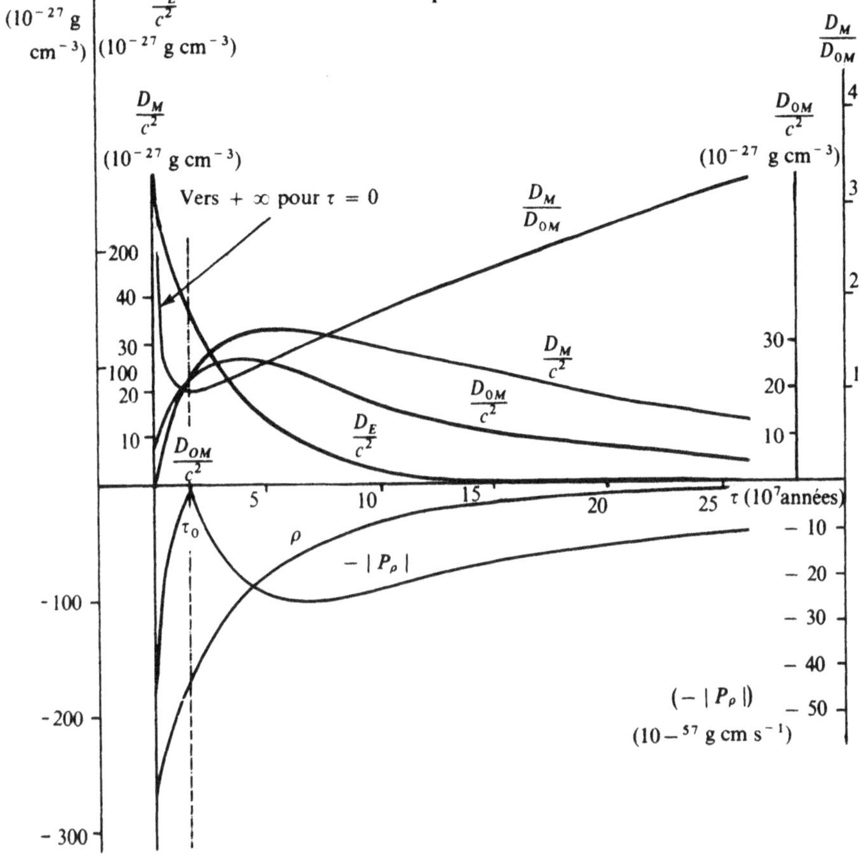

Nota : P_ρ, calculé par P_ρ^2, n'est défini qu'au signe près, comme cela doit être dans un modèle cosmologique d'espace homogène et isotrope.

avec μ et m désignant les masses propres respectives du proton et de l'électron. Si on admet l'équipartition de l'énergie cinétique entre protons et électrons (« thermalisation » des particules matérielles) on doit conclure que l'espace cosmique est rempli de noyaux positifs et d'électrons libres possédant une distribution sensiblement maxwellienne de leurs énergies cinétiques et une énergie cinétique moyenne par particule de :

$$\overline{E} = \frac{1}{2}\,\frac{D_M - D_{0M}}{n} = \frac{1}{2}\,\mu c^2\left(\frac{D_M}{D_{0M}} - 1\right)$$

$\overline{E}$ est donc actuellement ($D_M/D_{0M} = 117{,}3$) de l'ordre de 58 μc^2, soit environ 50 GeV, ce qui est l'ordre de grandeur des énergies qu'on peut atteindre avec

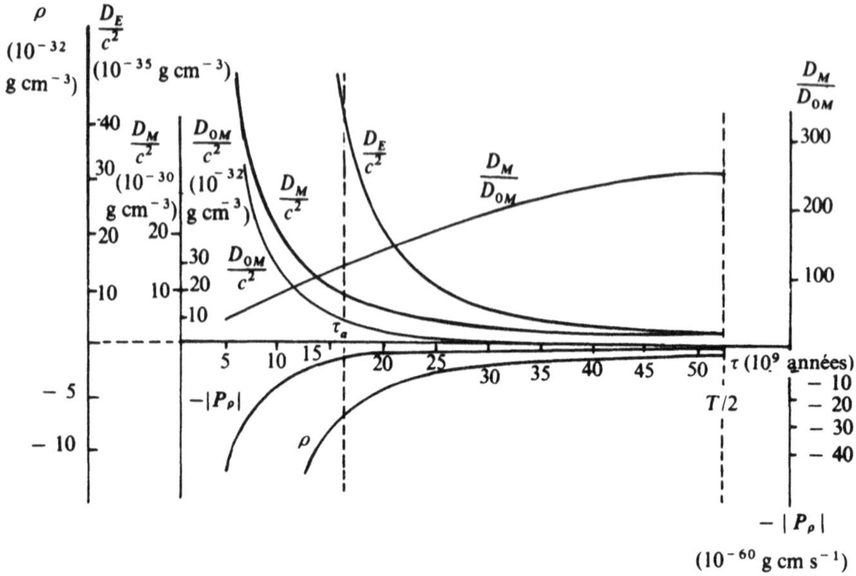

Graphe 5.

nos plus grands accélérateurs actuels (400 GeV à Batavia et Genève pour les protons, 33 GeV à Stanford pour les électrons). Mais la queue de haute énergie du spectre maxwellien des énergies laisse prévoir l'existence de particules cosmiques de bien plus haute énergie que l'énergie moyenne $\bar{E}$ (primaires du rayonnement cosmique). Par ailleurs, on note que D_M/D_{0M} tend *vers l'infini* quand on approche de l'instant de compression maximum $\tau = 0$ de l'Univers : il est possible que subsistent encore dans l'espace des particules non encore « thermalisées » et datant de cette époque originelle (les primaires les plus énergiques du rayonnement cosmique paraissent excéder le milliard de GeV).

c) Le déplacement maximum vers le rouge observé jusqu'ici (quasar OQ 172) est $Z = 3{,}53$ (voir § 16 *d* ci-dessus), ce qui correspond à $\beta = 0{,}907$. Ceci montre que la distance « maximum » L dans l'Univers est πR $\left(\text{et non } \frac{\pi}{2} R\right)$, ce qui signifie encore que la topologie de notre Univers fermé ($K = +1$) est *sphérique* (et non elliptique).

La valeur actuelle de R', telle que déduite de notre modèle cosmologique (voir tableau « Solution du Système C »), est 0,884 c. Si cette valeur est correcte, nous avons actuellement pour le déplacement *maximum* théorique vers le rouge :

$$\beta_{\max} = = \frac{0{,}884\,\pi}{\sqrt{1 + (0{,}884\,\pi)^2}} = 0{,}941\,.$$

Il s'ensuit qu'aucun déplacement vers le rouge observé ne devrait être actuellement supérieur à :

$$Z = \frac{\Delta\lambda}{\lambda} = \sqrt{\frac{1 + \beta_{max}}{1 - \beta_{max}}} - 1 = 4{,}736 .$$

Ainsi que nous le calculons, le quasar OQ 172, avec son déplacement vers le rouge égal à 3,53, serait à une distance :

$$l_{OQ\,172} = 0{,}775\,L .$$

d) Une caractéristique importante de notre modèle vient d'être mentionnée en *b*) ci-dessus : l'énergie de la matière dans notre Univers n'est actuellement pas en ordre principal de l'énergie potentielle mais de l'*énergie cinétique*, avec un rapport qui est actuellement de l'ordre de 100 et qui atteindra 250 pour le rayon maximum $\mathcal{R}$ de l'expansion, à l'époque $T/2 = 52{,}30 . 10^9$ années.

e) L'Univers est en pulsation (et non seulement en expansion-compression sur *une seule* période *T*). En effet, étant donné que les équations cosmologiques sont inchangées pour un changement de τ en $-\tau$, *la solution* cosmologique se situe sur l'intervalle $\tau \in [-\infty, +\infty]$, rien n'autorise (ni mathématiquement, ni physiquement) à limiter cette solution au seul intervalle $[0, T]$. Le modèle cosmologique de la Relativité complexe ne fait donc pas sortir l'Univers du « Néant » à $\tau = 0$, c'est un Univers *éternel*, pulsant de $\tau = -\infty$ à $\tau = +\infty$. Comme le sage dont nous parlait Lao-Tseu dans le Tao-Te-King, « l'Univers ne naît jamais, ne meurt jamais ».

f) Mais ce qui est probablement la caractéristique la plus importante du modèle, car elle constitue un changement profond dans la manière dont nous considérons la représentation de l'Univers, concerne l'*âge* des objets cosmiques que nous pouvons observer par l'intermédiaire de la radiation électromagnétique : l'introduction du référentiel $(\eta, c\tau)$ que nous avons appelé « étendue-durée » (VI.6 et VII.4) pour fournir une représentation des modèles tant leptonique que cosmologique a pour conséquence que tous les phénomènes observés par l'intermédiaire de la radiation électromagnétique ont *le même âge* τ que l'observateur, quel que soit le mouvement de cet observateur dans l'Univers. Nous revenons sur cet aspect important dans le paragraphe suivant.

19. Le principe cosmologique universel.

La Relativité complexe, comme la Relativité générale, conduit à des lois de la Nature qui restent valables quel que soit le choix du référentiel (équations tensorielles). Toutefois, ces référentiels se limitent habituellement à des référentiels d'espace-temps (r, ct), dans lesquels l'observateur *se choisit toujours lui-même comme origine* de l'espace et du temps. En d'autres termes, tous les phénomènes sont décrits en se référant à un point de l'espace-temps avec lequel l'observateur coïncide et qui peut être appelé « ici et maintenant ».

Lorsque nous considérons *l'Univers dans son ensemble*, nous avons toutefois avantage à utiliser un référentiel *absolu*, en introduisant un temps absolu τ autorisé par le principe cosmologique (isotropie et homogénéité de l'espace à tout instant τ). Nous avons appelé durée ce temps absolu τ. Ce référentiel espace-durée absolu $(r, c\tau)$ a pour conséquence de nous permettre de parler de « l'âge » τ de *tout* phénomène observable, par rapport à un âge $\tau = 0$ de l'Univers qui est l'instant d'origine de *tous* les phénomènes observables dans l'Univers. Dès que nous admettons l'existence de cet âge zéro pour la description de l'Univers, il devient tout à fait « naturel » de choisir cet instant zéro comme origine de la durée τ pour la description de l'Univers dans son ensemble (et pour cette description seulement). Cependant, si nous faisons cela, il est important de remarquer que ce que nous appelons « l'observateur » dans le référentiel espace-durée $(r, c\tau)$ devient lui-même un phénomène de l'Univers, ce qui signifie que cet observateur est maintenant associé à une coordonnée de durée τ *variable* (l'observateur vieillit de plus en plus), au lieu d'être choisi comme l'origine $\tau = 0$ du référentiel quel que soit l'âge de l'Univers. Les phénomènes observables ne sont plus décrits par rapport au « ici et maintenant » d'un observateur particulier, mais par rapport à l'état de l'Univers à l'âge $\tau = 0$. La « mémoire » de cet état originel de l'Univers est conservée par la radiation électromagnétique, chaque photon émis à $\tau = 0$ emportant pour toujours « l'image » de cet état.

Maintenant, la question est la suivante : je sais que les phénomènes que j'observe actuellement sur le soleil se situent 8 minutes en arrière dans *mon* passé, quel que soit mon âge, car il a fallu 8 minutes de *mon temps t* aux photons émis par le soleil et que je vois maintenant pour m'atteindre. Mais je sais aussi que ces 8 minutes deviennent plus courtes si je me déplace vers le soleil dans le référentiel $(r, c\tau)$. En d'autres termes, l'âge de ce que j'observe dépend du mouvement que j'ai dans le référentiel $(r, c\tau)$. Est-ce là un fait observable ou une conséquence de ce que j'ai déjà admis précédemment (principe cosmologique) ? Serait-il en contradiction avec les axiomes fondamentaux de la Relativité générale (qui sont toujours valables pour la Relativité complexe) de dire que ce que j'observe par l'intermédiaire de la radiation électromagnétique, quel que soit mon mouvement, *a le même âge universel τ que mon âge universel actuel* ? Ne serait-ce pas une supposition parfaitement admissible de dire que le soleil tel que je l'observe actuellement a le même âge universel τ que moi-même par rapport à l'instant d'origine $\tau = 0$ de l'Univers ?

La réponse dépend, en réalité, de l'axiome que nous choisissons pour exprimer *le principe cosmologique*, axiome qui sert de *définition* à ce que nous décidons d'appeler « l'âge » τ de tout phénomène. Le principe cosmologique habituel dit : « les phénomènes que j'observe sur le soleil (observateur cosmologique) par l'intermédiaire de la radiation électromagnétique sont 8 minutes plus jeunes que mon âge actuel (compté depuis ma naissance) ». Ceci est parfaitement compatible avec les autres axiomes fondamentaux de la Relativité générale ; mais il sera *également* compatible avec les axiomes fondamentaux de la Relativité générale de définir comme suit l'âge de tout phénomène : « ce que j'observe sur le soleil ou partout ailleurs dans l'Univers par l'intermédiaire de la radiation électromagnétique a le même âge *universel* que moi-même (compté depuis la naissance de l'Univers) ». Ce qui doit nous encourager à adopter une telle définition de l'âge de tout phénomène observable est le fait que, malgré de très nombreuses observations, il n'a jamais été prouvé que les galaxies situées à des milliards d'années-lumière de nous apparaissent comme étant des galaxies « plus jeunes » que celles situées seulement à des millions d'années-lumière. Par conséquent, nous admettrons un nouveau *principe cosmologique universel* s'exprimant comme suit :

Axiome 6. — *Tous les phénomènes observés par l'intermédiaire de la radiation électromagnétique ont le même âge universel τ que l'observateur, quel que soit le mouvement de cet observateur dans l'Univers.*

Il est bien clair que, dans le référentiel universel défini par un tel principe cosmologique universel, que nous appellerons référentiel « étendue-durée » $(\eta, c\tau)$, l'étendue η ne coïncide pas avec l'espace r qui était défini dans le référentiel absolu espace-durée $(r, c\tau)$ habituel dérivé du principe cosmologique habituel (voir [9], page 120 et suivantes). Dans la représentation espace-durée $(r, c\tau)$, l'espace observable est le lieu où les photons se propagent, ce qui s'exprime par :

$$ds^2 = 0$$

dans la métrique habituelle :

(326) $$ds^2 = c^2\,d\tau^2 - R^2(\tau)\,[(dy^1)^2 + (dy^2)^2 + (dy^3)^2]\left[1 + \frac{Kr^2}{4}\right]^{-2}$$

avec $$r^2 = (y^1)^2 + (y^2)^2 + (y^3)^2\,.$$

Dans la représentation étendue-durée $(\eta, c\tau)$, l'étendue est encore le lieu où les photons se propagent, mais cette propagation est maintenant définie par :

$$\tau = \text{Cte}$$

ce qui signifie encore que la métrique dans la représentation étendue-durée $(\eta, c\tau)$ doit s'écrire (voir [9]) :

(327) $$\overline{ds} = c^2\,dt^2 = c^2\,d\tau^2 + R^2(\tau)\,[(d\eta^1)^2 + (d\eta^2)^2 + (d\eta^3)^2]\left[1 + \frac{K\eta^2}{4}\right]^{-2}$$

avec $$\eta^2 = (\eta^1)^2 + (\eta^2)^2 + (\eta^3)^2\,.$$

Les équations de la Relativité complexe, de même que celles de la Relativité générale, sont encore valables dans le référentiel $(\eta, c\tau)$ (équations tensorielles). Le tenseur physique cosmologique $T_{\alpha\beta}$ (§ 3 ci-dessus), qui dépend seulement de la durée (c'est-à-dire de l'âge universel τ de l'Univers), est inchangé quel que soit le choix de l'espace r ou η, tant que nous conservons la validité de l'hypothèse que l'espace (r ou η) est isotrope et homogène. Toutefois, la comparaison de la métrique ds^2 ((326), principe cosmologique habituel) avec la métrique $\overline{ds}^2$ ((327), principe cosmologique universel) montre qu'on change ds^2 en $\overline{ds}^2$ en changeant R en jR ($j = \sqrt{-1}$). *Le résultat d'un tel changement dans les équations cosmologiques habituelles* (174) *est que K est changé en* $-K$.

C'est là ce que nous avons fait pour les équations (279) où K a été changé en $-K$ par comparaison aux équations (174) écrites dans le référentiel $(r, c\tau)$ habituel. Enfin, notre axiome 6 affirme que l'homogénéité et l'isotropie dans l'Univers sont réalisées entre des phénomènes qui ont *le même âge* (τ = Cte dans le référentiel $(\eta, c\tau)$), tandis que le principe cosmologique habituel supposait l'homogénéité et l'isotropie dans l'espace r du référentiel $(r, c\tau)$ où sont localisés des phénomènes *dont l'âge dépend de leur coordonnée r*. Le principe cosmologique universel de notre axiome 6 nous a permis d'obtenir une expression explicite pour la loi de Hubble (296) ainsi que de déduire un modèle cosmologique sans singularité en conformité avec les données d'observation.

Nous reviendrons dans l'Annexe 3 et l'Annexe 4 sur les vérifications de l'axiome 6 et montrerons ainsi son bien-fondé (paradoxes E.P.R. et de Langevin).

20. La création continue de matière.

La relation (315) s'écrit encore :

$$\mathfrak{M} = 2\,\pi^2 R^3 \frac{D_{0M}}{c^2} = 2\,\pi^2\left(-\alpha - \frac{\beta}{R}\right) \qquad (\alpha < 0) \tag{328}$$

où $\mathfrak{M}$ est la masse *propre* totale des particules de matière dans l'Univers.

Cette masse propre augmente continuellement entre $\tau = 0$ et $\tau = T/2$; avec les valeurs numériques obtenues pour α et β (pour $q_a = 0{,}28$), nous calculons :

$$\mathfrak{M}_{\tau=0} = 0 \qquad \mathfrak{M}_{\tau=T/2} = 4{,}40\,.\,10^{54}\ \text{g}\,. \tag{329}$$

Ceci signifie qu'il y a une création continue de matière dans l'Univers au cours de la période d'expansion ($0 \leqslant \tau \leqslant T/2$), qui est remplacée par une disparition continue de matière au cours de la période de compression ($T/2 \leqslant \tau \leqslant T$).

Actuellement, alors que $R = R_a$, la masse propre totale des particules de matière serait :

$$\mathfrak{M}_a = 4{,}38\,.\,10^{54}\ \text{g}\,. \tag{330}$$

Si cette masse était localisée uniquement dans des galaxies contenant chacune 10^{11} étoiles semblables au soleil ($M_s = 2.10^{33}$ g), ceci correspondrait à environ 2.10^{10} galaxies.

Le taux de création est :

(331) $$\frac{d\mathfrak{M}}{d\tau} = 2\,\pi^2 \frac{\beta}{R^2} R'$$

ou numériquement :

(332) $$\begin{cases} \left(\dfrac{d\mathfrak{M}}{d\tau}\right)_{\tau=0} = 1{,}4.10^{39} \text{ g/s} = 700\,000 \odot/\text{s} \\ \left(\dfrac{d\mathfrak{M}}{d\tau}\right)_{\tau=\tau_a} = 5{,}11.10^{34} \text{ g/s} = 25{,}6\odot/\text{s} \\ \left(\dfrac{d\mathfrak{M}}{d\tau}\right)_{\tau=T/2} = 0 \qquad (\odot = \text{masse du soleil}). \end{cases}$$

Nous avons vu dans le paragraphe 13 ci-dessus comment la création ou la disparition de particules de matière pouvait s'expliquer par les processus de collision entre particules de très haute énergie. Le caractère aléatoire de tels processus justifie les *petites fluctuations* autour de zéro de l'énergie propre totale de l'Univers :

$$2\,\pi^2 R^3 c^2\left(\frac{\alpha}{R^3} + \frac{\beta}{R^4} + \frac{D_{OM}}{c^2}\right).$$

21. Impulsion-énergie réelle et imaginaire dans les modèles d'Univers.

Rappelons que, dans le modèle leptonique, nous avons constaté que les équations de base (174) du modèle conduisaient à une impulsion P_ρ qui était *imaginaire* $\forall\tau$ (VI.14). Au contraire, pour le modèle cosmologique nous avons obtenu, au départ des mêmes équations de base, une impulsion P_ρ qui était *réelle* $\forall\tau$. La différence provient des conditions initiales : le modèle leptonique est une structure cyclique, d'énergie propre non nulle $\forall\tau$ et nous devions avoir $R' = 0$ à la fois pour les rayons minimum et maximum ; le modèle cosmologique est également cyclique, mais il est d'énergie propre identiquement nulle. Mais alors, pourquoi obtenons-nous parfois (suivant les conditions initiales ou complémentaires) des impulsions *imaginaires* associées aux équations de la Relativité générale quantifiée RGQ qui sont supposées traiter uniquement d'*impulsions réelles* ?

Nous avons déjà examiné ce problème (VI.14) pour le modèle leptonique, mais nous sommes à présent en mesure de procéder à une analyse plus approfondie.

Il ne faut pas oublier que l'hypothèse fondamentale de la Relativité complexe est que l'espace *physique* ne peut être représenté *complètement* que si nous utilisons, pour cette représentation, des coordonnées *complexes* ; si nous ne le faisons pas, quelque chose manquera ou ne sera pas directement interprétable dans la représentation géométrique, et nous serons obligé d'utiliser des concepts physiques complémentaires pour combler ce qui manque ou interpréter ce qu'il y a de trop, afin d'obtenir une représentation qui puisse s'accorder complètement avec les données d'observation.

Revenant à présent à la Relativité complexe comme constituant une représentation *complète* de l'espace physique, nous nous rappellerons (59) que l'impulsion-énergie est une quantité *complexe* :

(59 *bis*)
$$\begin{cases} E = \dot{E} + i\tilde{E} & (i = \sqrt{-1}) \\ P_j = \dot{P}_j + i\tilde{P}_j & (j = 1, 2, 3) \end{cases}$$

satisfaisant (60) :

(60 *bis*)
$$\frac{E^2}{c^2} - \sum_{j=1}^{3} P_j^2 = M_0^2 c^2$$

où M_0 est réel.

Le passage à la Relativité générale quantifiée a pour conséquence de négliger ce que nous avons appelé les *fluctuations de l'espace* ; ceci peut se faire parce que ces fluctuations sont associées seulement à des ondes de phase se propageant à une vitesse supérieure ou égale à c et, par conséquent, ne transportant pas d'impulsion-énergie *réelle*. Mais ceci *ne signifie pas* que ces ondes de phase ne peuvent pas se déduire des équations de RGQ, mais signifie seulement que si ces ondes apparaissent elles le feront avec des vitesses supérieures à c, c'est-à-dire par l'entremise d'impulsions *imaginaires*, et que par conséquent nous ne devons pas en tenir compte dans un bilan de l'impulsion-énergie *réelle* déduit des équations de RGQ. Mais, cependant, quelque chose *manquera* alors dans les équations géométriques de RGQ pour représenter complètement les phénomènes ; nous serons obligé d'introduire un nouveau concept non géométrique dans la représentation afin d'obtenir un bilan correct de l'impulsion-énergie, c'est-à-dire un bilan en accord avec les données d'observation. C'est exactement là ce que nous avons fait dans le modèle leptonique. Nous avons obtenu, par l'entremise de l'impulsion *imaginaire* P_ρ, les fluctuations de l'espace et nous ne les avons pas introduites dans le bilan d'énergie car elles ne représentent pas une impulsion-énergie *réelle* ; mais quelque chose manquait alors dans le bilan d'énergie et nous avons constaté la nécessité d'avoir des *neutrinos* dans la structure géométrique du lepton. Ces neutrinos jouent dans le modèle leptonique exactement le même rôle que les particules de matière dans le modèle cosmologique. Nous pouvons dire que le fait d'avoir négligé dans la représentation du modèle leptonique les fluctuations de l'espace (c'est-à-dire les ondes de phase ayant des vitesses supérieures à *c*) a rendu nécessaire d'introduire un phénomène complémentaire dans le modèle, l'existence de neutrinos. Nous apercevons ici une liaison étroite avec la *Mécanique ondulatoire* : les particules de matière, avec leur énergie et leurs caractéristiques probabilistes, sont supposées être « engendrées » par (ou au moins associées avec) des oscillateurs élémentaires (fluctuations de l'espace) propageant autour d'eux des ondes de phase ayant des vitesses égales ou supérieures à *c*.

Nous avons la situation inverse dans le modèle cosmologique. Ici, les équations ont conduit à une impulsion *réelle* P_ρ. Nous avions évidemment, cette fois, à en tenir compte dans le bilan d'énergie, et nous l'avons fait en distinguant la densité propre d'énergie des particules de matière D_{0M} de leur densité d'énergie totale (propre + cinétique) D_M. Mais, ce faisant, les équations de RGQ ne disaient rien au sujet des fluctuations *existantes* de l'espace. Cependant, nous savons que ces fluctuations doivent être introduites pour obtenir une représentation *complète* des données observables, et plus particulièrement de l'observation probabiliste des particules de matière (Mécanique ondulatoire et ondes de phase encore une fois). Ainsi, le modèle d'Univers dans son ensemble offert par RGQ est suffisant pour donner une représentation *globale* des principaux aspects physiques de l'Univers, mais il y manque certains petits détails, ce qui sera très important si nous désirons aller aussi loin que la représentation *des particules* qui peuvent être engendrées dans l'espace cosmique. De plus grande importance encore est le fait que, bien que le modèle cosmologique ne fasse pas apparaître explicitement les fluctuations de l'espace et les ondes de phase, ces phénomènes *peuvent effectivement exister* dans notre Univers (elles sont « permises » par le modèle) et constituent des caractéristiques fondamentales de l'espace dit « vide ».

SECTION VIII

LE MODÈLE HADRONIQUE

1. Les holons et les quarks.

La Relativité complexe a proposé jusqu'ici les modèles de deux types d'« univers », c'est-à-dire de structures *fermées* étendues dans l'espace-temps : le micro-univers leptonique, qui est contenu en entier dans l'espace néguentropique ($\tilde{r}$, $\tilde{t}$) de l'espace-temps complexe ; et le modèle cosmologique, qui est au point de vue observable entièrement contenu dans la partie entropique ($\dot{r}$, t) de l'espace-temps complexe. Etant donné que, comme nous l'avons vu, le modèle leptonique est étroitement associé aux mécanismes de notre esprit (voir aussi l'Annexe 1 ci-dessous), nous pourrions dire que le modèle leptonique est le modèle du « sujet » capable d'avoir une connaissance de lui-même et également de son « monde extérieur », ce dernier étant représenté par le modèle cosmologique.

La question qui se pose maintenant est celle-ci : étant donné que l'espace-temps entropique constituant le modèle cosmologique est, en Relativité complexe (et aussi dans RGQ déduit de la Relativité complexe) un espace-temps *quantifié*, on peut s'attendre à trouver, logées dans l'espace-temps entropique ($\dot{r}$, t), de très fortes courbures géométriques de l'espace devant principalement leur existence à des caractéristiques quantifiées de spin et de pulse. La comparaison et l'illustration d'un tel phénomène pourraient être faites sur l'exemple des vagues de l'océan, qui sont des structures géométriques bien définies en évolution sur la surface d'une large étendue d'eau.

Dans la présente section VIII nous allons découvrir que de telles fortes courbures très localisées de l'espace entropique ($\dot{r}$, t) existent effectivement. Nous les appellerons des *holons*, et nous calculerons toutes les caractéristiques géométriques et physiques des holons. Nous verrons notamment que les holons sont les « générateurs » des interactions fortes et gravitationnelles.

Les holons sont-ils ce que les physiciens nomment habituellement *les hadrons* ? Pas exactement. Nous allons voir que les holons, quoiqu'ils soient théoriquement susceptibles d'exister de manière indépendante, sont observés seulement comme des particules associées à un système de leptons, et plus spécialement à un système nommé *quark* sur lequel nous allons revenir dans cette section (voir aussi section VI, § 18.3).

Ceci ne signifie pas que les holons, en tant que particules *isolées*, « n'existent pas » dans l'espace cosmologique, cela veut simplement dire qu'ils ne sont pas observés (ou observables) comme tels, ce qui est très différent. Il semble y avoir deux raisons au moins pour la non-observation des holons en tant que particules libres et indépendantes :

• Il y a d'abord, comme nous le verrons, ce fait que toutes les structures leptoniques interagissent par interactions faibles avec les holons, et ceci a pour principale conséquence d'entraîner avec le temps la création de particules « composites », faites de l'association d'un holon avec un système de leptons. C'est cette particule composite que nous nommerons hadron. Cela veut encore dire que, tôt ou tard, avec le temps, *tous les holons* deviennent des hadrons.

• La seconde raison est d'une nature plus « philosophique » : si le modèle élémentaire des mécanismes de notre esprit est bien le modèle leptonique, on ne peut « observer » notre monde extérieur que par l'intermédiaire des interactions qui sont « acceptées » par le modèle leptonique, c'est-à-dire les interactions faibles et électromagnétiques. Comme les holons, en tant que particules *isolées*, ne génèrent pas les interactions faibles et électromagnétiques, les holons ne peuvent pas être directement « observés » par notre esprit. Les holons ne peuvent être observés que comme particules composites, quand ils se trouvent associés à un système leptonique, ce système étant seul capable de générer des interactions « observables » (c'est-à-dire faibles et électromagnétiques). En bref, les holons ne peuvent être observés que quand ils sont devenus des hadrons. Nous pourrions donc dire que les holons sont des particules « fantômes ».

2. La structure de base des hadrons.

Nous admettrons ce qui suit pour la structure de base des hadrons :

Les hadrons sont des structures *composites* formées de deux parties distinctes ;

• *une particule* étendue dans l'espace entropique $(\dot{r}, \dot{t})$, que nous appellerons *holon.* Cette particule est électriquement neutre, possède un spin et un pulse demi-entiers et est responsable pour les interactions fortes et gravitationnelles ;

• *un système de leptons*, ceux-ci étant associés entre eux par interactions électromagnétiques. Nous nommons ce système *lepton* s'il est formé d'un lepton chargé seulement, *paire* s'il est formé de deux leptons de charges électriques opposées et *quark* s'il est formé de trois leptons (deux d'entre eux seulement ayant le même signe de charge électrique). Comme nous l'avons vu (section VI) ces leptons sont des structures étendues dans l'espace néguentropique $(\tilde{r}, \tilde{t})$, chaque lepton a un spin et un pulse demi-entiers et est responsable pour les interactions faibles et électromagnétiques. Les leptons, et par conséquent aussi les systèmes de leptons tels que les paires et les quarks, sont observés dans l'espace entropique $(\dot{r}, t)$ comme des particules *ponctuelles.* La partie leptonique des hadrons, en générant autour d'elle des neutrinos dans l'espace observable, développe avec la partie holonique une énergie de liaison (les leptons « attirent » les holons, sans que ce phénomène soit réciproque, les holons « n'attirent pas » les leptons).

Les deux parties décrites ci-dessus forment ainsi une particule *composite* en s'associant l'une à l'autre, c'est ce que nous nommerons *le hadron*. Le hadron est donc ou non électriquement neutre, il possède un spin qui peut être entier ou demi-entier, dépendant de sa structure composite. Nous noterons que le hadron est ainsi porteur des *quatre* interactions; cependant l'interaction faible est pratiquement « saturée » par *l'énergie de liaison* des deux parties leptonique et holonique (saturation similaire à celle qui provoque la création des charges électriques fractionnaires, voir section VI, § 18.3). Les interactions des hadrons *entre eux* ne feront donc intervenir que les interactions forte, gravitationnelle et électromagnétique.

Comme nous le remarquons, l'espace-temps *complexe* est *nécessaire* pour proposer un modèle *complet* des hadrons, puisque la structure de ces particules s'étend à la fois sur l'espace entropique $(\dot{r}, \dot{t})$ et sur l'espace néguentropique $(\tilde{r}, \tilde{t})$.

3. Etude systématique des structures hadroniques.

3.1. Le proton.

C'est la plus simple des structures hadroniques :

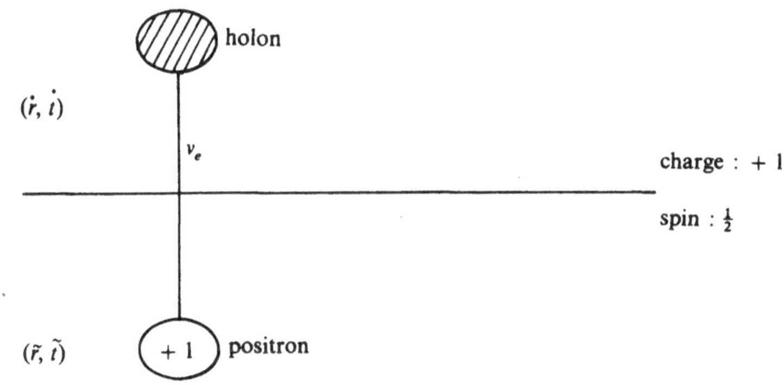

La partie leptonique est un positron, interagissant par interactions faibles (création de neutrinos réels dans l'espace observable $(\dot{r}, \dot{t})$) avec le holon. Le spin total de cette particule composite est obtenu en ajoutant les spins individuels de chacun des composants, y compris le neutrino ν_e.

3.2. Le neutron.

La partie leptonique est ici une paire, et ceci justifie que le neutron, qui est une particule *globalement* électriquement neutre, possède cependant des interactions électromagnétiques quand interviennent dans son voisinage (ou dans des collisions) des particules chargées, puisque des leptons entrent dans sa structure composite.

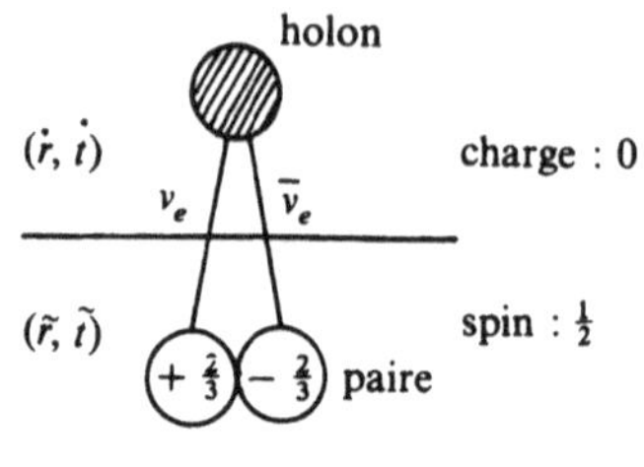

Comme on le voit, le neutron a un spin demi-entier. Compte tenu du fait que les deux leptons entrant dans sa structure sont « en contact », chacun de ces leptons doit être considéré comme porteur de la charge fractionnaire $\pm \frac{2}{3} e$ seulement, comme nous l'avons expliqué dans la section VI, § 18.3.

3.3. Hadrons à courtes durées de vie.

C'est en pratique le cas de *tous* les hadrons, sauf le proton (et le neutron à l'intérieur des noyaux atomiques, dans une certaine mesure). Ces hadrons « instables » sont tous associés à *des quarks*, qui composent leur structure leptonique (voir section VI, § 18.3 pour le modèle des quarks).

Nous pouvons procéder à une classification systématique de ces hadrons instables, en définissant pour eux des « couleurs » et des « saveurs », de manière à relier nos modèles déduits de la Relativité complexe au formalisme général de la Chromodynamique quantique.

Nous définissons d'abord *trois couleurs* de hadrons :

1 (rouge)	2 (vert)	3 (bleu)
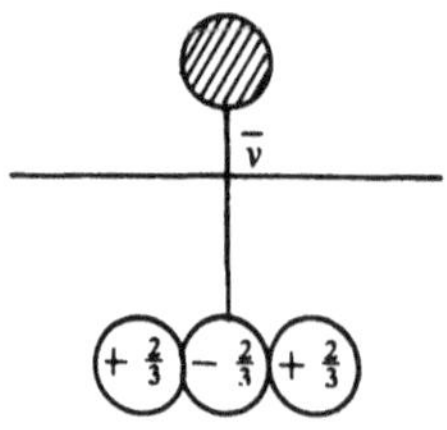	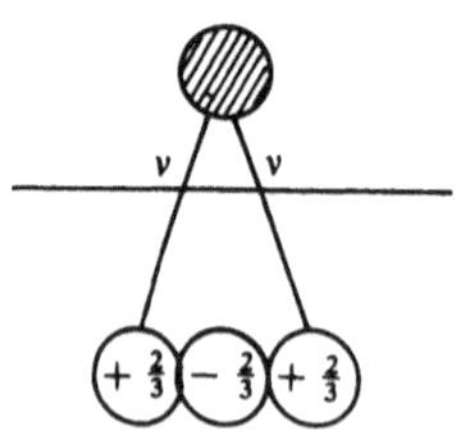	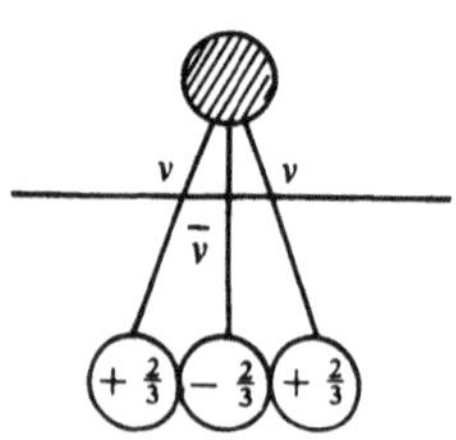
charge : $\frac{2}{3}$ spin : $-\frac{1}{2}$	charge : $\frac{2}{3}$ spin : 1	charge : $\frac{2}{3}$ spin : $+\frac{1}{2}$

et nous définissons également *neuf saveurs* de hadrons :

Saveur	Constituants des quarks		
(0, 0)	e^+	e^-	e^+
(1, 0)	e^+	μ^-	e^+
(2, 0)	μ^+	e^-	μ^+
(3, 0)	μ^+	μ^-	μ^+
(0, 1)	e^+	τ^-	e^+
(0, 2)	τ^+	e^-	τ^+
(0, 3)	τ^+	τ^-	τ^+
(2, 1)	μ^+	τ^-	μ^+
(1, 2)	τ^+	μ^-	τ^+

Le nombre associé à la *couleur* indique le nombre d'interactions faibles (nombre de ν) qui prennent place entre le quark et le noyau holonique du hadron.

Les deux nombres associés aux *saveurs* indiquent respectivement le nombre de muons μ et le nombre de leptons tau dans le quark participant à la structure du hadron considéré.

A chacun de ces hadrons correspond un *antihadron*, dont la structure est obtenue en changeant le signe de l'énergie (et donc de la charge) dans chacun des constituants des hadrons examinés ci-dessus.

Notons que les nombres indiquant la saveur indiquent également :

- *L'étrangeté* pour le premier nombre.
- *Le charme* pour le second nombre.

La saveur (0, 2), par exemple, désigne un hadron d'étrangeté zéro et de charme 2.

Comme on le voit, les structures *de base* (*) qui précèdent pour les hadrons montrent que nous avons :

- $9 \times 2 = 18$ hadrons de spins demi-entiers $\pm \frac{1}{2}$
- 9 hadrons de spins entiers ± 1

Compte tenu de la nécessaire conservation de la charge électrique pour l'espace dans son ensemble, les *hadrons observables isolés* vont se construire par l'assemblage des structures de base qui précèdent, de telle sorte que la charge

(*) Il faudrait naturellement ajouter à ces structures de *base* toutes les structures hadroniques complexes, obtenues par interactions des structures de base entre elles.

électrique *globale* est toujours *un entier* multiplié par la charge élémentaire *e*. Dans un tel « assemblage », des structures portant une charge de $\pm \frac{1}{3}\, e$ seront aussi requises. Nous sommes donc conduit aux mêmes types de modèles que ceux proposés par la Chromodynamique quantique, qui conclut également à des modèles de hadrons faits de l'assemblage de quarks possédant des charges fractionnaires de $\pm \frac{1}{3}\, e$ ou $\pm \frac{2}{3}\, e$. A titre d'exemple, nous fournissons ci-dessous les « assemblages » possibles de quarks produisant les charges $\frac{1}{3}$, 0, $-$ 1. Il est clair que le grand avantage des modèles issus de la Relativité complexe est cette possibilité de proposer une représentation des modèles *tels qu'ils s'étendent* dans l'espace complexe, au lieu de limiter la représentation à un ensemble de nombres abstraits et à des symétries locales entre eux. Au demeurant, la Relativité complexe retrouve ici *la signification* physique de ces nombres abstraits.

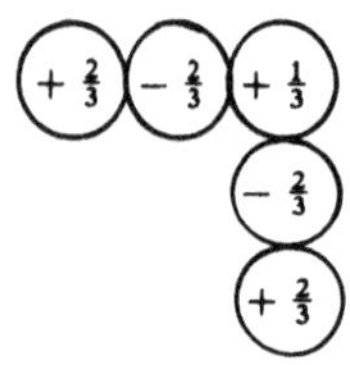

charge globale : $+ \frac{1}{3}$

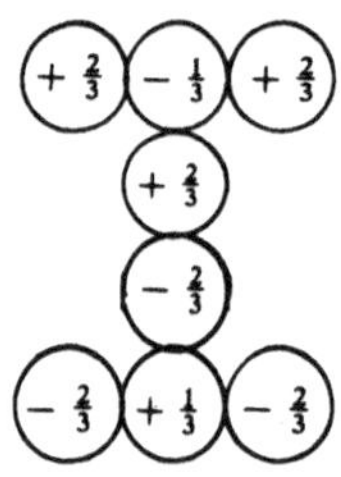

charge globale : 0

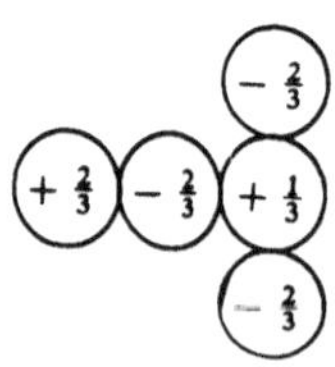

charge globale : $-$ 1

Il doit être clair également que les diagrammes ci-dessus ne sont censés fournir que le *principe de la méthode* utilisée pour procéder à une analyse systématique de la structure des hadrons observables.

Dans le reste de la présente section VIII nous nous limiterons à l'étude de la *partie holonique* de la structure des hadrons, puisque la partie leptonique a déjà été examinée dans la section VI. Cette partie holonique est celle qui est *directe-*

ment observable dans notre espace entropique ($\overset{\bullet}{r}$, $\overset{\bullet}{t}$), par opposition à la partie leptonique qui est, comme nous l'avons déjà souligné, d'apparence *ponctuelle* à l'observation directe.

4. Principes du modèle et équations.

Rappelons donc que tout ce qui suit se rapporte uniquement à la description de la sous-structure « holon » des hadrons observés. Cette sous-structure est entièrement située dans l'espace réel ($\overset{\bullet}{r}$, t) de la Relativité générale quantifiée RGQ entre *un centre* de densité d_0, que l'on suppose unique, et où la densité du hadron est maximum et une *frontière* Γ définie par $d = 0 \; \forall x \in \Gamma$ [44].

On choisit pour la description le référentiel propre de la particule, l'origine du référentiel coïncidant avec le centre de la particule.

Nous utilisons, pour la description de la structure hadronique, la métrique à symétrie sphérique de Schwarzschild :

$$ds^2 = e^{\nu} c^2 dt^2 - r^2 d\theta^2 - r^2 \sin^2 \theta \, d\varphi^2 - e^{\lambda} dr^2 \tag{333}$$

où ν et λ ne sont fonction que de la distance r au centre du référentiel, supposé coïncider avec le centre de la particule.

En introduisant la valeur des $g_{\alpha\beta}$ de la métrique (333) dans nos équations (130 *b*) de RGQ :

$$R_{\alpha\beta} - \tfrac{1}{2} R g_{\alpha\beta} = - T_{\alpha\beta} = - \xi^2 d^2 u_\alpha u_\beta \tag{334}$$

(où on a fait l'approximation $\Lambda = 0$), on obtient les équations différentielles que doivent satisfaire ν et λ :

$$\begin{cases} e^{-\lambda}\left(\dfrac{\nu'}{r} + \dfrac{1}{r^2}\right) - \dfrac{1}{r^2} = - T_1^1 \\ e^{-\lambda}\left(\dfrac{\lambda'}{r} - \dfrac{1}{r^2}\right) + \dfrac{1}{r^2} = T_4^4 \\ \dfrac{e^{-\lambda}}{2}\left(-\dfrac{\lambda'}{r} - \dfrac{\lambda' \nu'}{2} + \nu'' + \nu' + \dfrac{\nu'^2}{2}\right) = - T_2^2 = - T_3^3 \end{cases} \tag{335}$$

où les accents désignent une dérivation par rapport à r.

En tenant compte de (89) et de la symétrie sphérique on a :

$$\begin{cases} T_4^4 = \dfrac{W^2}{c^2 \hbar^2} = \xi^2 d^2 + \displaystyle\sum_{j=1}^{3} p_j^2/\hbar^2 \\ T_j^j = - \dfrac{p_j^2}{\hbar^2} \quad (j = 1, 2, 3) \, . \end{cases} \tag{336}$$

Posons :

(337) $$e^{-\lambda} = 1 - \frac{2u}{r}$$

où $2u$ est le rayon de Schwarzschild, homogène à une longueur.

Afin d'obtenir des équations non dimensionnelles nous posons encore :

(338) $$\begin{cases} d_{r=0} = d_0 \quad d = d_0\,\delta \quad \dfrac{p_j}{\hbar} = \xi d_0\, P_j \\ x = \xi\, d_0\, r \quad l = \xi\, d_0\, u \quad \tau = \xi\, d_0\, ct\,. \end{cases}$$

Nous recherchons, pour la structure des hadrons, une distribution *sans singularité* de δ et P, comprise entre $\delta = 1$ au centre du hadron et $\delta = 0$ sur la frontière Γ de la particule. Les solutions vont dépendre de la valeur de P au centre de la particule :

$$P_{x=0} = P_0\,.$$

Nous voulons que e^{λ} soit fini à l'origine et nous ferons donc, avec (337) :

$$u_{x=0} = l_{x=0} = 0$$

soit encore :

$$\lambda_{x=0} = 0\,.$$

Les équations (335) s'écrivent :

(339) $$\begin{cases} (a) \quad e^{-\lambda}\left(\dfrac{\nu'}{x} + \dfrac{1}{x^2}\right) - \dfrac{1}{x^2} = P_1^2 \\ (b) \quad e^{-\lambda}\left(\dfrac{\lambda'}{x} - \dfrac{1}{x^2}\right) + \dfrac{1}{x^2} = \delta^2 + \displaystyle\sum_{j=1}^{3} P_j^2 \\ (c) \quad \dfrac{e^{-\lambda}}{2}\left(-\dfrac{\lambda'}{x} - \dfrac{\lambda'\,\nu'}{2} + \nu'' + \dfrac{\nu'}{x} + \dfrac{\nu'^2}{2}\right) = P_2^2 = P_3^2 \end{cases}$$

3 cas sont à considérer :

1) $P_j \equiv 0$.

Dans ce cas la solution de (339) est la solution bien connue de Schwarzschild pour le potentiel gravitationnel en Relativité générale. On a :

$$\delta \equiv 0$$

sauf au point source à $x = 0$ (où $\delta = 1$). Cette solution est inacceptable pour la description des hadrons, puisque :

(337*bis*) $$e^{\nu} = e^{-\lambda} = 1 - \frac{2l}{x}$$

et que la métrique est donc singulière pour $x = 0$.

2) $P_1 \neq 0,\ P_2 = P_3 \equiv 0.$

Puisque chaque point de RGQ comporte un pulse quantifié à $\pm \frac{1}{2}\hbar$, on peut supposer que la matière du hadron possède une pulsation radiale périodique, entraînant elle-même une impulsion P, fonction de x. En reportant (337 *bis*) dans l'équation (339 *a*) nous avons :

$$\frac{dv}{dx} = \frac{P^2 x^3 + 2l}{x(x - 2l)}.$$

De (339 *b*) on tire :

(340) $$\frac{dl}{dx} = \frac{x^2}{2}(\delta^2 + P^2).$$

Calculons v'' par dérivation de v' et égalons l'expression ainsi obtenue à la valeur de v'' tirée de (339 *c*). On obtient :

(341) $$\frac{dP^2}{dx} = -\frac{(\delta^2 + 2P^2)(2l + P^2 x^3)}{2x(x - 2l)} - \frac{2P^2}{x}.$$

On constate que, pour éviter toute singularité, il faut alors faire :

$$P_{x=0} = P_0 = 0.$$

Comme $dP^2/dx < 0$ et que $P^2 \geqslant 0$, ceci entraîne $P^2 \equiv 0\ \forall x$, et donc, une fois encore :

$$\delta \equiv 0 \quad \forall x$$

sauf à $x = 0$, où $\delta = 1$. La métrique ds^2 diverge donc encore pour ce cas au point source, et la solution est inacceptable pour décrire la structure des hadrons.

3) $P_1 \neq 0,\ P_2 = P_3 \neq 0.$

La solution la plus naturelle pour la structure hadronique doit être recherchée en tenant compte non seulement du pulse quantifié en chaque point, mais *encore du spin*, qui doit lui aussi être quantifié en chaque point de la structure hadronique. Ceci exigerait, en toute rigueur, de rechercher un modèle hadronique *en symétrie axiale* (et non sphérique). Afin d'éviter les difficultés mathématiques soulevées par une telle métrique à symétrie axiale [29], nous conserverons la métrique à symétrie sphérique et nous écrirons que le spin est traduit par 2 impulsions égales $P_2 = P_3$, afin de satisfaire $T_2^2 = T_3^3$ exigé par la symétrie sphérique (335). Chacune de ces 2 impulsions entraîne un moment angulaire de rotation par rapport à un axe passant par le centre de la particule, à $x = 0$.

L'analyse du système d'équations (339) montre alors que, pour éviter d'avoir $P_0 = 0$ (provoqué par un terme $2\,P^2/x$ dans dP^2/dx) il faut faire :

$$P_1^2 = P_2^2 = P_3^2 = P^2 .$$

Les équations (339) s'écrivent alors :

$$(342)\qquad \begin{cases} \dfrac{dP^2}{dx} = -\dfrac{(\delta^2 + 4\,P^2)\,(P^2\,x^3 + 2\,l)}{2\,x(x - 2\,l)} \\ \dfrac{dl}{dx} = \dfrac{x^2}{2}(\delta^2 + 3\,P^2) . \end{cases}$$

On notera la ressemblance de ces équations pour le modèle hadronique avec celles qui sont utilisées pour étudier, en espace riemannien, *les étoiles super-denses* [32], P^2 prenant ici la place du terme de pression p.

Nous avons 2 équations (342) pour les 3 inconnues δ, P et l. Il nous faut une troisième relation entre ces inconnues pour résoudre le système. Dans le cas des étoiles super-denses, cette troisième relation est *l'équation d'état* reliant δ et p en chaque point. Pour les hadrons, cette troisième relation va relier δ et P par *la quantification* du spin ou du pulse.

Etant donné que nous sommes ici dans l'approximation *sphérique*, la quantification sera écrite *pour le pulse* (et non pour le spin), la pulsation radiale possédant bien la symétrie sphérique. On a, en notation dimensionnelle :

$$(343)\qquad p \times D_T = \tfrac{1}{2}\,nh$$

où D_T est le déplacement radial d'un point au cours d'une période T de pulsation radiale :

$$(344)\qquad T = \frac{2\,\pi}{\omega} .$$

ω sera dit la *pulsation propre* du hadron. ω ne dépend pas de r, c'est une caractéristique *globale* pour un hadron de masse et de géométrie données. Si v est la vitesse d'un point à distance r au cours de la pulsation radiale, (343) s'écrit :

$$pD_T = pvT = \frac{2\,\pi pv}{\omega} = \frac{1}{2}\,nh$$

soit encore :

$$(345)\qquad p^2\,v^2 = \tfrac{1}{4}\,n^2\,\omega^2\,\hbar^2 .$$

D'autre part :

$$(346)\qquad p^2 = \frac{d^2\,v^2}{1 - \dfrac{v^2}{c^2}}\;\Omega_0^2 .$$

(345) et (346) donnent :

(347) $$d^2 = \frac{p^2(4\,p^2\,c^2 - n^2\,\omega^2\,\hbar^2)}{\Omega_0^2\,n^2\,c^2\,\omega^2\,\hbar^2}.$$

En exprimant (347) sous forme non dimensionnelle, au moyen de (338), on a finalement, avec (342), les 3 équations du modèle hadronique (Système H) :

(348) $$\boxed{\begin{aligned} \frac{dP^2}{dx} &= -\frac{(\delta^2 + 4\,P^2)(P^2\,x^3 + 2\,l)}{2\,x(x - 2\,l)} \\ \frac{dl}{dx} &= \frac{x^2}{2}(\delta^2 + 3\,P^2) \\ \delta^2 &= \frac{P^2(4\,P^2 - n^2\,\omega^2)}{n^2\,\omega^2} \end{aligned}}$$

avec les relations complémentaires suivantes :

(349) $$\begin{cases} e^{-\lambda} = 1 - \dfrac{2\,l}{x} \\ \dfrac{d\nu}{dx} = \dfrac{P^2\,x^3 + 2\,l}{x(x - 2\,l)} \\ \delta_{x=0} = 1\,, \quad \delta_{x=x_r} = 0\,, \quad P_{x=0} = P_0 \\ \lambda_{x=0} = 0\,, \quad \nu_{x=x_r} = 0\,. \end{cases}$$

On calcule :

(350) $$P_0^2 = \frac{n^2\,\omega^2}{8}\left[1 + \sqrt{1 + \frac{16}{n^2\,\omega^2}}\right].$$

5. Existence et durée de vie des hadrons.

5.1. Existence.

La pulsation propre ω appartient à l'intervalle $\omega \in [0, \infty]$. Nous avons donc, en faisant varier ω dans son ensemble de définition, une *infinité* de solutions non dimensionnelles du système (348). D'autre part, comme à chaque solution non dimensionnelle correspond, avec (338), une *infinité* de solutions dimensionnelles, chacune caractérisée par la valeur dimensionnelle de la densité centrale d_0, on est au premier abord devant une double infinité de solutions de (348).

Nous allons apporter une limitation à ce nombre infini de solutions au moyen de l'axiome 7 suivant :

Axiome 7. — *Pour qu'un hadron soit observable, c'est-à-dire possède une durée de vie non nulle, il faut que sa pulsation propre ω soit en résonance avec la pulsation propre ω_0 du modèle leptonique chargé :* $\omega_0 = 1{,}28.10^{24}\ s^{-1}$.

Cette condition d'existence, faisant intervenir une résonance avec ω_0, était indispensable dans le cas d'un hadron *chargé*, que nous assimilons à une structure *composite* formée d'un hadron neutre et d'*un lepton* chargé. L'axiome 6 généralise cette condition de résonance à *toutes* les particules observables à structures *étendues*, qu'elles soient leptons ou hadrons. Seules les particules de masses propres nulles (neutrinos et photons) peuvent donc avoir une pulsation propre (donc une fréquence propre) différente de ω_0. Cette généralisation signifie, finalement, que *tous les phénomènes physiques étendus sont couplés* entre eux (quoique avec des interactions d'intensités variables), ce qui est une assomption naturelle pour une véritable théorie *unitaire*.

5.2. Durée de vie.

Pour chaque valeur de ω on a maintenant, avec l'axiome 7, une seule valeur de la densité centrale d_0 :

(351) $$d_0 = \frac{\omega_0}{\xi c \omega}.$$

Cette valeur de d_0 nous permettra ensuite de calculer la masse M de la solution ; le calcul donnera également le rayon R du hadron, en écrivant :

$$d_R = 0.$$

On peut chercher à préciser la durée de vie du hadron associée à la solution $M(\omega) = M(d_0)$ considérée.

On peut écrire :

(352) $$\frac{dM}{dt} = \frac{dM}{dd_0}\frac{dd_0}{dR}\frac{dR}{dt}$$

qui exprime la variation de la masse en fonction du temps t. Or on a aussi :

$$\frac{dR}{dt} \leqslant c$$

et donc :

(353) $$\frac{dM}{dt} \leqslant c\,\frac{\dfrac{dM}{dd_0}}{\dfrac{dR}{dd_0}}.$$

Les valeurs calculées $M(d_0)$ et $R(d_0)$ permettront donc d'avoir une estimation de la durée de vie Δt d'une solution correspondant à la masse M :

(354) $$\Delta t_M \geqslant \frac{M}{c} \frac{\frac{dR}{dd_0}}{\frac{dM}{dd_0}} .$$

Les particules les plus « stables », c'est-à-dire ayant les plus longues durées de vie, doivent correspondre aux extrema (minima ou maxima) de la fonction $M(d_0)$, pourvu toutefois que la fonction $R(d_0)$ ne passe pas simultanément par un extremum. Nous verrons (§ 6) que c'est bien le cas pour les solutions calculées.

6. Résultats de l'analyse numérique.

Il faut encore insister sur le fait que l'analyse numérique à laquelle nous allons procéder pour étudier la structure hadronique se rapporte à une *approximation en symétrie sphérique* de ces structures, alors que celles-ci possèdent en fait, compte tenu de leur spin non nul, une distribution de densité propre *à symétrie axiale*.

Nous ne devons donc pas ambitionner ici autre chose que l'obtention des principales caractéristiques *qualitatives* des hadrons, des résultats numériques précis exigeant une métrique riemannienne à symétrie axiale.

L'approximation sphérique sera d'autant plus acceptable que le spin de la particule sera plus faible, puisque l'excentricité de la configuration en symétrie axiale croît avec le spin. Nous nous en tiendrons donc ici à une analyse numérique du système d'équations (348) pour $n = 1$ (spin $\pm \frac{1}{2} \hbar$).

6.1. MASSES, VOLUMES ET RAYONS.

6.1.1. *Définitions.*

Rappelons la métrique de l'espace dans le système propre de référence ayant pour origine le centre de la particule :

(355) $$ds^2 = e^\nu c^2 dt^2 - r^2 d\theta^2 - r^2 \sin^2 \theta \, d\varphi^2 - e^\lambda dr^2$$

avec :

$$g_{tt} = e^\nu , \quad g_{rr} = - e^\lambda .$$

La distance réelle dl et le temps propre $d\tau$, tels qu'ils sont mesurés dans le *référentiel propre* (r, t) de la particule, valent :

(356) $$\begin{cases} dl = (- g_{rr})^{1/2} \, dr \\ d\tau = (g_{tt})^{1/2} \, dt . \end{cases}$$

Un observateur dans un espace non courbé, rapportant la structure hadronique à un *référentiel orthonormé* ($\eta_{\alpha\alpha} = -1, -1, -1, 1$) obtiendra pour mesure des dimensions observées de la structure hadronique :

$$\text{(357)} \qquad \begin{cases} dl_E = dr \\ d\tau_E = dt\,. \end{cases}$$

Nous indicerons par la lettre E (Euclidien) les valeurs *observées* dans un référentiel pseudo-euclidien. Ce sont ces valeurs observées qui nous intéressent plus particulièrement, puisque nous sommes des observateurs situés « à l'extérieur » de la structure hadronique, dans un espace pratiquement euclidien.

Les volumes, masses et rayons *propres*, dans le référentiel propre hadronique, sont :

$$\text{(358)} \qquad V = \int_0^{\pi}\int_0^{2\pi}\int_0^R (-g_{\theta\theta})^{1/2}\, r\, d\theta (-g_{\varphi\varphi})^{1/2}\, r \sin\theta\, d\varphi (-g_{rr})^{1/2}\, dr\,,$$

$$\text{(359)} \qquad \begin{cases} V = 4\pi \displaystyle\int_0^R (-g_{rr})^{1/2}\, r^2\, dr \\ M = 4\pi \displaystyle\int_0^R (-g_{rr})^{1/2} \left(d^2 + \frac{3p^2}{\xi^2\hbar^2}\right)^{1/2} r^2\, dr \\ R = \displaystyle\int_0^R (-g_{rr})^{1/2}\, dr\,. \end{cases}$$

Les valeurs *observées* dans un référentiel pseudo-euclidien sont :

$$\text{(360)} \qquad \begin{cases} V_E = 4\pi \displaystyle\int_0^R r^2\, dr = \frac{4\pi}{\xi^3 d_0^3}\int_0^{x_r} x^2\, dx \\ M_E = 4\pi \displaystyle\int_0^R \left(d^2 + \frac{3p^2}{\xi^2\hbar^2}\right)^{1/2} r^2\, dr = \frac{4\pi}{\xi^3 d_0^2}\int_0^{x_r} (\delta^2 + 3P^2)^{1/2} x^2\, dx \\ R_E = \displaystyle\int_0^R dr = \frac{x_r}{\xi d_0}\,. \end{cases}$$

Ces valeurs observées utilisent également la notation non dimensionnelle, et sont en fait fonction de la densité propre d_0 au centre de la configuration hadronique considérée.

Les masses calculées ici tiennent compte de l'énergie *cinétique* du spin et du pulse. La masse ne tenant compte que de l'énergie potentielle de la matière (que nous nommerons masse *matérielle*) s'écrirait :

$$\text{(361)} \qquad M_{0E} = 4\pi \int_0^R d\, r^2\, dr = \frac{4\pi}{\xi^3 d_0^2}\int_0^{x_r} \delta\, x^2\, dx\,.$$

Naturellement la masse gravitationnelle (ou inertielle) est M_E, et non M_{0E}. Reprenant la terminologie employée dans l'étude théorique des étoiles super-denses [32], en espace riemannien, nous ferons la distinction entre un *défaut de masse* δM et un *défaut de masse absolu* ΔM :

$$(362) \quad \begin{cases} \delta M = M - M_E = \dfrac{4\pi}{\xi^3 d_0^2} \displaystyle\int_0^{x_r} (-g_{rr}^{1/2} - 1)(\delta^2 + 3P^2)^{1/2} x^2 \, dx \\ \Delta M = M_{0E} - M_E = \dfrac{4\pi}{\xi^3 d_0^2} \displaystyle\int_0^{x_r} [\delta - (\delta^2 + 3P^2)^{1/2}] x^2 \, dx \,. \end{cases}$$

δM est toujours *positif*, il représente ce qu'on nomme habituellement l'énergie gravitationnelle pour une étoile super-dense ; pour les hadrons, ce défaut de masse correspond en fait à l'énergie des interactions *fortes* internes à la structure hadronique (§ 9 ci-dessous).

ΔM est toujours *négatif*, il exprime (au signe près) la masse correspondante à l'énergie *cinétique* (spin + pulse) emmagasinée dans la structure hadronique. Il est intéressant de noter que des valeurs *négatives* de ΔM peuvent également être obtenues pour les étoiles super-denses [32], dont la densité centrale est de l'ordre de grandeur des densités nucléaires.

6.1.2. *Masse M_E et rayon R_E en fonction de la densité centrale d_0.*

Le modèle leptonique a fourni :

$$\xi = 6{,}467 \, . \, 10^{-4} \text{ cgs} \qquad \omega_0 = 1{,}28 \, . \, 10^{24} \text{ s}^{-1} \,.$$

Avec ces valeurs de ξ et ω_0, pour chaque valeur de $\omega \in [0, \infty]$ non dimensionnel on a, d'après (351), une valeur de la densité centrale d_0, puis avec le système (348) une solution unique pour l, P et δ. On peut alors procéder au calcul de la masse M_E, comme indiqué dans (360), puis enfin calculer les valeurs numériques de $M_E(\omega) = M_E(d_0)$, en fonction de ω ou d_0 ; le graphe 6 représente la fonction $M_E(d_0)$. On constate que cette fonction présente *un minimum*, auquel on devrait pouvoir faire correspondre une masse propre de hadron *particulièrement « stable »*. $M_{E\min}$ correspond à une pulsation non dimensionnelle :

$$(363) \qquad 0{,}11 \leqslant \omega \leqslant 0{,}13$$

et la masse du nucléon (proton ou neutron) :

$$M_\mu = 1{,}68 \, . \, 10^{-24} \text{ g} = M_{E\min}$$

est obtenue pour la valeur :

$$\omega_\mu = 0{,}12$$

qui est bien encadrée par les valeurs (363) calculées ci-dessus par le modèle hadronique.

Ce minimum M_μ correspond à une densité centrale (351) :

$$d_{0\mu} = 5{,}5 \,.\, 10^{17} \text{ g/cm}^3$$

et un rayon R_μ (*) :

$$R_\mu = 1{,}7 \,.\, 10^{-14} \text{ cm} \,.$$

Compte tenu du fait que le modèle hadronique possède une *pulsation radiale*, les données calculées doivent être considérées comme des *moyennes* dans le temps, sur une période de pulsation. C'est notamment vrai du rayon R_μ. Comme sur la frontière Γ on a $\delta = 0$, on voit, d'après (348), que l'impulsion P radiale en tout point de la frontière Γ vaut :

$$P_\Gamma = \pm \frac{\omega}{2} \,.$$

Cette impulsion est différente de 0, ce qui signifie (346) que la vitesse radiale d'un point de la frontière est égale à la *vitesse de la lumière*.

Notons que nous avons utilisé en abscisse, dans le graphe 6, la coordonnée :

$$\eta = \text{Arc tg} \log \frac{d_0}{d_{0\mu}}$$

qui est aussi utilisée pour la représentation des étoiles super-denses [32].

On constate sur le graphe 6 que :

• Pour les *densités centrales d_0 décroissantes* à partir de $d_{0\mu}$ la masse augmente d'abord jusqu'à un maximum situé à :

$$\widehat{M}_E = 2{,}12 \,.\, 10^{-24} \text{ g}$$

pour une densité centrale et un rayon :

$$\widehat{d}_0 = 8{,}3 \,.\, 10^{16} \text{ g/cm}^3 \,, \quad \widehat{R}_E = 1{,}88 \,.\, 10^{-14} \text{ cm} \,.$$

(*) Rappelons une fois encore que ces valeurs numériques $d_{0\mu}$ et R_μ sont calculées dans l'approximation d'une particule sphérique et sans pulsation, alors que la particule physique est ellipsoïdale (spin) et en pulsation ; ces valeurs doivent donc être considérées comme des moyennes, dans l'espace et le temps.

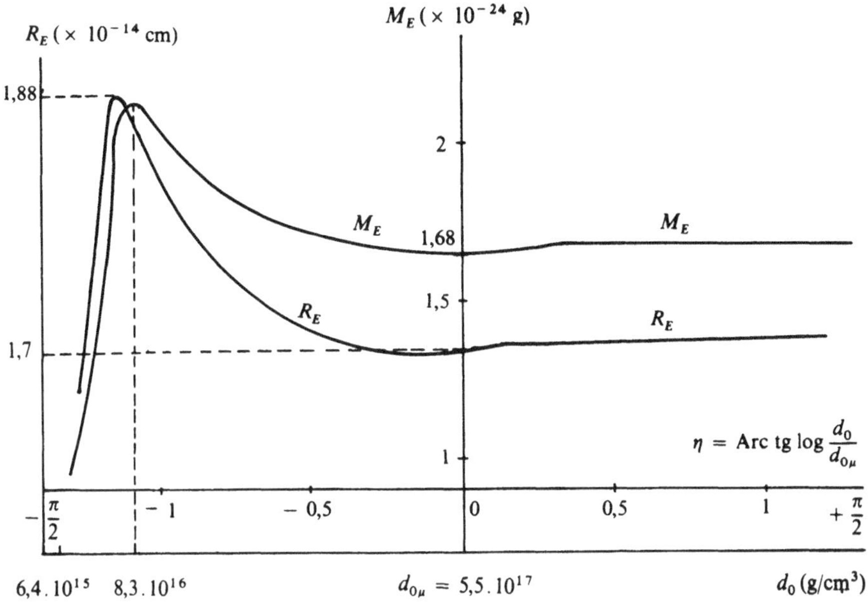

Graphe 6.

Pour d_0 continuant à décroître la masse et le rayon diminuent très rapidement ; par exemple, l'analyse numérique fournit :

$$d_0 = 6{,}4 . 10^{15} \text{ g/cm}^3 , \quad M_E = 5{,}8 . 10^{-26} \text{ g} , \quad R_E = 0{,}62 . 10^{-14} \text{ cm} .$$

• Pour les *densités centrales* d_0 *croissantes* à partir de $d_{0\mu}$, la masse et le rayon augmentent très lentement *en oscillant avec une amplitude fortement décroissante*, et *tendent vers une valeur finie* pour d_0 tendant vers l'infini :

$$d_0 \to \infty , \qquad M_E \to 1{,}70 . 10^{-24} \text{ g} , \qquad R_E \to 1{,}73\ 10^{-14} \text{ cm} .$$

Ces oscillations de M_E et de R_E pour d_0 tendant vers l'infini ont été également observées et étudiées mathématiquement dans le cas des étoiles superdenses [32].

6.2. Les composantes du tenseur métrique : $g_{tt} = e^{\nu}$, $g_{rr} = -e^{\lambda}$.

On a représenté sur le graphe 7 les résultats de l'analyse numérique pour ces deux composantes g_{tt} et g_{rr} du tenseur métrique $g_{\alpha\beta}$, en fonction de la distance r au centre du hadron, pour les deux cas de :

• la masse minimum (neutron) : $\mu_0 = 1{,}68 . 10^{-24}$ g,
• la masse maximum $\widehat{M}_E = 2{,}12 . 10^{-24}$ g.

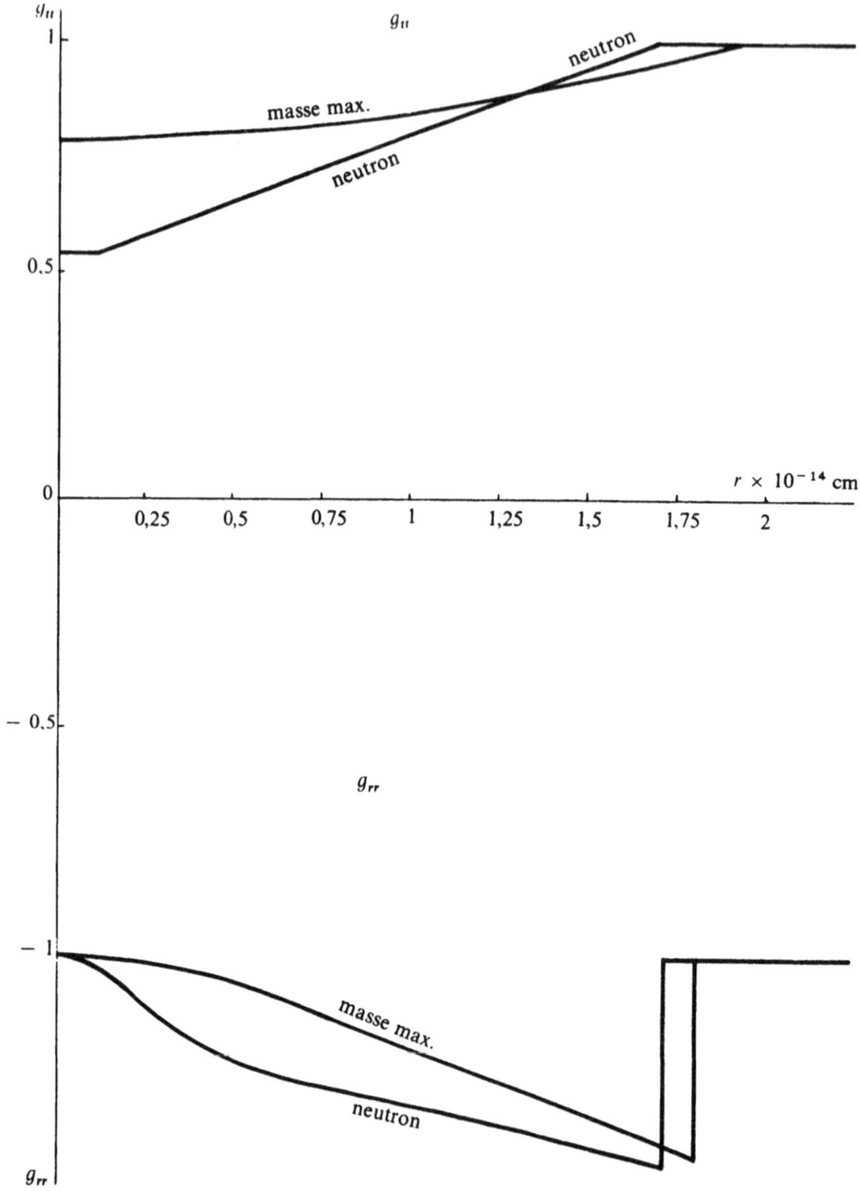

g_{tt}
1
g_{tt}
neutron
masse max.
neutron
0,5
0
$r \times 10^{-14}$ cm
0,25
0,5
0,75
1
1,25
1,5
1,75
2
– 0,5
g_{rr}
– 1
masse max.
neutron
g_{rr}

Graphe 7.

Pour le neutron, g_{tt} croît depuis 0,54 ($\nu = -0{,}616$) jusqu'à 1 ($\nu = 0$) sur la frontière $R_E = 1{,}70 \,.\, 10^{-14}$ cm. Pour $r > R_E$ on a $g_{tt} = 1$ (espace euclidien).

Pour le neutron également, g_{rr} part de la valeur -1 ($\lambda = 0$). Il décroît ensuite jusqu'à la valeur $g_{rr} = -1{,}45$ sur la frontière R_E. Pour $r > R_E$ on a $\delta = 0$, et aussi $P = 0$ dans les équations (348) (plus de pulsation radiale); on doit donc aussi avoir $g_{rr} = -1$. Nous verrons cependant (§ 10) que la pulsation radiale de la frontière Γ entraîne la création d'une onde gravitationnelle dans l'espace extérieur au hadron (champ gravitationnel du hadron).

Nous noterons que ce brusque « saut » de g_{rr} à la frontière Γ de la particule correspond à la brusque absence de matière et d'énergie cinétique (pulse et spin) hors de la frontière Γ du hadron ; ceci ne s'accompagne pas cependant d'une discontinuité de la courbure scalaire riemannienne :

$$R = \xi^2 d^2 + 4 \Lambda$$

puisque nous avons sur Γ :

$$\left(\frac{dR}{dr}\right)_\Gamma = 2\,\xi^2 \left(d\,\frac{dd}{dr}\right)_\Gamma = 0$$

d étant nul, par définition, sur la frontière Γ.

Le rayon de Schwarzschild $2\,u$ croît avec r, à partir de $u = 0$ au centre $r = 0$ de la particule et atteint sa valeur maximum sur la frontière Γ. $2\,u$ reste cependant toujours inférieur à r $\forall r \in [0, \Gamma]$ (pas de singularité de la métrique (355)).

La composante :

$$g_{rr} = -\left(1 - \frac{2\,u}{r}\right)^{-1}$$

du tenseur métrique reste donc elle aussi toujours *négative* (c'est-à-dire du type « espace », et non du type « temps »). Pour la solution neutron on a, sur la frontière $R_E = 1{,}70 \,.\, 10^{-14}$ cm :

$$2\,u_{r=R_E} = 2{,}65 \,.\, 10^{-15}\ \text{cm}\,.$$

La courbe ci-après représente l'allure de la variation de $2\,u_\Gamma$ ($2\,u$ sur la frontière Γ) en fonction de la densité centrale d_0, pour le spin $\frac{1}{2}$.

Nous aurons (§ 10) à nous intéresser à la valeur de u_Γ pour une densité centrale d_0 égale à la densité cosmologique (VII-18), telle que nous l'avons calculée dans notre modèle cosmologique ($\rho_a \simeq -7 \,.\, 10^{-32}$ g/cm^3).

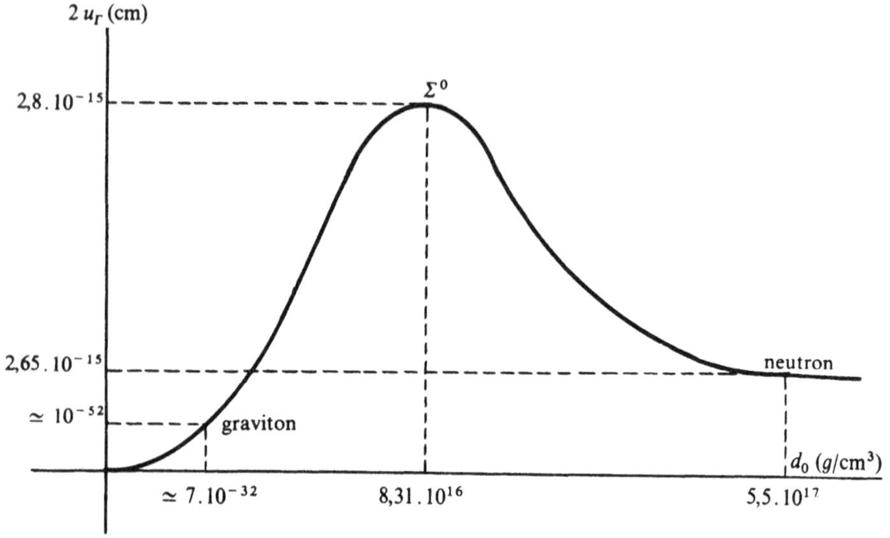

6.3. DENSITÉ, IMPULSION ET VITESSE RADIALE.

Le graphe 8 représente (en unités non dimensionnelles) la densité propre δ, l'impulsion P et la vitesse radiale V en fonction de la distance x au centre de la configuration hadronique, pour la solution neutron.

δ décroît entre 1 et 0. L'impulsion P décroît également à partir de sa valeur centrale P_0 ; elle n'est pas nulle sur la frontière Γ, comme nous l'avons déjà noté, puisque cette frontière est en pulsation radiale à période $T = 2\,\pi/\omega_0$. P devient nul pour x supérieur au rayon x_Γ de la configuration. On note bien que, dans (348), P prend 2 valeurs distinctes pour $\delta = 0$, de part et d'autre de la frontière Γ.

La vitesse de pulsation radiale V croît depuis une valeur non nulle à $x = 0$, jusqu'à $V = 1$ (vitesse de la lumière) sur la frontière Γ. Cette vitesse est en fait, pour chaque valeur de x, celle du point de densité moyenne δ au cours d'une période de pulsation.

On note que ce sont δ^2 et P^2 qui sont fournis comme solutions de (348) : ceci signifie qu'à chaque solution, pour une particule ($\delta \geqslant 0$), correspond une même solution au signe près définissant l'antiparticule ($\delta \leqslant 0$), obtenue en changeant δ en $-\,\delta$ et P en $-\,P$.

7. Le proton et le neutron.

Toutes les masses M figurant sur le graphe 6 sont solutions de (348), et donc en principe observables. Elles ont cependant tendance à varier rapidement dans le temps t de manière à se stabiliser à un ou plusieurs états « stationnaires » de la fonction $M(d_0)$ (énergie stationnaire). Ces états stationnaires correspondent aux minima de la courbe $M(d_0)$, et sont au nombre de deux.

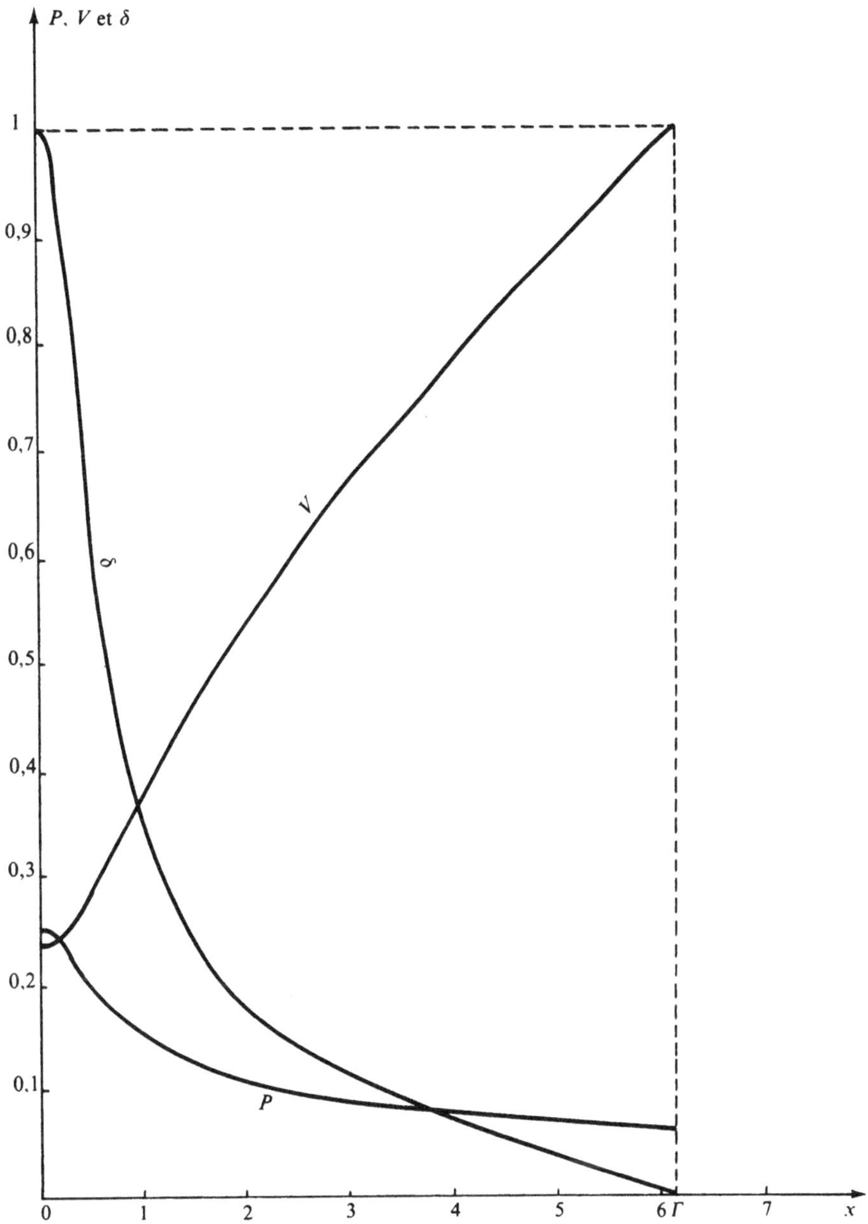

Graphe 8. — *δ, P et V en fonction du rayon x pour le neutron*

7.1. Du côté des *faibles densités centrales* le minimum est $M = 0$. Ceci signifie que si, au cours d'une interaction, la densité centrale d'un hadron devient inférieure à $8{,}3.10^{16}$ g/cm^3, le hadron disparaît en transformant son énergie en particules de masses propres plus faibles (leptons, photons).

7.2. Pour les densités supérieures à $8{,}3.10^{16}$ g/cm^3 on a encore un minimum, correspondant à la masse :

$$M_\mu = 1{,}68.10^{-24}\ \mathrm{g}\,.$$

C'est sensiblement la masse *du neutron*. En fait, nous l'avons souligné en 3.2, nous ne pensons pas que le neutron soit uniquement composé de la partie « holon » étudiée ici. L'existence de son moment magnétique non nul paraît suggérer plutôt la structure composite fournie en 3.2, d'après laquelle le neutron posséderait pour sous-structures le holon + deux leptons chargés e^+ et e^-. Cette particule composite est instable et se désintègre en quelques minutes en l'absence d'interactions (comme celles qu'elle subit dans un noyau atomique). On a :

$$N \to P + e^- + \bar{\nu}_e\,.$$

Le proton P est donc pratiquement la structure *composite* la plus simple et de masse propre la plus faible chez les hadrons observés isolément, ce qui paraît justifier sa stabilité (§ 3.1).

Les autres hadrons correspondent à des structures composites plus complexes, associant un ou plusieurs holons à un ou plusieurs leptons chargés. La partie « holon » peut être, comme nous l'avons noté déjà, de spin supérieur à $\frac{1}{2}$; mais nous n'avons pas procédé ici à l'étude des structures correspondant à ces spins supérieurs.

D'une manière plus générale, on peut avoir une estimation de la durée de vie d'un corpuscule de masse propre M en nous servant de la relation (354) :

$$\Delta t \simeq \frac{M}{c}\,\frac{\dfrac{dR}{dd_0}}{\dfrac{dM}{dd_0}}\,.$$

On calcule, avec les graphes obtenus au moyen de l'analyse numérique de (348), pour $M(d_0)$ et $R(d_0)$:

$$\Delta t \simeq \frac{M}{c}\,3.10^{10} \simeq 10^{-24}\ \mathrm{s}$$

sauf pour les minimum et maximum de $M(d_0)$, où Δt est infini.

Ces extrema correspondent d'une part au nucléon, et d'autre part au maximum « instable » de $M(d_0)$:

$$\widehat{M} = 2{,}12.10^{-24}\ \mathrm{g}\,.$$

Cette dernière masse est très voisine de celle du *hadron de charge nulle*, dont la durée de vie est de l'ordre de 10^{-20} s.

8. Observation probabiliste des hadrons.

Nous renvoyons ici à ce que nous avons dit en IV.4 ci-dessus.

Chaque point M de densité propre d de la structure hadronique peut être assimilé, pour l'observation, à une onde monochromatique Σ de fréquence propre :

$$\nu = \frac{\Omega_0\, dc^2}{h} \quad (\Omega_0 = \text{vol. quantique})\,.$$

L'ensemble du hadron possède donc des caractéristiques observables que l'on peut traiter comme le résultat de la composition d'un ensemble infini d'ondes planes monochromatiques, ayant chacune la fréquence ν et une vitesse *de phase* commune $\tilde{v} = c^2/v$, où v est la vitesse de la structure hadronique, dans le référentiel choisi. On est conduit ainsi à *un probabilisme strict* pour les hadrons, c'est-à-dire non réductible à un point de vue statistique, exactement comme c'était déjà le cas pour les leptons et les photons.

9. Les interactions fortes.

Un hadron est donc finalement, par sa partie holonique, une région fortement courbée localement de l'espace-temps, la distribution de sa densité propre (et donc aussi de sa courbure riemannienne scalaire) étant solution de (348).

On peut calculer les géodésiques dans cet espace hadronique, dans un référentiel quelconque $(\dot{r}, \dot{t})$ de RGQ, à partir des valeurs obtenues dans le référentiel propre de la particule. Il est particulièrement simple de rapporter les géodésiques à ce dernier référentiel (référentiel de Schwarzschild), dans lequel la métrique de l'espace a la forme :

(364) $$ds^2 = e^{\nu} c^2\, dt^2 - r^2\, d\theta^2 - r^2 \sin^2\theta\, d\varphi^2 - e^{\lambda}\, dr^2\,.$$

Les géodésiques s'écrivent alors, en fonction de la distance s figurant dans le ds^2 de Schwarzschild :

(365) $$\frac{d^2 y^i}{ds^2} + \Gamma^i_{jk} \frac{dy^j}{ds} \frac{dy^k}{ds} = 0 \quad (i, j, k = 1 \text{ à } 4)$$

avec :

$$\begin{cases} y^1 = r \\ y^2 = \theta \\ y^3 = \varphi \\ y^4 = ct\,. \end{cases}$$

En substituant les $g_{\alpha\beta}$ de (364) dans les équations de RGQ, on calcule pour les seuls symboles de Christoffel non nuls Γ^k_{ij} :

$$(366) \quad \begin{cases} \Gamma^1_{11} = \dfrac{1}{2}\lambda'\,, \quad \Gamma^2_{12} = \dfrac{1}{r}\,, \quad \Gamma^3_{31} = \dfrac{1}{r}\,, \\ \Gamma^1_{22} = -\,r\,e^{-\lambda}\,, \quad \Gamma^2_{33} = -\,\sin\theta\cos\theta\,, \quad \Gamma^3_{23} = \operatorname{cotg}\theta\,, \\ \Gamma^1_{33} = -\,r\sin^2\theta\,e^{-\lambda}\,, \quad \Gamma^1_{44} = \dfrac{1}{2}\nu' e^{\nu-\lambda}\,, \quad \Gamma^4_{14} = \dfrac{1}{2}\nu'\,, \end{cases}$$

où l'accent désigne une dérivation par rapport à r.

Nous avons vu que *tout point M* de RGQ décrit une géodésique de la métrique de l'espace. Ceci reste vrai que ce point M soit un lepton, un photon, ou appartienne à la structure étendue d'un hadron.

Pour calculer le mouvement d'une particule étrangère M' dans l'espace occupé par la structure d'un hadron (nous choisirons le neutron, par exemple), nous ferons l'hypothèse que M' peut être assimilé à une *particule-test*, c'est-à-dire ne modifie pas par sa présence les géodésiques calculées pour l'espace hadronique. C'est rigoureusement vrai si M' est un lepton ou un photon, puisque ces particules sont assimilables à des *points mathématiques* dans l'espace réel $(\mathring{r}, \mathring{t})$ de RGQ. C'est encore vrai pour l'interaction entre hadrons si on suppose cette interaction limitée aux frontières Γ respectives des deux hadrons interagissant (distance $2R$ entre les particules) ; nous avons vu, en effet (§ 6.2), que les composantes g_{tt} et g_{rr} des tenseurs métriques sont égales à ± 1 en dehors de Γ.

Nous sommes particulièrement intéressé à connaître l'accélération d^2r/dt^2 que subit un point M' placé *sans vitesse initiale* sur la frontière Γ du hadron. On a, pour ce cas, une géodésique radiale qui s'écrit :

$$\frac{d^2r}{ds^2} + \Gamma^1_{jk}\frac{dy^j}{ds}\frac{dy^k}{ds} = 0 \quad (j, k = 1, 4)$$

soit encore :

$$(367) \qquad \frac{1}{c^2}\frac{d^2r}{dt^2} + \frac{1}{2}\frac{\lambda'}{c^2}\left(\frac{dr}{dt}\right)^2 + \frac{1}{2}\nu' e^{\nu-\lambda} = 0\,.$$

Puisque dr/dt est nul initialement on peut faire :

$$ds^2 \# c^2 dt^2$$

et l'accélération sur la frontière Γ à l'instant initial est donc :

(368) $$\gamma_\Gamma = \frac{d^2r}{dt^2} = -\frac{1}{2} c^2 \nu' e^{\nu-\lambda} = -\frac{1}{2} c^2 \nu' e^{-\lambda}$$

puisque $\nu = 0$ sur Γ. L'accélération est négative, donc dirigée dans le sens contraire de r : c'est une attraction.

L'analyse numérique fournit pour le neutron :

$$\nu'_\Gamma = 0{,}106\, \xi\, d_0 = 3{,}78\,.\,10^{13}\,, \quad e_\Gamma^{-\lambda} = 0{,}69$$

soit encore, avec (368) :

$$\gamma_\Gamma = -\ 1{,}18\,.\,10^{34}\ \text{cm/s/s}\,.$$

La force F_f (interaction forte) exercée sur un autre neutron est donc :

(369) $$F_f = 2\,\mu\gamma_\Gamma = 3{,}9\,.\,10^{10}\ \text{cgs}$$

que l'on comparera à la force électrostatique entre deux protons à distance $2\,r_\Gamma$:

$$F_e = \frac{e^2}{4\,r_\Gamma^2} = 1{,}96\,.\,10^8\ \text{cgs}\,,$$

soit un rapport :

$$\frac{F_f}{F_e} = 199$$

qui est bien de l'ordre de grandeur du rapport expérimental comparant les interactions fortes et électrostatiques. Nous conclurons donc que *les interactions fortes sont fournies ici par les géodésiques de l'espace hadronique.* On notera la parenté de ce type d'interaction avec l'interaction gravitationnelle en Relativité générale.

Dans le *cas d'un lepton*, on peut continuer d'appliquer l'équation (367) à l'étude du mouvement pour $r < R$, puisque cette particule est rigoureusement une particule-test (point mathématique). On a alors :

(370) $$\frac{1}{c^2}\frac{d^2r}{dt^2} + \frac{1}{2}\frac{\lambda'}{c^2}\left(\frac{dr}{dt}\right)^2 + \frac{1}{2}\nu' e^{\nu-\lambda} = 0$$

en continuant de faire l'approximation $ds^2 \# c^2 dt^2$.

On a ici une attraction centrale pendant toute la traversée de la structure hadronique, entre $r = R$ et $r = -R$, de telle sorte que *l'effet global est nul* pour une vitesse initiale du lepton passant par le centre du hadron. Dans le cas où le lepton aurait une vitesse initiale non radiale (non colinéaire à $\mathbf{r}$), il serait dévié par le hadron mais ne subirait cependant aucune variation d'énergie entre son état à $r = +\infty$ et son état à $r = -\infty$; c'est dans ce sens que l'on peut dire qu'il y a *diffusion* d'un lepton par un hadron, mais pas d'interaction forte entre ces 2 particules.

Un photon est de même diffusé à la traversée d'un hadron si cette traversée n'a pas lieu radialement. On a cependant ici des géodésiques de longueur *nulle* ($ds = 0$). Le calcul de la déviation d'un photon par un hadron serait donc effectué à partir de (367) exactement de la même manière que celui de la déviation d'un rayon lumineux par une étoile, en Relativité générale [33].

10. Les interactions gravitationnelles.

Le modèle cosmologique nous a indiqué que l'espace cosmique dit « vide » était en fait rempli par une densité cosmologique ρ_a, diminuant lentement avec la durée, et valant actuellement :

$$d_c = \rho_a \simeq -7.10^{-32} \text{ g/cm}^3 \tag{371}$$

le signe $-$ indiquant qu'il s'agit d'une densité de type antimatière.

A cette densité correspond une courbure scalaire riemannienne R_c d'ensemble de l'Univers :

$$R_c = \xi^2 d_c^2 + 4\Lambda$$

où Λ est la constante cosmologique.

Par ailleurs, nous venons de voir que les hadrons se présentent comme de très fortes courbures scalaires riemanniennes locales venant se raccorder *continûment* à $R_\Gamma = 4\Lambda$:

$$\left(\frac{dR}{dr}\right)_\Gamma = 2\,\xi^2\, d\,\frac{dd}{dr} = 0$$

puisque $d = 0$ sur la frontière Γ du hadron.

Le hadron creuse donc un « trou » dans la densité cosmologique d_c ; *le potentiel gravitationnel va être provoqué par le nécessaire raccordement de la courbure scalaire de* $R_\Gamma = 4\Lambda$ *à* $R_c = \xi^2 d_c^2 + 4\Lambda$.

10.1. Potentiel gravitationnel d'un hadron.

Nous ne pensons pas cependant que le phénomène gravitationnel soit un phénomène *statique*, c'est-à-dire soit produit par une variation progressive de la densité d depuis $d_\Gamma = 0$ sur la frontière Γ du hadron à $d = d_c$ à l'infini.

En effet, l'énergie :

$$4\,\pi c^2 \int_0^r (d_c - d)\, r^2\, dr$$

comprise dans une sphère de rayon r tend vers l'infini pour r tendant vers l'infini, aussi petit que soit d_c, si d varie en $1/r$ comme le potentiel gravitationnel. Cette divergence de l'énergie gravitationnelle d'un hadron est naturellement physiquement inacceptable.

Nous pensons que le phénomène gravitationnel est *ondulatoire* et se développe autour d'un hadron à partir de sa pulsation radiale, selon le processus suivant [9].

La pulsation de la frontière Γ du hadron a pour effet de faire varier la densité d'un point au voisinage de cette frontière entre $d = 0$ (la frontière passe par ce point) et $d = d_c$ (le point est extérieur à la frontière). Ceci engendre dans l'espace cosmique *entourant* le hadron une onde stationnaire dans le référentiel propre du hadron, exprimée par une variation de la densité de l'espace avec une pulsation ω égale à la pulsation ω_0 du hadron (pulsation cosmique). Dans l'approximation euclidienne (qui est généralement acceptable pour le phénomène gravitationnel) l'onde stationnaire est de la forme :

(372) $$\delta = \delta_c + a(x) \cos \omega_0\, t$$

et obéit à l'équation générale des ondes :

(373) $$\Box^2\, \delta = 0 \quad \left(\Box^2 = \frac{1}{c^2}\frac{\partial^2}{\partial t^2} - \nabla^2\right).$$

En donnant à δ dans (373) sa valeur (372) on trouve que $a(x)$ doit satisfaire, en symétrie sphérique :

(374) $$\begin{cases} \dfrac{d^2 a}{dx^2} + \dfrac{2}{x}\dfrac{da}{dx} + \omega_0^2\, a = 0 \\[2ex] a(x_\Gamma) = \delta_c \quad \left(\dfrac{da}{dx}\right)_{x_\Gamma} = 0 \end{cases}$$

d'où la solution pour l'onde gravitationnelle :

(375) $$\delta = \frac{\delta_c}{\omega_0\, x}\left[\sin \omega_0(x - x_\Gamma) + \omega_0\, x_\Gamma \cos \omega_0(x - x_\Gamma)\right] \cos \omega_0\, t\,.$$

Une telle onde conserve inchangée, *en moyenne dans le temps*, la densité cosmologique δ_c, ce qui était nécessaire puisque δ_c est solution de notre modèle cosmologique et doit remplir l'espace à un instant donné de la durée de manière *homogène et isotrope* (au moins en moyenne sur $2\pi/\omega_0$). Une telle onde déforme cependant la métrique, puisque, d'après les équations (117) de RGQ, c'est δ^2 qui intervient et non pas δ, et la quantité quadratique δ^2 n'est pas égale à δ_c^2, en moyenne dans le temps (contrairement à δ). Pour calculer cette déformation de l'espace riemannien nous aurons à rechercher les solutions des équations de RGQ *en fonction du temps.* On sait que ces équations [26] peuvent fournir des ondes gravitationnelles. Dans l'approximation quasi euclidienne :

$$g_{\alpha\beta} = \eta_{\alpha\beta} + \lambda \underset{1}{h}_{\alpha\beta} + \lambda^2 \underset{2}{h}_{\alpha\beta} + \cdots$$

où λ désigne un paramètre scalaire, ces ondes s'écrivent, en coordonnées isothermes :

$$\lambda \square^2 \underset{1}{\gamma}_{\alpha\beta} = -2\,T_{\alpha\beta} = -2\,\xi^2\,d_g^2\,u_\alpha\,u_\beta$$

où d_g est la valeur dimensionnelle de l'onde de densité fournie par (375) et :

$$\begin{cases} \underset{1}{\gamma}_{\alpha\beta} = \underset{1}{h}_{\alpha\beta} - \frac{1}{2}\eta_{\alpha\beta}\underset{1}{h} \\ \underset{1}{h} = \eta^{\alpha\beta}\underset{1}{h}_{\alpha\beta}\,. \end{cases}$$

10.2. MÉTRIQUE GRAVITATIONNELLE APPROCHÉE.

Nous pouvons chercher à simplifier encore la formulation du problème gravitationnel, compte tenu de la petitesse de la densité cosmologique d_c ($d_c \simeq -7.10^{-32}$ g/cm^3) et utiliser à nouveau la métrique à symétrie sphérique de Schwarzschild. Nous adoptons alors la solution pour l'*espace vide*, en supposant toute l'énergie de l'onde gravitationnelle rassemblée sur la frontière $x = x_\Gamma$ du hadron, et en faisant intervenir cette énergie comme une simple constante d'intégration des équations macroscopiques caractérisant la région $\delta \equiv 0$. On trouve dans ce cas la métrique bien connue [34] pour l'espace vide d'énergie, sauf au point-source :

$$(376)\quad ds^2 = \left(1 - \frac{2\,l}{r}\right)c^2\,dt^2 - r^2\,d\theta^2 - r^2\sin^2\theta\,d\varphi^2 - \left(1 - \frac{2\,l}{r}\right)^{-1} dr^2\,.$$

On sait que cette métrique fournit des géodésiques rendant compte correctement de l'interaction gravitationnelle.

10.3. CONSTANTE DE LA GRAVITATION G.

Comment calculer ensuite la constante $2\,l$ se rapportant à *un seul nucléon*, dans la métrique (376), le nucléon étant assimilé à un point de masse μ situé à $r = 0$? Puisque l'onde gravitationnelle a une amplitude d_c près de la frontière du nucléon, on peut admettre que le l gravitationnel est celui qu'on trouverait sur la frontière d'un hadron obéissant à nos équations (348) décrivant tous les hadrons, avec pour la densité centrale la valeur $d_c = -7.10^{-32}$ g/cm^3 de la densité cosmologique. Nous appellerons ***graviton*** un tel hadron de densité centrale d_c et de spin $\frac{1}{2}$.

L'analyse numérique de (348) pour cette densité centrale d_c fournit non dimensionnellement :

$$l_r = (4 \pm 2).10^{-38}$$

soit encore dimensionnellement, avec (349) :

$$(377) \qquad L_r = \frac{l_r}{\xi d_0} = (1 \pm 0{,}5).10^{-52} \text{ cm}$$

où d_0 désigne la densité centrale $d_0 = 5{,}5.10^{17}$ g/cm^3 du nucléon.

On peut poser, comme on le fait habituellement [26] :

$$(378) \qquad L = \frac{G\mu}{c^2}$$

où μ est la masse propre du nucléon. On trouve alors, avec (377) et (378), pour la constante G :

$$(379) \qquad G = \frac{c^2 L}{\mu} = (5{,}4 \pm 2{,}7).10^{-8} \text{ cgs}$$

qui encadre bien la valeur expérimentale $6{,}67.10^{-8}$ cgs de la constante de la gravitation.

Supposons une superposition *linéaire* des effets gravitationnels produits par N nucléons situés au point-source, dans la métrique (376) ; le rayon $R_s = 2\,L_M$ de Schwarzschild vaut alors, pour une masse macroscopique M composée de ces N nucléons :

$$R_s = 2\,L_M = 2\,NL \;\#\; 2\frac{M}{\mu}L\,.$$

La métrique de l'espace s'écrit :

$$(380) \quad ds^2 = \left(1 - \frac{R_s}{r}\right)c^2\,dt^2 - r^2\,d\theta^2 - r^2\sin^2\theta\,d\varphi^2 - \left(1 - \frac{R_s}{r}\right)^{-1} dr^2\,.$$

On voit que *la non-linéarité* apparaît quand R_s approche la valeur de r. Dans une étoile de rayon R ceci a lieu pour :

$$R = R_s = 2\frac{M}{\mu}L = 2.10^{-52}\frac{M}{\mu} \simeq 10^{-28}\,M \text{ (cgs)}$$

soit encore :

$$\frac{M}{R} \simeq 10^{28} \text{ (cgs)} . \tag{381}$$

Pour M de l'ordre de la masse du soleil ($M \simeq 2.10^{33}$ g), ceci correspond à un rayon :

$$R \simeq 10^5 \text{ cm} = 1 \text{ km} .$$

C'est le cas des étoiles super-denses. Pour $R < R_s$ on se trouverait en présence des « trous noirs » [7].

Le fait que l'espace cosmique soit ainsi rempli d'ondes gravitationnelles de *même* pulsation propre ω_0 nous aide à comprendre *le rôle fondamental que joue* ω_0 dans le calcul des structures hadroniques : celles-ci ne peuvent avoir une durée de vie observable que si elles sont *en résonance* avec le ω_0 de l'espace extérieur où elles sont plongées. Rappelons que la valeur numérique de ω_0 provient elle-même de notre *modèle leptonique*. ω_0 apparaît donc comme une constante fondamentale de *tous les processus physiques*.

Notons encore que, puisque L, donc aussi G (379), dépend de la densité cosmologique d_c, et que notre modèle cosmologique nous a indiqué que d_c décroissait lentement dans la durée, il doit en être de même de G. Nous avons calculé, dans un travail antérieur [9], que l'on a :

$$\frac{\Delta G}{G} \simeq 10^{-10} \text{ par an} \tag{382}$$

qui paraît en raisonnable accord avec les expériences récentes sur cette variation de G [35].

11. Interactions géodésiques et interactions à distance.

Nous avons vu que, en Relativité complexe comme en Relativité générale quantifiée, *tout point M* de l'espace-temps suit une géodésique de la métrique de l'espace-temps.

Dans le modèle *hadronique*, nous venons de vérifier ce résultat pour une famille d'interactions, les interactions fortes et les interactions gravitationnelles.

Mais le modèle *leptonique* nous a appris qu'il existait *des espaces-temps fermés, côtoyant l'espace-temps contenant les structures hadroniques* : ces espaces-temps fermés sont décrits par le modèle leptonique. Par ailleurs, nous avons constaté que des échanges d'impulsion-énergie pouvaient avoir lieu au moyen de *particules virtuelles* entre les espaces-temps fermés leptoniques et l'espace-temps hadronique. Ces échanges virtuels donnent naissance à *une autre famille de mouvements*, associés aux interactions électromagnétiques et faibles. Pour les distinguer des mouvements géodésiques, nous les nommerons *mouvements par action à distance*.

En conclusion, la Relativité complexe nous a conduit à distinguer 2 grandes familles d'interactions :

- *Les interactions géodésiques* (fortes et gravitationnelles).
- *Les interactions à distance* (électromagnétiques et faibles).

La description reste cependant *unitaire* : dans l'espace-temps observable tout mouvement est bien géodésique ; mais l'existence d'une multiplicité d'espaces-temps fermés leptoniques a pour effet d'introduire instantanément, sur la trajectoire géodésique, *des conditions initiales nouvelles*. Les particules ainsi soumises à de nouvelles conditions initiales suivent alors les géodésiques de l'espace-temps *permises par ces nouvelles conditions initiales*. On peut dire que le mouvement de tout point reste donc bien géodésique, mais que chaque action à distance faisant intervenir ce point fait brusquement « sauter » celui-ci sur une nouvelle géodésique [20]. Les lois *statistiques* des mouvements tenant compte de ces actions à distance sont finalement les lois de l'électromagnétisme et celles (non encore explicitement formulées) des interactions faibles.

ANNEXE 1

LE MODÈLE LEPTONIQUE EST-IL AUSSI LE MODÈLE DE L'ÉON OU CONNAISSANT ÉLÉMENTAIRE ?

Nous avons déjà posé cette question dans la section V, paragraphe 3 ; mais nous voudrions revenir ici sur ce problème fondamental, à la lumière de ce que nous avons obtenu pour les modèles leptonique, hadronique et cosmologique.

Rappelons d'abord le point de vue philosophique concernant le champ d'investigation qui était encore celui de la Physique au début de ce siècle.

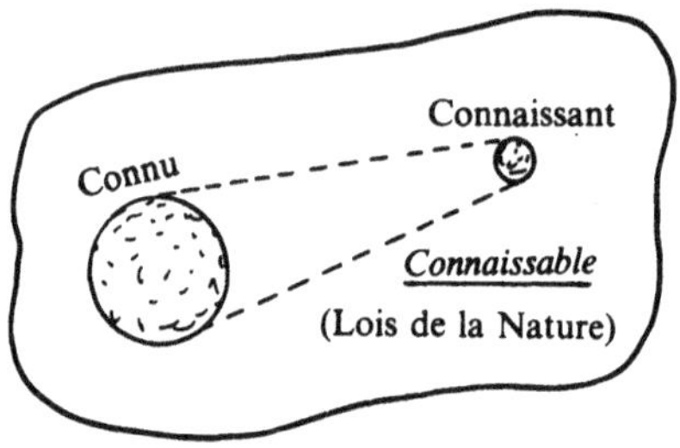

Nous avions ce que nous pouvons nommer le Connaissable, formant la « réalité objective », dans laquelle les lois de la Nature dictaient l'évolution des phénomènes. Ce Connaissable contenait aussi le Connaissant lui-même, dont on supposait que les mécanismes de l'esprit étaient également gouvernés par les lois de la Nature. L'esprit était équipé d'une sorte de « projecteur » éclairant le Connaissable, et découvrant progressivement de cette manière le Connu, qui était une partie du Connaissable. L'objectif ultime de la Physique, et plus généralement de la Science, était « d'éclairer » de cette façon la totalité du Connaissable, y compris l'esprit lui-même. Les mécanismes propres à l'esprit étaient, dans une telle approche, supposés ne pas modifier de manière sensible les mécanismes intrinsèques concernant le reste du Connaissable, ce qu'on affirmait généralement en disant que l'esprit (le Connaissant) découvrait progressivement et décrivait une réalité « objective » *indépendante de l'esprit.*

Mais depuis les années 1920, avec l'arrivée du probabilisme et de la Théorie quantique, les physiciens ont commencé à avoir des doutes concernant l'« objectivité » du monde vers lequel se tournaient leurs recherches. Il devenait de plus en plus clair que les mécanismes de l'esprit interféraient avec les mécanismes de la Nature d'une manière telle qu'il devenait difficile de dire dans quelle mesure ces mécanismes de l'esprit n'étaient pas eux-mêmes une part de ce qu'on nommait les « lois de la Nature ». Ce point de vue a été constamment en se renforçant au cours des 60 dernières années, jusqu'à ce qu'aujourd'hui, comme nous l'avons fait en Relativité complexe, l'approche du champ d'investigation de la Physique soit devenu radicalement différent.

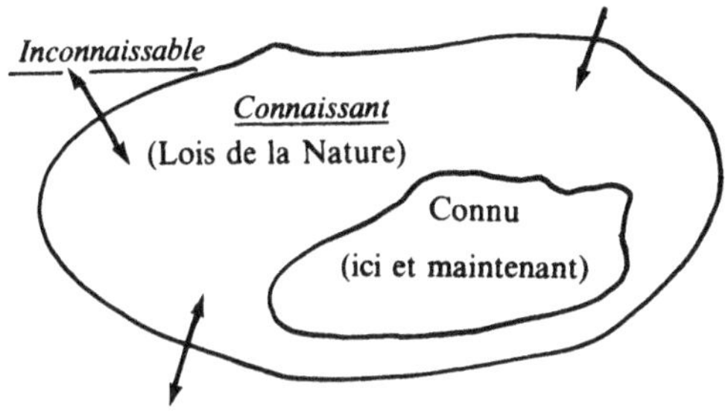

Toutes les lois de la Nature sont maintenant incorporées dans des modèles axiomatiques construits *par le Connaissant*, de telle manière qu'il n'y a pratiquement plus d'échappatoire logique à la conclusion que les lois de la Nature sont seulement l'expression, à un moment donné et dans un lieu donné, de ce que le Connaissant a choisi de dire au moyen du *libre choix de ses axiomes*, en tenant compte des *mécanismes de son esprit*. Tous les modèles sont provisoires et localisés (ils sont des modèles « ici et maintenant »), les lois de la Nature pourraient être complètement différentes ici sur la Terre dans cent ans, ou aujourd'hui mais proposées par des êtres pensants vivant sur une planète d'une étoile éloignée. On peut résumer cette nouvelle situation en la représentant par le schéma ci-dessus. Les lois de la Nature sont des structures intérieures à l'ensemble Connaissant (l'esprit), et le Connaissant utilise ces structures pour construire des modèles « ici et maintenant », qu'on appelle le Connu (sur la Terre aujourd'hui). On ne prétend pas que le Connaissant n'est pas, d'une manière ou d'une autre, influencé dans sa représentation du Connu par « quelque chose » (habituellement appelé « ce qui est ») qui serait situé *à l'extérieur* de ses propres structures : mais l'esprit ne peut *absolument rien dire* sur cette influence éventuelle, ou sur la structure de quelque chose qui ne serait pas affirmé par l'esprit lui-même (donc inclus dans le Connaissant) : c'est pourquoi ce « quelque chose » doit être nommé l'« Inconnaissable », puisqu'il ne sera jamais une partie du Connu élaboré par le Connaissant.

On peut maintenant demander : quel est l'avantage, pour le développement de la Physique, d'une telle approche pour justifier du Connu ? Tout d'abord, cela permet d'avoir une claire conscience des moyens utilisés pour créer le Connu, et aussi de la relativité de toutes les affirmations (ici et maintenant) exprimées dans les modèles du Connu. En très bref, nous pouvons dire que le nouveau point de vue admet que la Nature a l'esprit pour « substance », tandis que l'ancienne approche était très tentée d'affirmer que la substance de la Nature était la matière (ou l'énergie).

Mais il semble qu'un autre grand avantage résulte d'une telle nouvelle approche : si les lois de la Nature sont effectivement des lois de l'esprit, alors un grand pas en avant pourrait être accompli dans la connaissance de ces lois par une meilleure investigation *de l'esprit lui-même*. Et, d'une manière plus précise, en proposant un modèle fournissant des informations sur les mécanismes de l'esprit.

Jusqu'à ces dernières années la Physique n'avait jamais proposé un tel modèle de la structure de l'esprit ; ou, plus exactement, elle n'avait jamais proposé un modèle dont les aspects auraient été définis dans *le langage de la Physique elle-même*. Mais aujourd'hui, nous venons de le voir, il semble qu'il n'en soit plus de même, un tel modèle des mécanismes de l'esprit semble à portée : l'ouverture dans cette direction a été faite avec la découverte de l'espace-temps néguentropique $(\tilde{r}, \tilde{t})$, qui est venu complémenter l'espace-temps entropique $(\dot{r}, \dot{t})$ qui avait été jusqu'ici le champ d'investigation traditionnel de la Physique. Plus précisément encore, le modèle leptonique apparaît comme la structure élémentaire dans laquelle les propriétés de l'esprit peuvent se manifester. Est-ce que ce modèle leptonique est aussi un modèle possible pour le « Connaissant élémentaire », que nous voulons appeler « éon » (le porteur élémentaire de l'esprit dans la Gnose du premier siècle de notre ère) ?

La Physique ne peut accepter de considérer la réponse à une question aussi fondamentale *que sur le terrain de la Physique* (et non celui de la Philosophie). Et c'est ce que nous venons de faire dans les sections V à VIII ci-dessus. Si (et seulement si) le modèle leptonique peut prouver qu'il peut apporter un progrès dans la formulation des lois de la Nature (par exemple en disant quelque chose du « pourquoi » de ces lois, et non seulement du « comment »), alors il peut être un candidat valable pour être une représentation non seulement des leptons connus, mais aussi de ce qui constitue le Connaissant lui-même (supposé être « le plus près » des lois de la Nature, puisque c'est lui qui les crée).

La vitesse de la lumière est observée comme ayant la valeur c : pourquoi ? La constante de Planck est observée comme de valeur numérique h : pourquoi ? La masse propre de l'électron est m_0, celle du nucléon M_0, la constante de la gravitation a aujourd'hui la valeur G, la charge électrique élémentaire est e : pourquoi, pourquoi ? Seul celui qui « crée » les lois de la Nature est capable de répondre à de telles questions. Et, étant donné que ces questions, avec quelques autres encore, ont obtenu des réponses grâce aux modèles qui ont été directement développés à partir du modèle leptonique, il semble qu'on puisse répondre aujourd'hui par l'affirmative à la question posée par le titre de la présente annexe.

Mais si le modèle leptonique peut donc être accepté comme modèle de l'Eon, ou Connaissant élémentaire, quel est alors le principe du mécanisme de « mémorisation », tel qu'il se présente dans ce modèle leptonique ? Toutes les informations mémorisées sont enregistrées par le rayonnement électromagnétique enfermé dans la structure leptonique (*). On doit se souvenir que, si ce rayonnement suit bien les lois usuelles de l'électromagnétisme, il est cependant contenu dans un espace-temps *néguentropique* $(\tilde{r}, \tilde{t})$, ce qui signifie que la valeur absolue de *l'action* ne peut pas décroître à l'intérieur du corps leptonique. L'action, et l'information, s'accroissent sans cesse grâce *à l'augmentation de spin* des photons du rayonnement électromagnétique leptonique. La théorie mathématique du rayonnement dans des états de spin plus élevés que 1 a, en fait, été déjà formulée il y a plus de 30 ans, principalement par Louis de Broglie [20] et Marie-Antoinette Tonnelat [21], [22]. Les équations du spin 1 sont au nombre de 16 (équations de Maxwell), celles du spin 2 sont au nombre de $16 \times 16 = 256$, et ainsi de suite. L'information est « mémorisée » ici comme les conditions complémentaires (constantes d'intégration) du système d'équations aux dérivées partielles qui fournissent une description de l'état de l'espace-temps de spin n ($n = 1, 2, 3, ...$). Un aspect très fondamental est ici le fait que l'état de spin n contient *la superposition* de tous les états de spin plus petits que n : les équations du spin 1, par exemple, sont contenues dans les équations de tous les états de spin supérieurs à 1, et plus spécialement dans les 256 équations décrivant complètement l'état de spin 2. C'est pourquoi Louis de Broglie a proposé d'appeler état de spin *total n* chacun des états de spin, puisque le spin est une superposition des spins n, $n - 1$, $n - 2$,... jusqu'à 1. On remarquera que cette particularité de « superposition » est aussi une propriété de l'esprit : une nouvelle information n'efface pas les informations anciennes (comme ce serait le cas dans une mémoire d'ordinateur), la nouvelle donnée est simplement *ajoutée* aux anciennes précédemment mémorisées.

Il est intéressant de noter ici que, une fois encore, la théorie mathématique permettant de réaliser de nouveaux et importants développements dans la connaissance du modèle leptonique (structure du Connaissant) a été *déjà proposée* depuis relativement longtemps, et pour un objectif complètement *différent*. On se rappellera les géométries de Gauss et Riemann préparant les développements de la Relativité générale ; ou le calcul matriciel, inventé par le mathématicien britannique Arthur Cayley dans le milieu du siècle dernier, puis largement développé par le mathématicien français Charles Hermite, théorie dont il fut ensuite fait un usage très important au départ des travaux de Born, Jordan, Heisenberg, pour la Mécanique quantique (1920).

(*) Nous avons détaillé quelque peu ce problème de mémorisation dans notre livre : *L'Esprit, cet inconnu*, chap. 15, « Le matricialisme », Albin Michel, Paris (1977).

Ce livre était déjà achevé quand, à l'occasion d'un Colloque scientifique au Japon en novembre 1981, je découvrais que plusieurs chercheurs américains [40], [41] travaillaient actuellement sur les conséquences d'un espace *complexe.* Certes, ils se bornaient pour le moment à un espace « plat » (Relativité restreinte) mais cependant, comme on pouvait s'y attendre, ils ont immédiatement aperçu les relations entre la complexité de l'espace et les mécanismes spirituels de l'observateur. Ces chercheurs se sont plus particulièrement intéressés au problème de la nature de la célèbre fonction d'onde de probabilité ψ, en Mécanique ondulatoire. On sait toutes les controverses qui ont eu lieu dès 1925 [42] et continuent encore aujourd'hui [19], [20], pour savoir si cette onde ψ possède un caractère « objectif » ou « subjectif »; c'est-à-dire décrit une réalité prenant place dans l'Univers physique indépendamment de l'Esprit de l'observateur (ψ objectif) ou au contraire exprime ce que J. A. Wheeler [7] appelle la « participation » de l'observateur à ce qu'il observe (ψ subjectif). La solution semblerait, d'après mes propres recherches sur la Relativité complexe, se situer *de part et d'autre* de ces points de vue, en les rendant compatibles sans en éliminer aucun : la fonction ψ est bien *subjective*, mais elle s'applique à une réalité physique (l'espace observable) que l'on a coutume d'appeler l'espace « objectif », précisément parce qu'il est observable. En fait, pour concilier ces deux points de vue dans un même cadre logique cohérent, nous l'avons vu, il faut admettre que l'ensemble de l'Univers, observable plus « invisible », est une simple *représentation* dont la source se situe dans le modèle leptonique. L'« objectif » est à la fois la projection et la justification du « subjectif » : l'un ne peut « exister » sans l'autre.

Il faudra bien que la Physique de cette fin de siècle se fasse à l'idée que la Métaphysique a maintenant investi le laboratoire, et réclame droit de cité à part entière ! A la réflexion, qui oserait d'ailleurs s'en plaindre ?

ANNEXE 2

LES QUASARS CONSIDÉRÉS COMME DES IMAGES GALACTIQUES FOCALISÉES

Dans la section VII, paragraphe 18.*c*), nous avons vu que la déviation vers le rouge (redshift) observable maximum ne devrait pas excéder ($q_a = 0{,}28$) :

$$Z_{\max} = \left(\frac{\Delta\lambda}{\lambda}\right)_{\max} = 4{,}736 \qquad (\tau = \tau_a) .$$

Une conséquence possible de cette limitation des redshifts à une valeur *finie* est la suivante :

a) Etant donné que l'Univers dans son ensemble possède une géométrie fermée ($K = +1$), chaque galaxie devrait avoir une « image » à distance $L = \pi R$, où tout le rayonnement électromagnétique issu de la galaxie originale viendrait converger. Notons que, en dépit du redshift, l'énergie totale contenue dans le rayonnement électromagnétique venant former cette image devrait être du même ordre de grandeur que l'énergie localisée dans la région galactique originale (seulement environ Z fois plus faible), pourvu que l'on suppose une perte peu importante de photons le long de leur chemin de la galaxie à son image à $L = \pi R$.

b) Il nous faut cependant admettre qu'il y a une perte appréciable d'énergie électromagnétique, due aux interactions des photons avec la matière (poussière cosmique), au cours de leur long trajet $L = \pi R$. Mais admettons que, dans la région où se forme l'image galactique, il existe un groupe dense d'étoiles, ou encore une étoile très dense (pulsar par exemple). Dans ce cas on pourrait s'attendre à une sorte de « focalisation » du rayonnement électromagnétique en provenance de la galaxie originale, ce rayonnement venant suivre les géodésiques d'un espace très « courbé » et venant finalement converger autour de la région de très forte densité de matière.

c) De la Terre un tel phénomène serait observé comme une émission très intense d'énergie électromagnétique provenant de la région où se situe l'image galactique, près du lieu où se trouve également localisé l'objet cosmique de très grande densité. La « focalisation » entraînerait que la source lumineuse observée posséderait des dimensions beaucoup plus faibles que celles d'une galaxie usuelle, en dépit du fait que l'énergie électromagnétique émise serait du même ordre de grandeur que la magnitude galactique usuelle.

d) Le phénomène observé posséderait en outre les caractéristiques suivantes :

- aucune corrélation simple entre la magnitude totale et le redshift observé ;
- magnitude de l'image variant rapidement avec le temps (comme cela a lieu pour la lumière émise par un objet cosmique relativement petit, comme une étoile ou un groupe rapproché d'étoiles ; mais comme ceci *n'a pas lieu* pour une galaxie réelle, compte tenu de ses grandes dimensions) ;
- probablement un très fort champ magnétique local (comme celui produit par un objet cosmique très dense) ;
- le spectre de la lumière provenant de l'image devrait indiquer une densité de matière relativement faible (lumière focalisée dans une région beaucoup plus vaste que celle occupée par l'objet cosmique de grande densité ayant provoqué la focalisation) ;
- la température de la source-image devrait, elle aussi, être relativement basse.

Toutes ces caractéristiques suggèrent qu'une telle image « focalisée » d'une galaxie dans une région de l'espace de très forte courbure pourrait bien apparaître à un observateur terrestre comme ce qu'on nomme *un quasar.*

A la veille de publier le présent ouvrage (mars 1982) je prends connaissance des belles études astronomiques de Patrick S. Osmer, Directeur de l'Observatoire Inter-Américain de Cerro Tololo, au Chili. Osmer étudie les quasars depuis 1973 en utilisant le télescope de 4 m de Cerro Tololo, équipé spécialement pour cet objectif, actuellement le meilleur dans le monde en attendant que soit en place en 1985 le Space Telescope qui doit être mis en orbite autour de la Terre (*). Le quasar OQ 172, qui détient encore actuellement le record de déplacement vers le rouge, $Z = 3{,}53$, fut découvert en 1973. Osmer s'est livré, au cours de ces 10 dernières années, à une étude statistique de la densité numérique des quasars en fonction de leur déplacement vers le rouge :

$$Z = \frac{\Delta\lambda}{\lambda}$$

c'est-à-dire aussi en fonction de leur distance l. Les quasars sont beaucoup moins nombreux près de nous ($Z < 1$) qu'à très grande distance. En fait, la statistique obtenue par Osmer montre que la densité des quasars passe par un *maximum au voisinage de* $Z = 2{,}1$.

Ces résultats encouragent à penser que les quasars sont bien des images galactiques focalisées, selon l'interprétation proposée dans la présente Annexe ;

(*) Scientific American, février 1982.

par ailleurs, la statistique d'Osmer *permet de calculer le paramètre de décélération actuel* q_a. En effet :

1. Dans un Univers fermé sphérique, le volume ΔV compris entre les distances l et $l + \Delta l$ se calcule aisément comme valant :

$$\Delta V \# \frac{2}{3} \pi R^2 \Delta l \left(1 - \cos \frac{2l}{R}\right) \tag{1}$$

ΔV est nul pour $l = 0$ et $l = \pi R$ (bout du monde) ; il est maximum pour $l = \frac{\pi}{2} R$ et vaut alors :

$$l = \frac{\pi}{2} R \Rightarrow \Delta V_{\max} = \frac{4}{3} \pi R^2 \Delta l .$$

Enfin, pour $l = \frac{\pi R}{4}$ et $\frac{3 \pi R}{4}$, ΔV vaut :

$$l = \frac{\pi R}{4} \quad \text{ou} \quad \frac{3 \pi R}{4} \Rightarrow \Delta V = \frac{2}{3} \pi R^2 \Delta l .$$

Comme dans l'interprétation que nous proposons ici de la nature des quasars, le nombre des quasars dans un tel volume ΔV peut être, pour une distribution homogène et isotrope des galaxies dans l'Univers, considéré comme proportionnel à ΔV, cela veut encore dire que le nombre de quasars situés à une distance comprise entre l et $l + \Delta l$ sera *maximum* pour $l = \frac{\pi R}{2}$. L'expérience confirme qu'un tel maximum existe bien, mais ne précise pas que celui-ci est atteint pour $l = \frac{\pi R}{2}$.

2. On peut rechercher comment doit varier la densité numérique des quasars (proportionnelle à ΔV) en fonction de Z (statistique d'Osmer). En effet, notre modèle cosmologique fournit la forme explicite de la loi de Hubble en fonction de la distance l (section VII (296)) :

$$\beta = \frac{l R'}{\sqrt{c^2 R^2 + l^2 R'^2}} \tag{2}$$

et aussi :

$$Z = \frac{\Delta \lambda}{\lambda} = \sqrt{\frac{1 + \beta}{1 - \beta}} - 1 \tag{3}$$

soit encore :

$$(4) \qquad Z = \left| \frac{\left(R^2 + l^2 \dfrac{R'^2}{c^2}\right)^{1/2} + \dfrac{lR'}{c}}{\left(R^2 + l^2 \dfrac{R'^2}{c^2}\right)^{1/2} - \dfrac{lR'}{c}} \right|^{1/2} . - 1 .$$

En tenant compte de (328) :

$$R = \frac{c}{H\sqrt{1 + q}} \qquad \frac{R'}{c} = \frac{1}{\sqrt{1 + q}} \qquad (H_a = 1{,}8 . 10^{-18}\ \mathrm{s}^{-1})$$

(1) et (4) fournissent finalement :

$$(5) \qquad \Delta V = \frac{9{,}052 . 10^{83}}{(1 + q)^{3/2}} \left\{ 1 - \cos\left[\frac{Z(Z + 2)}{Z + 1}\sqrt{1 + q}\right]\right\}$$

(5) fournit la courbe de la densité numérique des quasars en fonction de la valeur de Z. Cette courbe est fournie dans le graphe ci-contre (pour $q = 0{,}28$, voir (3) ci-dessous). On retrouve bien l'allure générale de la statistique de Osmer.

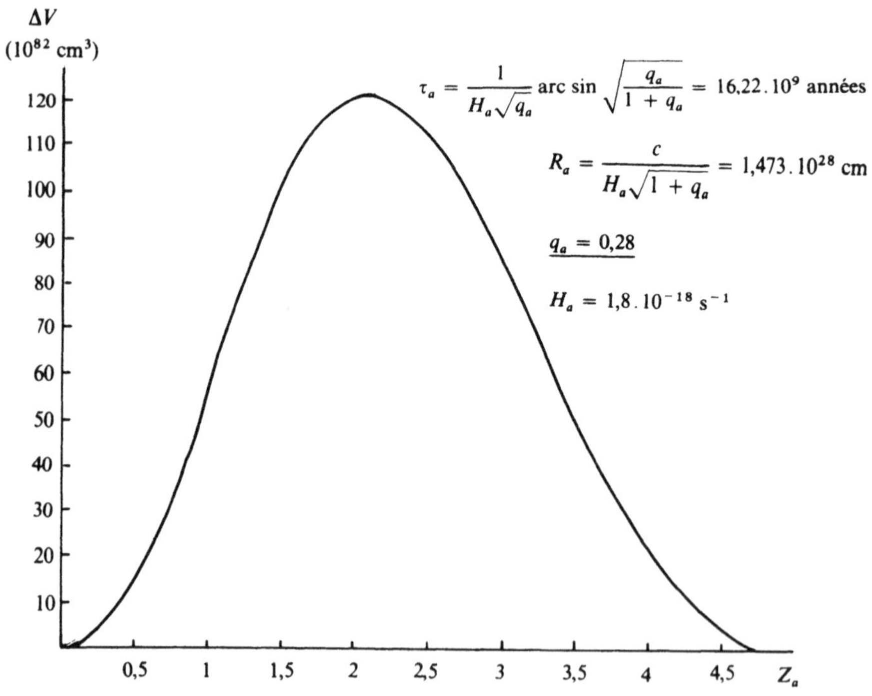

3. Enfin, on peut rechercher maintenant la valeur qu'il faut donner au paramètre de décélération actuel q_a pour qu'on ait $Z = 2{,}1$ (comme le suggère la statistique expérimentale de Osmer) pour $l = \frac{\pi R}{2}$ (distance où la densité numérique devrait être maximum). On a :

$$\frac{2\,l}{R} = \frac{Z(Z + 2)}{Z + 1}\sqrt{1 + q}$$

soit :

$$q = \left[\frac{2\,l}{R}\,\frac{Z + 1}{Z(Z + 2)}\right]^2 - 1$$

et pour $l = \frac{\pi R}{2}$ et $Z = 2{,}1$ on calcule :

$$q_a = 0{,}28\,.$$

Les courbes de notre modèle cosmologique ont été tracées pour cette valeur $q_a = 0{,}28$.

Notons que ces résultats permettent :

- d'avoir la confirmation que notre Univers est bien sphérique ($K = +1$)
- de calculer de manière précise la donnée astronomique q_a, qui joue un rôle essentiel dans tout modèle cosmologique
- d'avoir la confirmation du principe cosmologique universel lui-même, et de la loi de Hubble quelle que soit la distance l qui en dérive directement.

ANNEXE 3

LE PARADOXE E.P.R.

Avant d'examiner à la lumière des résultats de la Relativité complexe le paradoxe Einstein-Podolski-Rosen (dit paradoxe E.P.R.) nous allons revenir, pour les préciser, sur certaines des caractéristiques des interactions faibles et électromagnétiques.

Dans l'étude du modèle leptonique nous avons mentionné deux types d'interactions *virtuelles*, qui peuvent tous deux être représentés dans des diagrammes de Feynmann :

a) Les interactions virtuelles (faibles ou électromagnétiques) *entre deux leptons*, c'est-à-dire d'un micro-univers fermé $(\tilde{r}, \tilde{t})$ à un autre micro-univers fermé $(\tilde{r}, \tilde{t})$ (VI.18) :

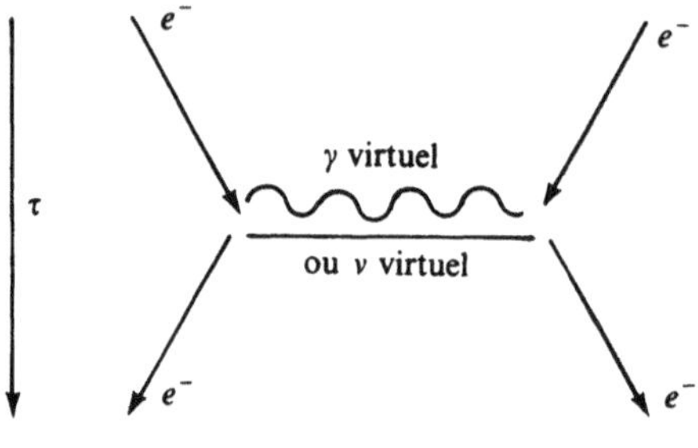

Nous avions qualifié de « virtuel » ce type d'interaction car aucune impulsion-énergie ne se propage ici d'un micro-univers à l'autre pendant l'interaction : il y a un échange *simultané* d'impulsion-énergie entre les deux micro-univers, quelle que soit leur distance dans l'espace-temps observable $(\dot{r}, t)$, si (et seulement si) cet échange peut avoir lieu en satisfaisant au principe de conservation de l'impulsion-énergie, ce principe étant appliqué *aux deux* structures interagissantes à l'instant de l'interaction. Les interactions virtuelles peuvent être représentées comme un échange de particules virtuelles (ici un photon γ ou un neutrino ν), en utilisant les diagrammes de Feynmann. Avec notre axiome 6 (VII.19) nous pouvons dire que les interactions virtuelles ont lieu *dans l'étendue* η du référentiel étendue-durée $(\eta, c\tau)$, puisque les interactions « instantanées » faisant intervenir des particules virtuelles se propageant à vitesse c (γ ou ν) ont lieu dans la région de l'Univers observable où sont situés les phénomènes ayant *le même âge* τ.

Nous dirons qu'une paire de neutrinos ou de photons est dans un *état corrélé* à un instant τ de la durée si, et seulement si, les deux particules se trouvent dans des conditions telles qu'elles peuvent *échanger une impulsion* par interaction virtuelle *sans changement d'énergie* chez chacune des particules et *conservation* de l'impulsion-énergie totale quand on considère les deux particules à l'instant τ. Ceci peut se produire, par exemple, pour des photons se propageant le long de la même direction et échangeant *le signe* de leur impulsion linéaire, comme nous l'avons vu pour l'interaction électrostatique (VI.18.2).

b) Un autre type d'interaction virtuelle peut prendre place entre un micro-univers leptonique $(\tilde{r}, \tilde{t})$ et l'espace observable $(\dot{r}, \dot{t})$ (VI.18) :

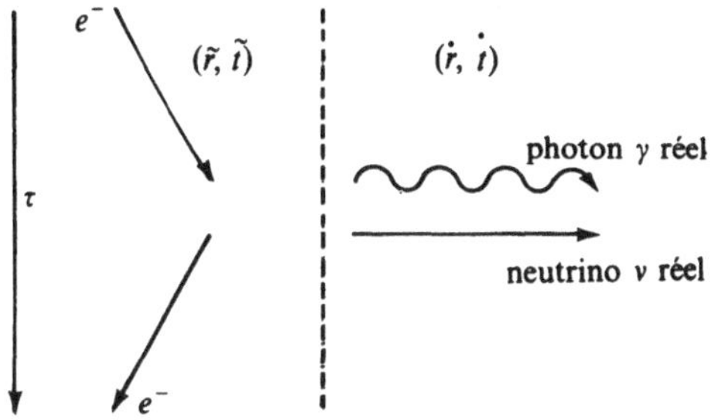

Cette fois-ci un changement d'impulsion-énergie (produit, par exemple, par une accélération électromagnétique) de la structure leptonique a pour effet de générer des photons *réels* ou des neutrinos *réels* dans l'espace observable $(\dot{r}, \dot{t})$, de manière à assurer une fois encore ici la conservation de l'impulsion-énergie lorsque l'on considère *les deux* espaces $(\dot{r}, \dot{t})$ et $(\tilde{r}, \tilde{t})$. Cette génération de photons ou neutrinos réels a lieu *localement*, c'est-à-dire à l'endroit observable exact où se situe le micro-univers $(\tilde{r}, \tilde{t})$ à l'instant de la génération de ces particules réelles ; rappelons que, dans l'espace observable $(\dot{r}, \dot{t})$, le micro-univers leptonique possède une localisation *ponctuelle*, et c'est donc en ce point qu'apparaîtront les particules réelles créées dans l'espace observable $(\dot{r}, \dot{t})$. Les photons ou neutrinos créés se propagent dans l'étendue η à l'instant τ où ils sont produits, dans le référentiel (η, $c\tau$), comme nous l'avons expliqué (VI.18.4).

c) Nous devrions aussi logiquement admettre que de telles interactions *virtuelles*, faisant intervenir des modifications d'impulsion-énergie chez une paire de telles particules *corrélées* entre elles (dans le sens du § *a* ci-dessus), peuvent aussi prendre place *à l'intérieur d'un seul et même micro-univers* $(\tilde{r}, \tilde{t})$ (*), ou encore *à l'intérieur de l'Univers cosmologique* $(\dot{r}, \dot{t})$.

(*) C'est la propriété que j'ai nommée « Réflexion » dans mon livre *L'Esprit, cet inconnu, op. cit.*

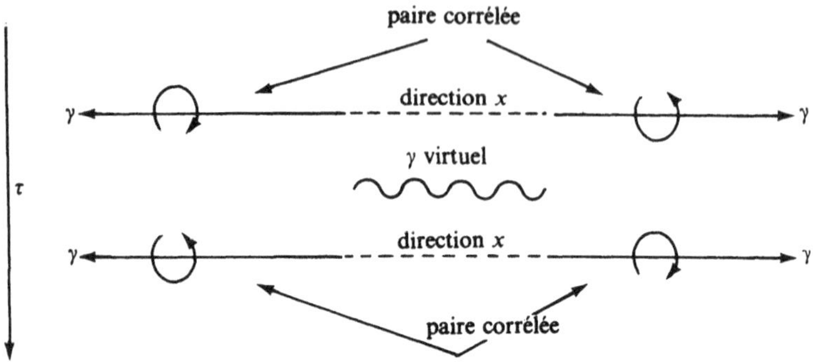

Ceci est représenté sur le diagramme de Feynmann ci-dessus, sur l'exemple de deux photons corrélés se propageant le long de la même direction x et échangeant le signe de quelque moment rotationnel appartenant à leurs structures respectives (spin, état de polarisation circulaire...). L'échange est *instantané* dans la durée, *quelle que soit la distance* entre les particules corrélées, puisque rien ne se propage entre les deux particules (ou seulement des particules *virtuelles*, c'est-à-dire non porteuses d'impulsion-énergie *réelle*).

Nous allons généraliser les remarques *a*), *b*), *c*) qui précèdent en énonçant un principe et son corollaire :

Principe des interactions virtuelles.

S'il existe à un instant quelconque τ de la durée des états corrélés entre les deux éléments d'une paire de photons ou d'une paire de neutrinos (quelle que soit la distance entre les deux particules dans l'étendue η) il existe une possibilité d'interaction virtuelle entre les deux états corrélés, cette interaction débutant au même instant τ pour les deux particules de la paire.

Corollaire : Toute variation d'impulsion-énergie d'un photon ou d'un neutrino dans l'un des deux espaces $(\dot{r}, \dot{t})$ ou $(\tilde{r}, \tilde{t})$ composant l'espace-temps physique complexe à chaque instant τ de la durée génère un photon ou un neutrino dans un état corrélé dans l'espace complémentaire $(\tilde{r}, \tilde{t})$ ou $(\dot{r}, \dot{t})$.

Ce que le principe des interactions virtuelles nous fait découvrir est ce fait important que l'information peut *transiter* d'un point à un autre de l'Univers *selon deux* (et non pas un seul) mécanismes de base :

1. Au moyen d'une propagation dans l'espace-temps *d'impulsion-énergie réelle*, la vitesse de propagation ne pouvant pas excéder la vitesse de la lumière c. Nous nommerons ce type *interactions réelles*. Les interactions réelles utilisent des particules de matière, ou des photons, ou des neutrinos, comme « messagers » permettant de transmettre l'impulsion-énergie réelle du point-source au point-récepteur. La « différence d'âge » entre le point-source et le point-récepteur dépend de la vitesse avec laquelle est transportée l'impulsion-énergie

réelle contenant l'information transmise. Elle est zéro, c'est-à-dire instantanée dans la durée (pas dans le temps) pour une vitesse relative c dans le référentiel étendue-durée (η, $c\tau$) (voir Annexe 4).

2. Au moyen d'*interactions virtuelles*, en utilisant l'état corrélé des éléments distants d'une paire de neutrinos ou d'une paire de photons. Ici l'information possède *un temps de transit nul* pour se propager d'un état corrélé vers l'autre, et en fait aucune impulsion-énergie *réelle* ne se propage d'un état corrélé vers l'autre : il y a seulement *un échange* de signe de l'impulsion sans changement d'énergie entre les deux états corrélés (cet échange constituant l'« information »). Cet échange est permis par le principe de conservation de l'impulsion-énergie, et la possibilité d'un tel échange démontre en retour qu'il s'est effectué entre deux états corrélés d'une paire de photons ou de neutrinos. On peut donc dire qu'il y a « non-séparabilité » des états corrélés dans l'étendue η à chaque instant τ, puisque ces états peuvent *continûment* et *instantanément* échanger de l'information, quelle que soit leur distance dans l'étendue. Bien sûr, un tel échange ne peut durer que tant qu'il y a effectivement « corrélation » entre les deux éléments de la paire considérée. Nous allons voir une illustration d'une telle transmission instantanée de l'information en examinant, maintenant, *le paradoxe E.P.R.*

Le paradoxe Einstein-Podolsky-Rosen (ou E.P.R.) a été formulé pour la première fois et conjointement par ces trois physiciens en 1935. Il a fait depuis l'objet de très nombreuses discussions. Ce qui est ici particulièrement intéressant est que ce paradoxe se manifeste par des données *observables* (ce n'est pas simplement un paradoxe « théorique »), et qu'il démontre donc qu'il y a quelque chose d'erroné ou de manquant dans les théories physiques qui prévalent. Cette situation durera tant que les données observables obligeront de dire que le phénomène physique représenté par l'expérience E.P.R. n'est pas compatible avec ce que l'on croit savoir et expliquer.

Commençons par rappeler brièvement la manière dont naît le paradoxe, en faisant état des récentes expériences de 1976 (Clauser, Fry et Thompson) associées aux « cascades » atomiques.

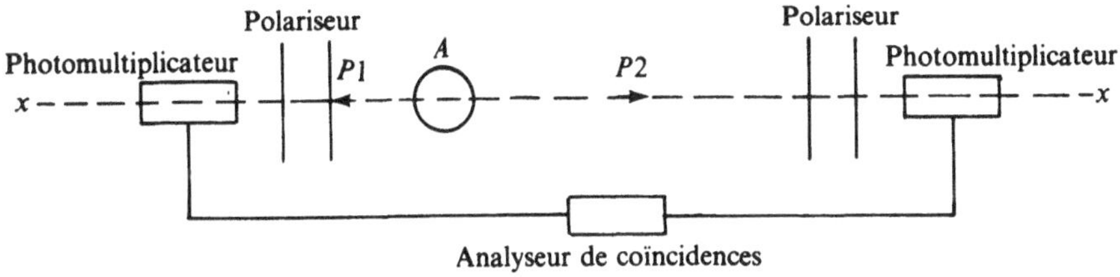

En un point A un atome change de niveau d'énergie, émettant au cours de ce processus une paire de photons « corrélés ». Le mot « corrélé » doit être strictement compris ici dans le sens que nous avons donné plus haut à ce qualificatif, étant donné que les deux photons sont ici émis à la même place, au même instant, dans les mêmes conditions. Centrons notre attention sur la polarisation circulaire des deux photons corrélés. Etant donné qu'ils sont corrélés, on peut supposer que leurs plans de polarisation *tournent* continuellement mais demeurent cependant *parallèles* entre eux. Pour encore cette raison qu'ils sont corrélés nous pouvons dire que, d'après ce que nous avons expliqué ci-dessus, ces deux photons sont *continuellement et instantanément* en train d'échanger l'information relative à leurs états corrélés de polarisation, et c'est d'ailleurs cet échange d'information qui permet de dire qu'ils sont corrélés. Cet échange aura lieu tant que d'autres interactions, sur le chemin des photons, ne viendront pas interrompre la corrélation des deux photons. Mais, si de telles perturbations n'ont pas lieu, alors nous devrons dire que toute modification dans un état de polarisation de l'un des deux photons se traduira *instantanément* par une modification corrélative de l'état de polarisation de l'autre photon, ce dernier utilisant l'information qu'il reçoit du premier pour maintenir la corrélation entre son propre état de polarisation et celui de son « jumeau » avec lequel il était dès l'origine corrélé. Dans l'expérience précédente, dans laquelle sont émises des paires corrélées de photons, sélectionnons alors les paires où les deux photons se meuvent en direction *opposée* le long de *la même direction x*. Les deux éléments de cette paire de photons peuvent, précisément, se maintenir corrélés par un échange continuel d'informations par interactions virtuelles (conservation impulsion-énergie), et ceci instantanément quelle que soit leur distance (qui croît continuellement puisqu'ils se propagent dans des sens opposés). Plaçons maintenant deux polariseurs linéaires sur les chemins des photons, un polariseur pour chaque photon. Un photon *P* 1 rencontre alors le polariseur qui est sur sa route : selon la direction de son plan de polarisation à l'instant où il va rencontrer le polariseur il traversera ou non le polariseur ; s'il traverse, on le saura en plaçant un peu plus loin, sur le chemin du photon, un photomultiplicateur, comme représenté sur la figure. Disons que le photon *P* 1 a une chance sur deux de traverser le polariseur.

Et maintenant, qu'en est-il *de l'autre photon P* 2, qui se propage le long de la direction *x* mais dans le sens opposé, et qui est maintenant déjà bien loin de son « jumeau » *P* 1 avec lequel il est corrélé ? Eh bien, cet autre photon *P* 2 a continuellement obtenu de l'information de son jumeau *P* 1 sur l'état de polarisation de *P* 1, et quand *P* 1 a traversé son analyseur et donc obtenu un plan de polarisation *bien défini* dans l'espace (c'est-à-dire ne tournant plus autour de *x*), « afin de demeurer corrélé avec *P* 1 » comme l'autorise ici la conservation de l'impulsion-énergie, *P* 2 va *lui aussi adopter un plan défini* de polarisation dans l'espace, au lieu de continuer à avoir une polarisation circulaire. Et ceci *avant même de traverser* le polariseur qu'on a disposé sur son propre chemin. De telle sorte que si *P* 1 a réussi à traverser son polariseur, alors *P* 2 va aussi *certainement* réussir à traverser le sien, il n'aura plus une chance sur deux de traverser, cette traversée est pour *P* 2 une certitude (en supposant, bien entendu, d'avoir les deux polariseurs pour *P* 1 et *P* 2 parallèles entre eux). L'observateur va pouvoir expérimentalement constater cette « connaissance instantanée » que $P\,2$ a eue de l'état de son jumeau $P\,1$ en s'apercevant que, dans toutes les observations de paires corrélées de cette manière, on a toujours *les deux* photons qui traversent les polariseurs, ou *aucun* photon qui traverse les polariseurs, mais il n'y a jamais un photon qui traverse et l'autre pas : ce qui montre bien que le photon qui traverse le dernier les polariseurs *a été instantanément informé de ce qu'a fait le premier photon* (ou au moins l'information a transité *plus vite* qu'à la vitesse de la lumière).

En résumé, il nous faut donc conclure de cette expérience que :

- Elle démontre que *notre axiome 6 est bien fondé* : tous les phénomènes que l'on peut observer dans l'Univers au moyen des interactions électromagnétiques, ou plus généralement les interactions faibles, ont le même âge universel τ (VII.19).
- L'information peut être instantanément échangée entre des points distants de l'Univers au moyen des états corrélés de neutrinos ou de photons situés en ces points, et cela sans transit d'aucune énergie réelle.

Il est clair que les principes utilisés ici pour fournir une « explication » du paradoxe E.P.R., et lever ainsi ce paradoxe, doivent aussi être considérés comme constituant une base scientifique de ce qu'on appelle généralement les « phénomènes télépathiques ».

ANNEXE 4

LE PARADOXE DE LANGEVIN

Rappelons d'abord la formulation de ce paradoxe, posé par la Relativité restreinte, et qui a été discuté sans jamais rencontrer une réponse complètement satisfaisante depuis qu'il a été énoncé par le physicien français Paul Langevin dans les années 1920.

Deux observateurs T (Terrien) et C (Cosmonaute), que nous supposerons pour simplifier être frères jumeaux (pas de différence d'âge au début de cette histoire) voudraient vérifier la relation relativiste :

$$t_T = t_C \sqrt{1 - \frac{v^2}{c^2}} \tag{1}$$

qui indique, selon l'interprétation habituelle de la Relativité, que si C prend une vitesse relative v dans le référentiel où T est au repos, alors le voyageur C va faire l'expérience d'une sorte de « contraction » du temps satisfaisant la relation (1), de telle sorte que quand C retrouvera T sur Terre après ce voyage à vitesse relative v les deux frères T et C ne seront plus « jumeaux » puisque C aura « vieilli » moins vite que T et sera donc plus jeune que T à son retour de voyage.

Or voici le paradoxe : toute vitesse est une vitesse *relative*, et il aurait été identique, au moins à première vue, d'affirmer que le Cosmonaute C est demeuré au repos pendant cette expérience, alors que le Terrien T, avec la Terre elle-même, s'éloignait pendant ce temps de C à la vitesse $-v$... avec pour conséquence que, cette fois, quand T et C se retrouvent tous deux sur Terre, et toujours d'après la relation (1), *c'est le Terrien qui est plus jeune* que le Cosmonaute.

Il est clair que ces deux conclusions successives sont contradictoires, elles ne peuvent pas être toutes deux exactes pour rendre compte du phénomène. Nous voulons montrer ici que, d'après les résultats sur la structure de l'espace-temps apportés par la Relativité complexe, ces *deux* conclusions sont fausses, il n'y a, au retour des deux frères sur Terre, *aucune* différence d'âge entre les frères jumeaux.

Il n'y a que deux moyens possibles pour « sortir » du paradoxe :

a) Le Terrien T et le Cosmonaute C sont soumis, pendant la durée du voyage, *à des conditions physiques différentes* ; on conçoit que cela pourrait justifier, dans ce cas, que la relation (1) ne s'applique qu'à *un seul* des deux frères, celui qui a quitté la Terre par exemple (comme la version traditionnelle le propose d'ailleurs).

b) Le Terrien *T* et le Cosmonaute *C* sont soumis, pendant la durée du voyage, *aux mêmes conditions physiques* ; dans ce cas, les mêmes conditions physiques entraînant les mêmes évolutions, les frères jumeaux au départ sont encore jumeaux à l'arrivée, il ne peut y avoir au retour de différence d'âge entre eux. Mais il reste alors à chercher l'interprétation correcte de la relation (1).

La réponse usuelle des physiciens au dilemme précédent est que seule l'interprétation *a*) ci-dessus est correcte : il n'y aurait pas en effet symétrie des conditions physiques auxquelles sont soumis *T* et *C*, il faut en effet tenir compte *des accélérations* nécessairement associées au voyage du Cosmonaute, d'abord pour atteindre sa vitesse « de croisière », puis pour se ralentir et faire demi-tour, les accélérations se reproduisant mais en sens inverse pour le voyage de retour.

Une telle interprétation ne résiste pas cependant à une analyse minutieuse, pour au moins les trois raisons suivantes :

• Cela peut sembler surprenant (et en fait « paradoxal ») que la relation (1), qui ne concerne que les *vitesses relatives*, doive se justifier numériquement en faisant essentiellement intervenir des *accélérations*, et celles-ci seulement.

• Personne n'a jamais pu expliquer comment, *quantitativement*, les accélérations pourraient justifier le résultat numérique déduit de (1) (résultat qui a bien été expérimentalement retrouvé, avec les muons du rayonnement cosmique par exemple, et de très nombreuses autres vérifications). Il est vrai que les mesures d'espace et de temps dans deux référentiels en mouvement l'un par rapport à l'autre dépendent des accélérations (c'est même là un résultat important de la Relativité *générale*), mais les résultats numériques sont *différents suivant la manière* dont l'accélération varie dans le temps.

• Il est facile d'imaginer une expérience (théorique sinon réelle) dans laquelle le Terrien et le Cosmonaute seront *tous deux* exactement soumis *aux mêmes accélérations*. Faisons pour cela voyager le Cosmonaute selon une verticale de la sphère terrestre ; perçons par ailleurs un « tunnel » dans cette sphère terrestre, également vertical et traversant la Terre de part en part, comme le montre le schéma.

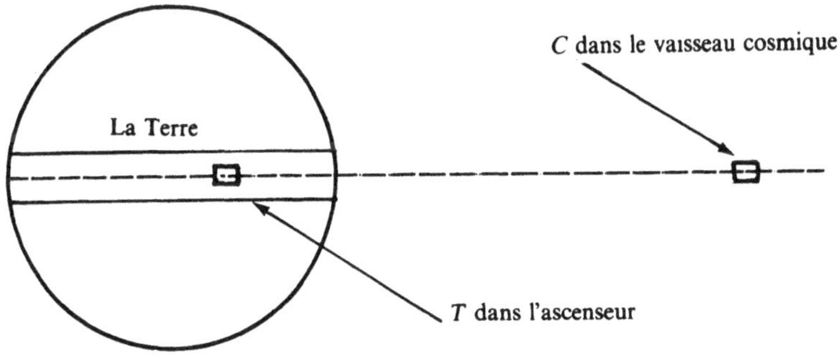

Pendant que le Cosmonaute quitte la Terre et est soumis, suivant son programme de vol, à des accélérations que nous supposerons varier entre g et $-g$ (g = accélération à la surface de la Terre), nous ferons mouvoir T grâce à un ascenseur se déplaçant dans le tunnel « transterrestre », et cela de manière que, aux mêmes instants du voyage, C et T connaissent *les mêmes* accélérations (comprises toutes deux entre g et $-g$). Puisque T et C ont, dans ce cas, été soumis pendant leur séparation *aux mêmes conditions physiques* (au point que si leurs cabines sont complètement fermées ni l'un ni l'autre ne pourra affirmer au retour s'il a été ou non du voyage cosmique), comment pourrait-on justifier que l'un soit au retour plus jeune que l'autre, si on mesure leur vieillissement au moyen de l'âge universel τ de l'Univers, par exemple ?

Ainsi sommes-nous logiquement conduit à la seule réponse acceptable pour lever le paradoxe : il n'y a *aucune différence d'âge* entre les jumeaux quand ils se retrouvent à la fin de l'expérience.

C'est aussi la réponse logique qu'*il nous faut* donner dès que l'on accepte notre axiome 6 (VII.19) relatif au principe cosmologique universel.

La figure ci-dessous montre la représentation du voyage du Cosmonaute C dans le référentiel $(l, c\tau)$, où l désigne la *distance* à l'origine du référentiel pour la coordonnée η :

$$l = 2\,R \operatorname{arc\,tg}\left(\frac{\eta}{2}\right).$$

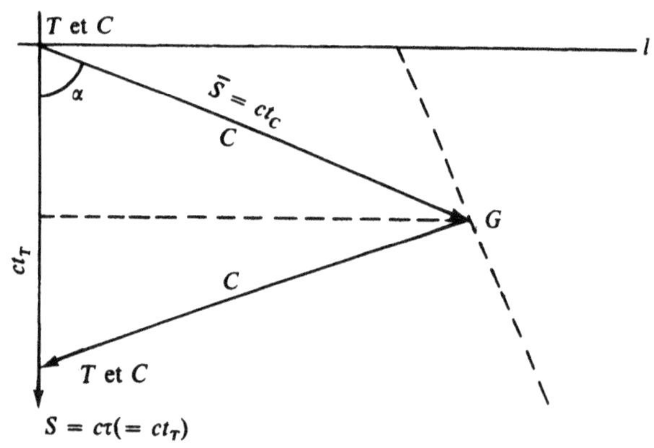

La métrique est ici (206) :

$$\overline{ds}^2 = c^2\,dt^2 = c^2\,d\tau^2 + dl^2 = ds^2 + dl^2 .$$

Le Cosmonaute C se déplace à la vitesse $v = \beta c$ et possède, dans le référentiel $(l, c\tau)$ une trajectoire faisant un angle α :

$$\beta = \sin \alpha$$

avec la géodésique $c\tau$ qui est la trajectoire du Terrien, lié à sa planète. Le Cosmonaute arrive à la galaxie G (par exemple), qui possède elle-même une trajectoire géodésique (η = Cte). Puis le Cosmonaute renverse sa vitesse et retourne sur Terre. Son âge, exactement comme l'âge du Terrien T, se mesure directement sur l'axe des âges universels τ. Quand C et T se retrouvent, ils ont nécessairement *le même âge*, les jumeaux au départ sont encore des jumeaux à l'arrivée.

Comme on le voit sur la figure, la relation (1) s'applique *aux temps* t_T *et* t_C des jumeaux, qui ne doivent pas être confondus avec leurs âges (qui ne dépendent pas de leur trajectoire d'espace-temps, d'après notre axiome 6). L'espace r et le temps t sont ceux qui sont utilisés en Physique pour écrire *les lois covariantes* de la Nature, mais l'âge universel de tous les phénomènes en interaction est *le même* pour tous les phénomènes, quelles que soient les interactions considérées.

Il nous faut remarquer que la réponse que nous venons de fournir pour lever le paradoxe de Langevin possède une *profonde signification philosophique*, qui est en quelque manière complémentaire des conséquences de la réponse fournie pour lever le paradoxe E.P.R. (Annexe 3) : ce dernier révélait que l'information (par l'intermédiaire des photons et neutrinos corrélés) pouvait *instantanément* transiter entre des points éloignés de l'Univers, quelle que soit leur distance ; la réponse au paradoxe de Langevin implique que *tous les points de l'Univers*, quelle que soit leur distance, peuvent théoriquement être atteints par des êtres humains (ou plus généralement des particules de matière), même si on tient compte de la durée de vie relativement courte des êtres humains par rapport aux énormes distances cosmiques. Avec une accélération constante égale à celle de la pesanteur sur notre Terre on peut s'approcher suffisamment près de la vitesse de la lumière pour atteindre des galaxies situées à des millions d'années-lumière en moins de dix années (aller et retour). Il est vrai que l'énergie requise serait si élevée qu'il faudrait alors envisager de « pomper » celle-ci à l'espace lui-même ; mais rien n'interdit *en principe*, dans les lois physiques actuellement connues, qu'une telle performance technique puisse un jour être réalisée. Les primaires du rayonnement cosmique réalisent d'ores et déjà d'ailleurs ces « transits » quasi instantanés entre des points très éloignés du cosmos. On calcule qu'un électron d'énergie 10^{15} électron-volts (ce qui est une valeur expérimentalement constatée dans le rayonnement cosmique) aurait une vitesse si proche de celle de la lumière qu'il viendrait d'Andromède (à environ deux millions d'années-lumière) en environ 10^{-2} secondes, et du « bout » de l'Univers ($\pi R = 4{,}9.10^{10}$ années-lumière) en quelques minutes seulement ! Et, par ailleurs, cet électron est, d'après notre modèle leptonique, également un modèle du Connaissant élémentaire (Annexe 1) ; il porte donc, à l'intérieur de son propre espace-temps néguentropique, de l'information « ordonnée » qu'il est susceptible de répandre partout, le long de son voyage, fournissant à qui peut l'entendre des « nouvelles du bout du monde » : qui pourrait encore prétendre qu'il y aurait une « séparabilité » réelle entre tous les phénomènes prenant place à chaque instant dans notre immense Univers ?

Le besoin de « cohérence » que doit satisfaire tout système de lois pour représenter la réalité physique fournit d'ailleurs à lui seul un argument péremptoire, s'il en était encore besoin, pour se convaincre de l'interprétation correcte à donner au « paradoxe » de Langevin.

Supposons un instant vraie l'interprétation erronée selon laquelle le voyageur vieillirait moins que le Terrien. Ce voyageur se rend sur Andromède, situé à deux millions d'années-lumière, puis revient sur Terre : à son retour la Terre a vieilli d'au moins quatre millions d'années, tandis que notre cosmonaute n'aurait vieilli pour sa part que de quelques années, disons dix ans par exemple.

Supposons en outre qu'avant le départ le Terrien et le Cosmonaute se soient livrés ensemble, en se référant à un modèle cosmologique quelconque (modèle qui dans tous les cas introduit un axe *absolu* des durées, c'est-à-dire un axe des vieillissements, principe cosmologique) à une estimation *de l'âge* de l'Univers. En se basant sur les données *observables* (par exemple la mesure de la constante de Hubble) nos deux jumeaux avaient alors obtenu la valeur τ_a pour cet âge actuel de l'Univers.

Au retour du Cosmonaute les deux hommes recommencent cette expérience (mesure de la constante de Hubble), et ils trouvent naturellement un nouvel âge à l'Univers (l'Univers a vieilli pendant le voyage), mais ils trouvent l'un et l'autre *le même* nouvel âge, puisque celui-ci est déduit du même modèle cosmologique et de la même valeur mesurée de la constante de Hubble.

Cependant, ce résultat est logiquement incohérent avec leurs mesures antérieures pour au moins l'un des deux expérimentateurs, puisque pour l'un et l'autre l'âge de l'Univers aurait dû être obtenu en ajoutant à l'âge τ_a précédant le voyage *leur propre vieillissement* et que leurs vieillissements ont été *différents à cause* du voyage. Faudrait-il dire que les mesures faites au même endroit et au même instant, dans les mêmes conditions, sur le même phénomène, pourraient dépendre des expériences vécues *dans le passé* par l'observateur, expériences cependant, et apparemment, sans relation de cause à effet avec le phénomène observé ? Un moment de réflexion conduit logiquement à le nier. La seule échappatoire est alors de dire que, contrairement aux apparences, les deux jumeaux ont vieilli de la même durée pendant le voyage du Cosmonaute... ce qui conduit à une représentation de l'Univers obéissant à notre axiome 6 du même âge universel pour tous les phénomènes observés.

Notons que la même apparence de « paradoxe » sur les différences de vieillissement peut se manifester si on suppose les jumeaux soumis l'un et l'autre à des *accélérations* (au lieu des vitesses) *différentes*. En effet ([33], déplacement vers le rouge des raies spectrales dans un champ d'accélération) une accélération γ peut être considérée comme dérivant d'un potentiel φ :

$$(2) \qquad \gamma = -\frac{\partial}{\partial r}\varphi$$

et tout phénomène périodique de fréquence propre ν_0 et plongé dans ce champ d'accélération γ deviendra pour un observateur non accéléré un phénomène à fréquence plus faible ν et :

$$\frac{\nu}{\nu_0'} = 1 + \frac{\varphi}{c^2}. \tag{3}$$

Cet effet a été récemment l'objet de mesures expérimentales précises [39], en se servant d'horloges atomiques à faisceau de césium dont l'une restait sur Terre tandis que l'autre effectuait le tour de la planète en avion. Deux effets principaux viennent ici motiver une différence de temps entre les indications des horloges après le voyage circumterrestre :

a) *Un effet gravitationnel* : étant donné que l'avion vole en altitude, où l'accélération gravitationnelle est légèrement plus faible qu'au niveau du sol, l'horloge volante « avance » un peu plus vite que l'horloge terrestre (d'après (3)).

b) *Un effet cinématique* : l'horloge volante est soumise à une légère force centrifuge due à son mouvement de révolution autour de la Terre. La vitesse angulaire associée à cette force centrifuge doit tenir compte de la rotation de la Terre sur elle-même, ce qui conduit à des différences d'heures entre les deux horloges, différentes selon que le tour du monde de l'horloge volante est effectué vers l'Est ou vers l'Ouest. L'accélération cinématique étant dans les deux cas plus grande sur l'horloge volante que sur l'horloge au sol, cette fois-ci la première « retarde » sur la seconde au moment de la confrontation au retour du voyage.

Des mesures très minutieuses effectuées par les chercheurs travaillant sur cette expérience, sur lesquelles il n'y a pas lieu de s'étendre ici, ont parfaitement vérifié la prévision de la Relativité, montrant en outre que toute accélération conduisait à cet effet de différence de temps, que cette accélération soit d'origine cinématique ou d'origine gravitationnelle.

Il est intéressant de remarquer que les effets de différence de temps dus *aux accélérations*, et contrairement à ceux dus aux vitesses, sont généralement très faibles. La relation (3) appliquée à la surface d'un corps cosmique de masse M et de rayon R fournit [33] :

$$\frac{\nu}{\nu_0} \# 1 - \frac{GM}{Rc^2} \tag{4}$$

où $G = 6{,}67.10^{-8}$ cgs est la constante de la gravitation. (4) s'écrit encore :

$$\frac{\Delta\nu}{\nu_0} = \frac{\nu - \nu_0}{\nu_0} = -\frac{GM}{Rc^2}$$

qui vaut pour la Terre ($M = 6.10^{27}$ g, $R = 6{,}4.10^8$ cm) :

$$\frac{\Delta\nu}{\nu_0} = -7.10^{-10}.$$

Cela veut dire que, en *un million d'années*, une horloge sur la surface de notre planète serait en retard de 6 *heures* environ sur une horloge mise à l'abri de toute accélération.

Si les physiciens qui s'évertuent à vouloir interpréter le paradoxe de Langevin en attribuant la différence de temps (que la vitesse du voyage peut rendre de millions d'années) au fait que le cosmonaute subirait des accélérations de quelques g alors que le terrien est soumis à g seulement avaient jamais fait ce calcul, ils auraient rejeté immédiatement une telle interprétation, « l'ordre de grandeur » n'y est pas.

Cependant, nous venons de le voir, les accélérations entraînent bien, comme les mesures expérimentales le confirment, de légères différences *de temps*. Mais nous disons bien *de temps*, et non de vieillissement. L'horloge volante, dans l'expérience [39], marque bien une différence *de temps* par rapport à l'horloge terrestre, mais *non pas une différence de vieillissement*. Là encore, l'analyse des « déplacements vers le rouge » en Relativité générale est formelle, il faut ne jamais avoir examiné les calculs d'Einstein sur cet effet pour croire que la différence de temps marquée par les horloges doit être interprétée comme une différence de vieillissement des horloges : le vieillissement est *un invariant* en Relativité, il est le même pour tous les observateurs, qui vieillissent *tous* au même rythme dans l'Univers. C'est vrai que l'expérience [39] nous fait assister à un phénomène périodique (celui de l'horloge volante) qui « bat » *effectivement* de manière différente que ne le fait l'horloge restée au sol : mais ceci ne doit pas plus être confondu avec un vieillissement différent qu'on ne le ferait en constatant que mon cœur peut battre plus vite (à la suite d'une émotion par exemple) alors que mon « vieillissement » ne change pas de rythme pour autant. L'horloge volante n'a pas vieilli différemment de l'horloge au sol, elle a simplement « battu » de manière différente, car elle a été plongée dans un champ d'accélération différent. Pour tous les observateurs, une horloge bat *le temps*, elle ne bat pas les vieillissements.

Les potentiels d'*accélération* font donc bien apparaître *la relativité du temps* comme un concept *mesurable* : l'horloge volante mesure un temps différent de l'horloge au sol ; mais les vieillissements restent invariants.

Les voyages *à vitesse* proche de la lumière font, au contraire, apparaître un autre phénomène également *mesurable : la relativité de l'espace* (et non celle des vieillissements, comme on a voulu trop longtemps le prétendre). Une horloge embarquée avec le jumeau cosmonaute ne marquera au retour une différence avec l'horloge du jumeau resté sur Terre que dans la mesure où la fusée aura utilisé des accélérations différentes de l'accélération g de la pesanteur terrestre : et nous venons de montrer que, de toute manière, il ne s'agira à ce titre que de très petites différences de temps entre les horloges (compte tenu des accélérations acceptables pour le cosmonaute). Par contre, ce que le cosmonaute découvre en approchant d'Andromède à des vitesses proches de celle de la lumière c'est que cette galaxie, qu'il avait cru distante de lui, et de manière irréductible, de deux millions d'années-lumière dans l'espace, est beaucoup moins distante s'il approche la vitesse c : c'est cela la relativité *de l'espace*, et ceci apparaît très clairement sur le référentiel étendue-durée (η, $c\tau$). Cette relativité de l'espace due aux vitesses, comme la relativité du temps due aux accélérations, ne modifie pas pour autant *le vieillissement* des objets subissant ces vitesses ou ces accélérations : le vieillissement reste *l'invariant* fondamental. Comme notre axiome 6 le souligne (VII. 19), l'âge universel est le même pour tous les observateurs, quels que soient les champs de vitesse ou d'accélération dont ils sont l'objet dans un référentiel quelconque.

ANNEXE 5

LE PRINCIPE ANTHROPIQUE

Le système C (VII.11) décrivait le modèle cosmologique ; on ne pouvait pas, comme on s'en souvient, résoudre numériquement ce système sans procéder à au moins 3 mesures *expérimentales* : nous avions choisi les valeurs actuelles de H_a (constante de Hubble), θ_a (température de corps noir du rayonnement) et q_a (paramètre de décélération). Nous avions montré que le fait d'être contraint à de telles mesures expérimentales pour résoudre le système C démontrait l'existence d'un *monde extérieur* au Connaissant élémentaire (modèle leptonique).

Les mesures expérimentales permettaient de connaître l'échelle d'espace et de temps de ce monde extérieur, et nous constations que cette échelle était *immense* par rapport à celle à laquelle l'Homme est habitué, et *a fortiori* vis-à-vis de l'échelle du Connaissant élémentaire, qui est un électron en pulsation très rapide. On est alors en droit de se demander *pourquoi* notre monde extérieur possède ces dimensions particulières ; les humains auraient pu parfaitement se contenter d'un monde ayant les dimensions d'une galaxie seulement, ou même les dimensions d'un seul système planétaire, comme celui de notre Soleil. Au lieu de cela on trouve un Univers capable de contenir des centaines de milliards de galaxies, les distances intergalactiques étant de l'ordre de 100 fois les dimensions d'une galaxie ; et chaque galaxie contenant des centaines de milliards d'étoiles. Depuis quelques années les physiciens ont cherché à répondre à cette question (*) au moyen de l'affirmation d'un principe nouveau, dit Principe anthropique, qui se place très « logiquement » dans le cadre de la Relativité complexe, et dont nous voulons donc parler ici.

Nous devons aussi nous souvenir (V.3) que notre analyse des rapports du Connaissant avec le Connu et l'Inconnaissable nous avait conduit à conclure que : l'Univers passé, présent et futur « n'est pas », mais est seulement à chaque instant ce que nous (le Connaissant) pensons de lui à cet instant, dans une axiomatique déterminée. Cette conclusion nous conduit à la définition même du mot « existence » : *Exister, c'est être pensé* (**). C'est encore dire que l'Uni-

(*) On trouvera une bibliographie très complète de l'état de cette question dans la *Revue des Questions Scientifiques*. Jacques Demaret et Christian Barbier, 152, 2 et 4, 1981.

(**) J'ai développé les conséquences d'un tel axiome-définition dans *L'Etre et le Verbe*, Ed. Planète-Denoël, Paris, 1965 et Ed. du Rocher, Paris, 1983.

vers est Verbe dans son essence, et Verbe seulement. Nous pouvons alors ériger en Principe ce qui précède :

Principe du Verbe : L'existence de l'Univers est subordonnée à l'existence possible d'un Connaissant (c'est-à-dire d'un générateur du Verbe) dans cet Univers.

Nous pouvons particulariser ce Verbe à la Physique, c'est-à-dire à l'Homme sur la planète Terre aujourd'hui, que nous appellerons pour simplifier « l'observateur ». Le Principe du Verbe, ainsi réduit à l'humain terrestre, s'énonce alors :

Principe anthropique : L'existence de l'Univers de la Physique est subordonnée à l'existence possible d'observateurs dans cet Univers.

Sous cette forme ce Principe n'est pas neuf ; il a été introduit pour la première fois en Physique en 1961 par Robert H. Dicke, de l'Université de Princeton, à la suite d'une analyse que faisait celui-ci des travaux effectués trente années plus tôt par le physicien anglais P. A. M. Dirac concernant les nombres sans dimension jouant un rôle important en Physique et Astrophysique. Plus récemment de nombreux auteurs ont repris ce Principe, en l'appliquant plus spécialement à la Cosmologie (John A. Wheeler, Brandon Carter, Bryce S. de Witt...).

Ce principe a ceci de particulier qu'il réclame une approche des phénomènes physiques très différente de l'approche habituelle. On « pose » généralement d'abord l'Univers comme existant, et d'après ses caractéristiques *on en déduit* alors que certaines régions de cet Univers ont permis la Vie et l'Homme : c'est le cas de la planète Terre, par exemple. Le Principe anthropique nous dit au contraire : parmi tous les Univers qui auraient pu être engendrés, compte tenu des lois connues de la Physique, les seuls Univers possibles sont ceux qui permettent d'avoir aujourd'hui sur cette Terre l'observateur humain que nous sommes. En d'autres termes, l'existence de l'Homme (ici et maintenant) *impose* à l'Univers un certain nombre de contraintes (et notamment des conditions initiales) : l'Univers possède les caractéristiques physiques que nous mesurons expérimentalement *parce que*, précisément, ce sont les caractéristiques qui permettent que nous, les observateurs humains, nous soyons là.

Ce Principe anthropique ne doit nullement être confondu avec un nouvel anthropocentrisme, que depuis Copernic la Physique s'efforce de rejeter. C'est, au contraire, une nouvelle leçon *de modestie et d'humilité* : nous pourrions souhaiter avoir une représentation *absolue* de l'Univers, nous disant ce que sont les choses et non pas seulement ce que l'Homme en pense ; malheureusement, nous ne sommes que des Hommes, et nous sommes limités à ne connaître que la représentation élaborée par l'Homme. En toute logique, cette représentation *ne peut pas*, même si nous le voulions, admettre l'hypothèse que l'Univers « humain » ne comporte pas l'Homme. C'est cela le fond du Principe anthropique, il traduit en fait un néo-copernicisme : notre représentation de l'Univers ne peut éviter, *pour être cohérente*, d'inclure l'Homme.

Le Principe anthropique vient ainsi, en quelque sorte, compléter le Principe cosmologique, pour nous fournir un modèle cosmologique entièrement axiomatique ; il nous reste à voir si ce nouveau Principe pourrait nous permettre de nous passer tout à fait de mesures expérimentales pour calculer maintenant ce modèle cosmologique.

Que faut-il pour que l'Homme existe aujourd'hui sur la planète Terre dans cet Univers ?

• Il faut d'abord qu'il se soit écoulé suffisamment de temps depuis la « naissance » de l'Univers pour que l'évolution ait fini par produire un « observateur » tel que l'Homme, avec ses capacités de connaissance et de réflexion. Ceci devrait nous préciser l'âge actuel τ_a de l'Univers.

• Il faut qu'il soit apparu dans l'Univers des étoiles comme le Soleil, fournissant pendant des milliards d'années sur les planètes qui l'entourent une température régulière permettant le long cheminement de l'évolution du Vivant, des premières cellules apparues dans l'élément liquide jusqu'à l'humain. Nous allons voir que ceci exige une certaine densité cosmologique actuelle ρ_a.

• Il faut qu'il soit apparu des inhomogénéités comme les galaxies, à partir desquelles des condensations ultérieures de matière ont fourni les étoiles, puis les planètes. Nous verrons que ceci va nous fournir la valeur actuelle de la constante de Hubble H_a.

Pour la commodité d'exposition, nous allons examiner tour à tour, mais dans l'ordre inverse, ces trois conditions issues du Principe anthropique.

Formation des galaxies.

Ce problème a été plus particulièrement examiné par C. B. Collins et S. W. Hawking de l'Université de Cambridge. Ils ont invoqué le Principe anthropique pour montrer que pour que l'Univers apparaisse aujourd'hui isotrope à large échelle mais comporte, cependant, des inhomogénéités comme les galaxies à une échelle plus réduite, il fallait que la vitesse de récession de toute condensation de matière (qui tend à disperser ces condensations de manière isotrope et homogène dans tout l'espace cosmique) reste continuellement de l'ordre de grandeur de la vitesse d'évasion gravitationnelle de ces condensations de matière : une trop grande vitesse de récession conduit à l'homogénéité (pas de galaxies), une trop petite vitesse de récession à d'énormes condensations de matière, où les étoiles (et donc aussi l'Homme) n'auraient pas pu naître.

Cette condition prévaut encore aujourd'hui et peut s'écrire en admettant que, dans chaque galaxie, l'énergie cinétique K due à la récession est égale à l'énergie potentielle U due à l'attraction gravitationnelle. Le calcul approché de la relation entre G_a, H_a et d_a (densité actuelle moyenne de la matière dans une galaxie) a été fait il y a fort longtemps par George Gamow (*) ; nous le reproduisons ici.

Assimilons une galaxie à une sphère de rayon R (au moins dans sa partie centrale) ; imaginons qu'elle contienne assez d'étoiles pour qu'on puisse la considérer comme uniformément remplie de matière de densité d_u. Cette matière s'éloigne du centre de la sphère, compte tenu de l'effet de récession générale de la matière. Le mouvement vers l'extérieur est d'autant plus rapide que la matière est plus éloignée du centre. D'après la loi de Hubble la matière située à distance l du centre se déplace avec une vitesse $v = H_a\, l$. L'énergie cinétique K de la matière en mouvement à l'intérieur de la sphère est donnée par :

$$K = \tfrac{1}{2}(\tfrac{4}{3}\pi R^3 d) \times \tfrac{3}{5}(H_u R)^2 = \tfrac{2}{5}\pi d H_u^2 R^5$$

tandis que l'énergie potentielle U due à l'attraction newtonienne s'exerçant entre les masses intérieures à la sphère est :

$$U = -\frac{3}{5}\frac{G_u}{R}M^2 = -\frac{3}{5}\frac{G_a}{R}\left(\frac{4}{3}\pi d_u R^3\right)^2 = -\frac{16}{15}\pi^2 G_u d_u^2 R^5 .$$

L'égalité $K = -U$ s'écrit donc, après simplification :

(1) $$H_u^2 = \tfrac{8}{3}\pi G_u d_u .$$

Avec la valeur de H_u choisie dans notre modèle cosmologique ($H_u = 1{,}8.10^{-18}$ s^{-1}) la relation ci-dessus donne : $d_u = 5{,}8.10^{-30}$ g/cm^3, qui est bien l'ordre de grandeur de la densité moyenne de matière dans une galaxie. Notons que la relation (1) est *indépendante de R*, le rayon de la galaxie. Pour qu'une galaxie quelconque puisse exister (donc pour que l'Homme existe, Principe anthropique) *il faut* que sa densité soit égale à d_u à tout âge τ_u de l'Univers.

Formation des étoiles.

Brandon Carter, également de Cambridge, a montré (*), en se servant de l'évolution des étoiles dans un diagramme de Hertzsprung-Russell, que si la « constante » de la gravitation G_u n'avait pas exactement la valeur que nous mesurons aujourd'hui, il n'aurait pas pu exister d'étoiles susceptibles de posséder autour d'elles des planètes habitables, c'est-à-dire où l'évolution aurait pu conduire à des structures vivantes (donc aussi, avec le temps, à l'observateur humain). Si la constante de gravitation était plus grande la protoétoile traverse très rapidement la zone de la série principale (où se trouve actuellement notre Soleil) et devient une géante bleue ; si, au contraire, la constante de gravitation

(*) Georges Gamow, *La Création de l'Univers*, Dunod, Paris, 1954.
(*) Brandon Carter, *Proceedings of the second Copernicus Symposium*, D. Reidel Publishing Company, 1974.

était plus faible que celle mesurée, la protoétoile aurait séjourné très longtemps dans la série principale, mais à l'état de naine rouge, c'est-à-dire en rayonnant trop peu d'énergie pour développer la vie sur les planètes éventuelles qui l'entourent. En bref, les premières brûlent trop vite, les secondes chauffent trop peu pour permettre au Vivant, et donc aussi à l'Homme, d'arriver. Conclusion, puisque l'Homme est là, G_a ne peut avoir que la valeur précise qui permet seule d'avoir aujourd'hui une planète habitée, comme la Terre.

Si nous nous reportons par ailleurs à notre section VIII (modèle hadronique) nous verrons qu'à cette valeur de G_a correspond une densité cosmologique :

$$\rho_a = -7.10^{-32}\ \mathrm{g/cm^3}.$$

Nous pourrons donc utiliser cette valeur ρ_a pour le calcul de la solution numérique du Système *C*.

Notons bien que, ici, la valeur de G_a (donc aussi ρ_a) *n'est pas* le résultat d'une mesure expérimentale : on étudie l'évolution des étoiles, comme l'a fait Carter, et on en déduit d'après le Principe anthropique que la seule valeur acceptable pour la constante de la gravitation G_a est $6{,}67.10^{-8}$ cgs (qui est bien effectivement la valeur expérimentale).

Formation des planètes et du Vivant.

L'Univers est composé actuellement d'environ 55 % d'hydrogène et 44 % d'hélium. Le petit 1 % restant compose les éléments dits « lourds ». Ceux-ci, aussi peu nombreux soient-ils, sont fondamentalement importants pour nous, car ce sont eux qui entrent dans la composition des planètes « habitables » (comme la Terre) et aussi dans le Vivant (rôle essentiel du carbone dans ce dernier). Le Principe d'isotropie et d'homogénéité suggère que l'Univers, à sa naissance, était soit vide de matière soit formé uniquement de protons, neutrons et électrons. Pour accueillir les planètes habitables et le Vivant il a donc bien fallu que se fabriquent, à un certain moment, et dans certains endroits, ces éléments lourds. Comment cela s'est-il fait ?

La réponse est bien loin d'être évidente, et les physiciens en discutent encore. Compte tenu de la répulsion électrostatique du noyau, on admet habituellement qu'on passe d'un noyau à un noyau plus lourd par addition de d'abord un ou plusieurs *neutrons* ; puis un neutron du noyau se transforme en proton :

$$N \rightarrow P^{+} + e^{-} + \nu \tag{2}$$

ce qui a pour effet global d'avoir augmenté d'une unité la charge positive du noyau. Et ainsi de suite, depuis le noyau d'hydrogène jusqu'aux noyaux les plus lourds. Il faut donc disposer dans un milieu donné d'une source de neutrons, comme par exemple au moyen de la réaction :

$$P^{+} + e^{-} \rightarrow N + \bar{\nu}. \tag{3}$$

L'ennui c'est que cette réaction ne peut avoir lieu que si les protons possèdent une énergie suffisante (plusieurs dizaines de GeV) ; par ailleurs, si on veut que suffisamment de neutrons soient produits, il faut naturellement que le milieu où circulent les protons énergiques ait la plus grande densité possible, de manière à accroître le nombre des collisions avec les électrons. Les physiciens n'ont pour le moment trouvé que deux moments, ou régions, de l'Univers où cette fabrication d'éléments lourds serait susceptible d'avoir lieu :

- Dans les premiers instants de l'Univers, dans le cas d'un « big bang » initial dans un gaz d'hydrogène à plusieurs milliards de degrés.
- Dans le centre de certaines étoiles « explosives », comme les supernovae, où température et densité sont effectivement élevées ; l'étoile, en explosant, libérerait ensuite les éléments lourds dans l'espace cosmique.

L'hypothèse d'une fabrication dans le feu d'artifice du « big bang » est aujourd'hui pratiquement abandonnée : le gaz d'hydrogène initial se refroidit si vite compte tenu de l'expansion, qu'il faudrait admettre que le processus décrit par (3) n'a eu lieu que pendant quelques minutes, ce qui pose de graves difficultés pour justifier de l'existence des éléments *les plus* lourds.

Quant à la fabrication au cœur des supernovae, la principale difficulté réside dans le fait qu'on aurait besoin des éléments lourds autour des étoiles (pour fabriquer les planètes) pratiquement au moment où se forment ces étoiles elles-mêmes... et que les supernovae sont des étoiles *achevant* leur existence, qui n'avaient donc pas eu le temps de fabriquer des éléments lourds au moment où, dans l'Univers, se formaient les étoiles (principe cosmologique).

La Relativité complexe a offert un processus de fabrication des éléments lourds qui échappe aux critiques précédentes (VII.18). En effet, il y a continuellement création de particules de matière (neutrons devenant protons) possédant des énergies cinétiques qui, au moment de la formation des étoiles, étaient déjà de plusieurs dizaines de GeV ; nulle peu après la naissance de l'Univers ($\tau = \tau_0$, $P = 0$), cette énergie cinétique des particules créées a ensuite progressivement augmenté et est aujourd'hui de plus de 125 GeV. Nous pensons (et nous ferons en tout cas l'hypothèse) que les éléments lourds se sont créés quand l'énergie cinétique des neutrons « cosmiques » avait franchi un certain seuil, et que cette création a alors pris place dans les inhomogénéités cosmiques (comme les protoétoiles) possédant une densité suffisante. Pendant que la protoétoile se contractait par gravitation, les éléments lourds formés s'aggloméraient et tendaient à se satelliser ; les éléments lourds entraînés dans la contraction avec l'étoile continuaient de devenir de plus en plus lourds (processus (2) ci-dessus), de telle sorte que les planètes successives qui vont s'amorcer pendant la contraction de la protoétoile vont posséder des éléments de plus en plus lourds (plus grande densité). Ceci jusqu'à ce que l'étoile s'allume et arrête alors de se contracter.

Etant donné que les neutrons ne vivent que quelques minutes à l'état libre, le processus décrit ci-dessus réclame que la « source » de neutrons ne soit pas seulement constituée des neutrons « naissants » provenant directement de la création continue mais aussi de la réaction (3) : autrement dit les neutrons énergiques se transformant selon (2) donnent des protons d'énergie suffisante pour permettre la réaction (3). Nous désignerons par S la valeur du rapport D_M/D_{0M} entre la densité d'énergie D_M et la densité propre d'énergie D_{0M}, des particules de la création continue : $\dfrac{D_M}{D_{0M}} = S$.

Ce rapport figure dans notre modèle cosmologique, c'est lui qui augmente de 1 à 117,3 dans l'Univers en évolution. Il est probable que la fabrication des atomes doive comporter *une résonance* relativement étroite pour une valeur donnée S_0 de S : en effet, pour une trop petite valeur $S < S_0$ l'énergie cinétique des protons n'est pas suffisante pour permettre la réaction (3) de formation des neutrons; et, d'autre part, une trop grande valeur de $S > S_0$ doit avoir pour conséquence d'interdire au neutron de s'associer au noyau atomique avec lequel il entre en collision (risque de fission). C'est donc ici qu'intervient le Principe anthropique : c'est une « coïncidence » heureuse (pour nous) que nous ayons eu $S = S_0$ *précisément* au moment où les protoétoiles se contractaient pour devenir des étoiles. Ceci signifie encore que l'âge τ_P de l'Univers au moment de la formation des planètes est précisément le moment où le rapport S atteignait la valeur S_0. Si (notamment au moyen des gros accélérateurs à protons) on peut donc déterminer la valeur de la résonance S_0, nous pourrons en déduire l'âge τ_P de l'Univers au moment de la formation des planètes, et donc en conclure aussi l'âge *actuel* τ_a de l'Univers, puisqu'on sait relativement bien aujourd'hui quel est l'âge d'une planète comme la Terre (entre 4 et 5 milliards d'années).

Les synchrotrons à protons de 400 GeV, comme ceux de Batavia (Illinois) ou du CERN, devraient permettre de préciser, si elle existe, la résonance S_0. D'après notre modèle cosmologique de la section VII, cette résonance devrait se situer entre 80 et 100 GeV.

La condition issue du Principe anthropique et à introduire dans le Système C est donc ici :

$$\frac{D_M}{D_{0M}} = S_0 \quad \text{pour} \quad \tau = \tau_a - \text{âge de la Terre}\,(4{,}5\,.\,10^9 \text{ ans})\,.$$

Certes, nous reconnaissons volontiers que le raisonnement qui précède peut paraître un peu « spéculatif »; mais nous l'avons utilisé pour illustrer la manière dont le Principe anthropique, à la suite d'études beaucoup plus élaborées que nous l'avons fait ici, pourrait conduire à calculer le modèle cosmologique de notre Univers sans avoir à connaître des données qui sont très difficilement accessibles à l'expérience.

Ainsi, comme nous venons de le montrer, le Principe anthropique *imposerait* les valeurs H_a (ou d_a), G_a (ou ρ_a) et enfin D_{Ma}/D_{0Ma} (ou τ_a). Ces valeurs pourraient *se calculer* à partir du Principe anthropique et des lois physiques connues (par exemple celles de l'évolution des étoiles). Nous aurions ainsi la possibilité de résoudre le système *C*, pour le modèle cosmologique, sans faire appel à *aucune* mesure expérimentale. Rappelons que, par ailleurs, les deux modèles leptonique et hadronique avaient eux-mêmes pu être obtenus de manière purement axiomatique, sans avoir à effectuer des « mesures » sur la Nature

L'introduction en Physique du Principe anthropique vient compléter notre démonstration que l'Univers est Verbe, et Verbe seulement. Ce qui donne sans doute sa signification profonde à l'affirmation millénaire bien connue : « Au commencement était le Verbe... Toutes choses ont été faites par lui, et sans lui rien n'a été fait (*). »

(*) Evangile selon saint Jean.

ANNEXE 6

ONDE ET CORPUSCULE EN RELATIVITÉ COMPLEXE

En élargissant l'espace de la Relativité générale à l'espace complexe, la Relativité complexe permet une représentation des phénomènes physiques comme étant *effectivement et à la fois* onde et corpuscule : un point M de l'espace entropique observable $(\dot{r}, \dot{t})$ possède en effet, comme nous l'avons vu, une image M' dans l'espace néguentropique $(\tilde{r}, \tilde{t})$ se déplaçant sur un lieu Γ, et le phénomène (M, M') est corpusculaire sous son aspect ponctuel observable M et ondulatoire sous l'aspect du point M' tournant périodiquement sur la trajectoire Γ. Précisons ce point de vue en calculant ici les caractéristiques de la trajectoire Γ de M'.

Soit M un point de l'espace observable $(\dot{r}, \dot{t})$ rapporté à son référentiel propre dans cet espace. Soit d la densité propre en M. Ce point M a pour image M' dans l'espace néguentropique $(\tilde{r}, \tilde{t})$; M' est physiquement représenté par *un neutrino*, de masse propre nulle, tournant à la vitesse de la lumière c sur une trajectoire circulaire Γ dont le rayon R est lui-même en pulsation à la vitesse de la lumière, R variant entre le rayon minimum R_0 et le rayon maximum $\mathcal{R}$ sur une demi-période $T/2$ de sa pulsation. Soit ω la vitesse angulaire de rotation de M' sur Γ.

Les équations représentant la trajectoire Γ et le mouvement du neutrino M' sur cette trajectoire sont immédiatement les suivantes :

$$(1) \qquad \begin{cases} R = R_0 + c\tilde{t} \\ \omega R = c \\ \displaystyle\int_0^T \omega \, d\tilde{t} = 2\pi \\ mc^2 = \Omega_0 \, dc^2 = E_\nu = \dfrac{h}{T} \end{cases}$$

où E_ν est l'énergie du neutrino image de M dans $(\tilde{r}, \tilde{t})$.

On en tire :

$$\int_0^T \frac{d\tilde{t}}{R} = \int_0^T \frac{d\tilde{t}}{R_0 + c\tilde{t}} = \frac{2\pi}{c}$$

$$dR = c \, d\tilde{t}$$

d'où :
$$\int_{R_0}^{\mathfrak{R}} \frac{dR}{R} = \pi \Rightarrow \frac{\mathfrak{R}}{R_0} = e^\pi .$$

On a aussi :
$$\mathfrak{R} = R_0 + c\frac{T}{2}$$

et finalement :
$$(2) \quad \begin{cases} R_0 = \dfrac{ch}{2\,mc^2(e^\pi - 1)} = \dfrac{\pi\hbar}{mc(e^\pi - 1)} = \dfrac{\pi\hbar}{\Omega_0\, dc(e^\pi - 1)} \\ \mathfrak{R} = e^\pi R_0 . \end{cases}$$

Si le point M est lui-même un neutrino, nous avons $m = d = 0$, et par conséquent $R_0 = \mathfrak{R} = \infty$. La « fréquence » associée à un neutrino est donc nulle. Par contre, le photon qui est de spin ± 1 doit être considéré comme constitué de deux neutrinos en M [8], et peut donc posséder une fréquence propre ν différente de 0 (III.4.6).

Les *neutrinos* peuvent posséder tous les spins *demi-entiers* : $\frac{1}{2}, \frac{3}{2}, \frac{5}{2}$...

Les *photons*, constitués de deux neutrinos (chacun de spin quelconque) peuvent donc posséder tous les spins *entiers* : 1, 2, 3...

On voit donc comment en *chaque* point M de la Relativité générale quantifiée RGQ se trouvent incorporés à la fois un spin et un pulse, qui sont en fait seulement *physiquement* expliqués par le mouvement du neutrino M' associé à M sur une trajectoire Γ qui, elle, n'est *pas représentable directement* dans un référentiel de RGQ. L'apparence paradoxale de cette situation disparaît dès qu'on prend conscience que l'espace *physique* est *complexe*, et qu'il manque donc des dimensions à tous les référentiels qui prétendraient donner une description *complète* des phénomènes dans les référentiels quadridimensionnels anciens, tels que ceux de la Mécanique quantique relativiste ou de la Relativité générale. En fait, tout point M de RGQ possède deux aspects :

- un aspect *corpusculaire* observable directement, M, ayant éventuellement une densité d différente de 0
- un aspect *ondulatoire*, invisible directement dans un référentiel de RGQ, mais dont on peut cependant donner une représentation en élargissant le référentiel de RGQ à l'espace-temps complexe ; cet aspect ondulatoire est représenté par le point M' en rotation-pulsation sur Γ avec une période T, les caractéristiques géométriques de Γ (R_0, $\mathfrak{R}$, T) dépendant de la densité d en M comme indiqué dans les relations (1) ci-dessus.

C'est parce que ces *deux* aspects corpusculaire et ondulatoire *coexistent* dans la réalité *physique* en tout point M de RGQ que nos équations (130), qui ambitionnent de décrire *complètement* le phénomène en M, devront rechercher une « double » solution, faite de la superposition de la solution $d = d = m/\Omega_0$ (aspect corpusculaire en M) et $d = 0$ (aspect ondulatoire associé à M).

ANNEXE 7

MÉTRIQUE DE SCHWARZSCHILD ET FORMATION DES UNIVERS-TROUS

Rappelons que la métrique à symétrie sphérique de Schwarzschild (ou métrique S) :

$$(1) \quad ds^2 = \left(1 - \frac{r_S}{r}\right) c^2\, dt^2 - r^2(d\theta^2 + \sin^2\theta\, d\varphi^2) - \left(1 - \frac{r_S}{r}\right)^{-1} dr^2$$

est valide dans l'approximation où le tenseur physique $T_{\alpha\beta}$ *est nul*, sauf au point-source à $r = 0$. r_S, le rayon de Schwarzschild, est une constante d'intégration des équations de la Relativité générale, qui se calcule à partir de l'énergie supposée localisée au point-source $r = 0$ et en ce point seulement. Dans le cas où une étoile est centrée à $r = 0$, ses effets gravitationnels sur l'espace vide *extérieur* à l'étoile peuvent être calculés (compte tenu de la variation du champ gravitationnel en $1/r^2$) en supposant toute la masse gravitationnelle M située à $r = 0$, et on obtient alors :

$$(2) \qquad r_S = \frac{2\,GM}{c^2}$$

où G désigne la constante de la gravitation et c la vitesse de la lumière. Etant donné que la métrique S n'est applicable qu'à l'espace vide, la seule région de validité de S est donc celle pour laquelle :

$$(3) \qquad r \geqslant R$$

où R est le rayon de l'étoile.

Si r_S calculé par (2) est tel que :

$$r_S < R$$

la métrique S est donc *inapplicable* à la région : $r \leqslant r_S < R$ puisque, pour cette région, $T_{\alpha\beta}$ *n'est pas nul*, contrairement à l'approximation qui a été faite pour établir la relation (1) fournissant la métrique S.

En conclusion, *la seule région* r de l'espace où la métrique S est applicable est celle définie par les conditions :

$$(4) \qquad r_S < R \leqslant r\,.$$

Que se passe-t-il pour le cas où $r_S = R$? Pour concrétiser les idées, prenons une étoile comme notre Soleil ($M = 2.10^{33}$ g) pour laquelle on calcule, avec (2) :

$$r_S = 3.10^5 \text{ cm}.$$

Initialement cette étoile possède un rayon R de l'ordre du million de kilomètres, la condition (4) peut donc s'appliquer à l'espace vide extérieur à l'étoile. On pourra de cette manière, par exemple, utiliser la métrique S pour calculer le « déplacement vers le rouge » du rayonnement des photons situés à la surface de l'étoile pour un observateur éloigné, sur notre Terre ($r \gg R$).

Mais supposons maintenant cette étoile en contraction gravitationnelle, R diminuant continuellement et se rapprochant de r_S. Il va arriver un instant où nous allons avoir :

$$R = r_S .$$

L'espace se sépare à cet instant en *deux* régions distinctes I et II :

1) *Région I* : $r \leqslant R = r_S$.

Dans cette région il n'est pas question d'appliquer la métrique S, puisque nous sommes *à l'intérieur* de l'étoile, c'est donc une région de très grande densité d'énergie (matière, rayonnement), et pour laquelle nous avons certainement :

$$T_{\alpha\beta} \neq 0 .$$

Nous pouvons étudier cette région au moyen d'une métrique pour un espace sphérique, homogène et isotrope :

$$(5) \qquad d\tilde{s}^2 = c^2\, d\tilde{t}^2 - R^2(\tilde{t})\,[(d\tilde{y}^1)^2 + (d\tilde{y}^2)^2 + (d\tilde{y}^3)^2]\left[1 + K\frac{\tilde{r}^2}{4}\right]^{-2}$$

$$\tilde{r}^2 = (\tilde{y}^1)^2 + (\tilde{y}^2)^2 + (\tilde{y}^3)^2 .$$

C'est la métrique habituelle d'un modèle cosmologique, K ($= +1, -1$ ou 0) désignant le signe de la courbure spatiale et R le « rayon » de l'espace. Dans le cas d'un trou noir gravitationnel on constatera, en utilisant les relations de conservation $\nabla_\alpha T^\alpha_\beta \equiv 0$, que (5) représente un espace « refermé sur lui-même », c'est-à-dire encore ce que nous avons nommé un univers-trou gravitationnel. Nous avons étudié de la même manière notre modèle leptonique, qui est un univers-trou « fort » (constitué par des interactions fortes).

La métrique S est cependant encore applicable sur la limite $r = r_S = R$; elle nous indique alors que les nouvelles coordonnées $\dot{y}^\alpha$ ($\alpha = 1$ à 4) dans la région II $r \geqslant R$ se comparent aux coordonnées $\tilde{y}^\alpha$ dans la région I par un changement du type espace au type temps (ou *vice versa*), et on constate aussi une inversion du signe du temps en passant de la région I à la région II (ou *vice versa*).

2) *Région II* : $r \geqslant R = r_S$.

Puisque la région I est devenue un univers-trou, il n'y a plus aucune communication *directe* entre la région I et la région II, ni dans un sens ni dans l'autre. Or, comme la seule source d'énergie présente dans la métrique S est entièrement située, par hypothèse, dans la région I, la métrique dans la région II est celle de Schwarzschild pour $M = 0$, soit aussi $r_S = 0$:

$$ds^2 = c^2\, dt^2 - r^2(d\theta^2 + \sin^2\theta\, d\varphi^2) - dr^2 . \quad (6)$$

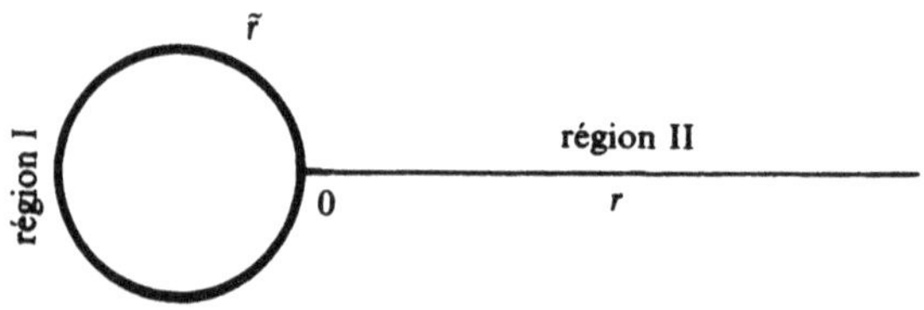

Dans cette région II la « trace » de la région I se réduit à l'origine commune $r = 0$ des *deux* référentiels des espaces I et II, respectivement décrits par les métriques (5) et (6).

En résumé, nous contestons la validité des résultats des recherches concernant la prétendue « pathologie » de la métrique S autour de $r = r_S$. La métrique S, pas plus que les métriques équivalentes obtenues par de simples changements de coordonnées (métriques de Novikov, Eddington-Finkelstein, Kruskal-Szekeres...) ne nous paraissent exploitables dans leurs résultats dans la mesure où elles prétendent représenter ce qui se passe dans la région I pour laquelle $r < r_S$, où manifestement $T_{\alpha\beta}$ est très différent de zéro. L'utilisation abusive de la métrique S pour cette région I conduit à assimiler cette région *à une partie de notre Univers*, avec notamment possibilité d'en extraire de l'énergie au profit de la région II (notre Univers cosmologique), alors que comme nous venons de le montrer il s'agit en I d'un univers-trou sans aucune communication *directe* avec II, ni dans un sens, ni dans l'autre. Comme nous l'avons vu cependant (VI. 18 et 19), l'univers-trou I peut interagir avec l'espace cosmologique II par interactions *virtuelles* (faibles et électromagnétiques).

ANNEXE 8

LE « BOOTSTRAP » LEPTONIQUE

L'idée très séduisante du bootstrap hadronique de Geoffrey Chew, considérée dans le cadre de la Relativité complexe, est de mettre en relief ce fait que seule l'onde Σ *infinie* (équations (130) de notre section III) est capable de représenter une région *localisée* quelconque de notre Univers observable ; et que, d'autre part, le calcul de cette onde ne peut, en toute rigueur, se faire qu'à partir de la connaissance d'événements remplissant *la totalité* de l'Univers observable : ces événements, si on pouvait les connaître tous, permettraient donc le calcul de l'onde Σ qui, à son tour, déterminerait les mesures faites sur les événements, ici ou là, avec des probabilités associées à ces mesures. Ainsi l'Univers est-il, dans le bootstrap, conçu comme un tissu dynamique d'événements interconnectés dans lequel l'Un et le Tout se trouvent indissociables.

Cependant, dans la pratique :

- Il n'est pas possible d'observer *tous* les événements de l'Univers *entier*, alors qu'une telle observation « complète » permettrait seule de calculer Σ en toute rigueur.
- Il y a en fait, dans le principe même d'une telle tentative, une sorte de « cercle vicieux », dans la mesure où on réclame de connaître chaque partie du tout pour déterminer Σ, qui permettrait à son tour de calculer... chaque partie du tout.

Chew reconnaît parfaitement qu'un tel Réel fait d'événements interconnectés :

- ne peut être approché *que par des approximations successives*, négligeant les interactions plus faibles vis-à-vis des plus fortes, et les interactions les plus distantes vis-à-vis des plus proches de la région qu'on veut représenter. Chew note également que les constantes fondamentales de la Physique, notamment c, h, m ou e, qui doivent être jusqu'ici déterminées *empiriquement*, c'est-à-dire ne sont pas calculables pour le moment par les théories existantes, traduisent ce caractère d'« approximation » de ces théories ; ces constantes devraient, selon Chew, être graduellement *calculées* par les nouvelles théories, au fur et à mesure que s'améliorera l'approximation de la représentation du Réel ;
- doit s'appuyer sur des principes généraux *de cohérence globale*, et sur de

tels principes *seulement.* En ce qui concerne la matrice *S* hadronique Chew propose 3 principes de cohérence :

— *le principe de relativité* : la représentation ne dépend ni de l'époque, ni du lieu, ni du mouvement de l'observateur, c'est la covariance relativiste des résultats de mesure;

— *le principe d'unitarité* : les interactions sont calculables en termes de probabilités et la probabilité totale de tous les résultats de mesure possibles est égale à l'unité;

— *le principe de causalité* : les interactions ont lieu par l'intermédiaire de particules (éventuellement virtuelles) transférant énergie et moment d'une région à l'autre de l'espace-temps, et la création de chaque particule intervenant dans ces transferts doit précéder sa disparition.

Si, comme cherche à le montrer la théorie du bootstrap, des principes de cohérence globale comme les trois précédents, appliqués à la matrice *S*, sont *suffisants* pour déterminer la structure des hadrons, alors cela signifierait que les observations dans le monde physique, et notamment ce qu'on nomme les masses et les durées de vie des hadrons, sont déterminées dans leur essence par la façon dont *notre Esprit* raisonne pour regarder le monde — ce qui aurait une portée philosophique considérable... et rejoindrait entièrement les conclusions vers lesquelles la Relativité complexe nous a conduit (sections V et VI).

Dans le même cadre de réflexion, on peut penser appliquer l'approche philosophique du bootstrap *à l'univers leptonique.* Les gros avantages de cet univers leptonique, par rapport à l'immense Univers observable où les théories actuelles situent les hadrons, sont notamment les deux suivants :

• L'univers leptonique, comme d'ailleurs notre Univers observable, est « clos » sur lui-même, ce qui permet de le considérer dans sa totalité. Mais l'univers leptonique paraît infiniment plus simple, dans sa structure, que l'univers observable, et il paraît plus facile d'en fournir une représentation détaillée *dans sa totalité.*

• L'univers leptonique ne renferme pas lui-même d'autres structures « complexes », il est (dans le sens du bootstrap) un tissu dynamique d'interactions entre des entités *sans structures* (c'est-à-dire ponctuelles), qui sont des photons, des neutrinos et une densité continue de matière.

L'étude globale de l'univers leptonique peut donc, d'une certaine manière, constituer un « test » pour la philosophie du bootstrap, en démontrant notamment que cette « meilleure » approximation que permet la relative « simplicité » de l'univers leptonique devrait permettre de fournir une représentation comportant aussi peu de paramètres arbitraires que possible; ou, exprimé d'une autre façon, devrait permettre un calcul *direct*, à partir du modèle, d'un certain nombre de constantes physiques fondamentales.

C'est bien ce que nous avons obtenu avec notre modèle leptonique (section VI), en nous servant pour construire le modèle des *quatre principes de cohérence globale* suivants (*) :

— Le principe de relativité.
— Le principe d'homogénéité et d'isotropie.
— Le principe de conservation de l'impulsion-énergie.
— Le principe de quantification (action nh répartie également entre un spin et un pulse).

Nous avons pu effectivement vérifier que le modèle leptonique, construit comme un micro-univers obéissant aux 4 principes de cohérence globale précédents, et à eux seulement, était *entièrement* dépourvu de paramètres arbitraires, et permettait en fait le calcul *direct* de 6 des constantes fondamentales de la Physique (c, h, e, m, μ et τ).

En ce sens, le modèle leptonique peut être considéré comme démontrant le bien-fondé de l'approche « bootstrap » et constitue ce qu'il faut nommer un *bootstrap leptonique.*

On aperçoit maintenant beaucoup mieux, dans le contexte général « bootstrap », comment nos théories physiques successives ont approché le Réel par approximations successives au cours de ce siècle :

1) Au début du siècle nous avons *la Physique classique*, qui ignore le continuum espace-temps, et traite les phénomènes « mécaniquement » en termes de position, énergie et moment tous réels et déterminés.

2) Puis, entre 1905 et 1915, émerge *la Physique relativiste*, avec l'introduction d'un continuum espace-temps à propriétés géométriques en espace riemannien ; le temps devient une dimension « imaginaire » d'espace. Energie et moment demeurent réels, mais l'imaginaire a fait son entrée en Physique.

3) Vers 1920 on constate la dualité onde-corpuscule, et c'est l'introduction de la *Physique quantique*, qui deviendra un peu plus tard la Physique quantique relativiste (théorie quantique des champs, matrice S). On maintient les idées d'énergie, moment et positions tous réels, mais on est contraint à l'introduction du probabilisme. On soupçonne de plus en plus le rôle essentiel de l'observateur dans la chose observée : la dualité traditionnelle sujet/objet entraîne que nous n'approchons le Réel que par approximations successives, ces approximations se mesurant au nombre de paramètres arbitraires (constantes fondamentales) des représentations proposées pour le Réel.

4) En 1977 c'est *la Physique complexe* (Relativité complexe). Elle introduit l'idée que l'espace-temps *physique* est non seulement riemannien mais encore complexe. Elle remet alors en question les définitions d'énergie et moment,

(*) On notera d'ailleurs que (section VII) ce sont les mêmes principes qui ont été appliqués pour le calcul *du modèle cosmologique.*

qui devraient être données en termes *complexes* pour s'adapter à une représentation plus complète du Réel. On constate alors que la notion de probabilisme des théories quantiques n'est qu'une manière détournée d'introduire l'espace-temps complexe (Relativité générale quantifiée, sections III et IV ci-dessus). On démontre le bien-fondé des développements complexes au moyen du bootstrap leptonique, qui calcule 6 des principales constantes fondamentales de la Physique. La Relativité complexe précise comment l'Esprit de l'observateur « participe » à la représentation à la fois de l'observable et de lui-même, atténuant ainsi encore la dualité sujet/objet.

5) Mais la Relativité complexe apparaît encore comme une simple approximation du Réel (le modèle cosmologique comprend encore des paramètres arbitraires, H_a, θ_a et q_a), ce qui laisse pressentir que certains principes de cohérence globale sont encore manquants au niveau cosmologique. On perçoit l'approche d'une *Physique anthropique*, accentuant encore le fait que l'Univers n'est *que* représentation (Réel d'essence spirituelle), faisant ainsi totalement disparaître la dualité sujet/objet (l'objet devenant inséparable du sujet).

Notons, pour terminer, que ces approches par approximations successives du Réel développées par la Physique de ce siècle, et conduisant à faire graduellement disparaître la barrière cartésienne séparant sujet et objet, viennent rejoindre les approches préconisées depuis des millénaires par la pensée orientale. Ainsi verrions-nous la Connaissance rationnelle (la Physique) gravir pas à pas la haute montagne qui accède au Réel, pour trouver finalement, déjà installée au sommet, la Connaissance... intuitive.

Ceci n'est pas une simple boutade, et ne doit pas être interprété comme signifiant une hiérarchie l'une par rapport à l'autre de ces deux types de Connaissance. Celles-ci sont *complémentaires*, et constituent en fait *deux* fenêtres ouvertes sur le Réel. Avoir pleinement conscience que *l'une et l'autre* de ces démarches de pensée, utilisées *conjointement*, permettent sans aucun doute un large pas en avant vers la Connaissance du Réel serait déjà, en soi, une meilleure harmonisation entre le Réel et nous, c'est-à-dire entre ce que nous sommes et ce que nous croyons être.

Villebon et Bagdad, mai 1982.

RÉFÉRENCES

[1] H. Weyl, *Sitzungsberichte d. Preuss. Akad. d. Wiss.*, 465 (1918) et *Ann. d. Phys.*, 59, 101 (1919).

[2] Albert Einstein, « Théorie unitaire du champ physique », *Ann. Institut H. Poincaré* (1931).

[3] Albert Einstein, *The Meaning of Relativity*, voir aussi la *Théorie du champ unifié d'Einstein*, M. A. Tonnelat, Gauthier-Villars (1955).

[4] A. Crumeyrolle, « Une théorie d'Einstein-Dirac en spin maximum 1 », *Ann. Institut H. Poincaré*, 22, 1 (1975).

[5] Podolanski, *Proc. Roy. Soc.*, 201, 234 (1950).

[6] Albert Einstein, *The Meaning of Relativity*, édition de 1953. « Dans toutes ces théories, écrit Einstein parlant des différentes tentatives unitaires, le point est considéré comme ayant une existence objective, c'est-à-dire une existence indépendante de la représentation. A un point particulier dans une représentation correspond un point défini dans n'importe quelle autre représentation équivalente du même système physique... Il est évident que tout le formalisme des théories actuelles est lié d'une façon inhérente à cette restriction... *A priori*, cependant, on ne voit pas pourquoi il n'existerait pas des représentations équivalentes d'une situation physique dans lesquelles l'identité du point ne sera pas conservée (alors que le continuum lui-même le sera). Je n'ai, cependant, aucune idée sur la façon de construire une théorie relativiste, dans ce sens plus large... » Einstein paraît sans nul doute avoir ici l'intuition qu'un progrès pourrait être réalisé en prêtant au point mathématique des caractéristiques propres se transformant comme des grandeurs géométriques dans un changement de référentiel. C'est notamment le cas des spineurs d'action h dont nous doterons, en Relativité générale quantifiée, le point mathématique.

[7] John Archibald Wheeler, C. W. Misner, K. S. Thorne, *Gravitation*, Freeman, San Francisco (1973).

[8] Louis de Broglie, *Théorie générale des particules à spin* (méthode de fusion), Gauthier-Villars, Paris (1954).
Il s'agit là d'un ouvrage qui m'a servi de référence depuis le tout début de mes travaux, intuitivement persuadé depuis le départ qu'un formalisme unitaire devrait associer espace de Riemann et spineurs.

[9] Jean Charon, *Théorie unitaire* (analyse numérique des équations), Albin-Michel (1974).
Cet ouvrage propose, en fait, des équations unitaires en espace de Lorentz. Il ne doit être considéré que comme une étape vers la Relativité complexe, où toutes les équations, et notamment les modèles particulaires, sont fournies en espace de Riemann.

[10] Les interactions expérimentales électron-proton, ou électron-neutron, à très haute énergie, mettent en effet en évidence une frontière mal définie du nucléon (« fuzzy boundary »). Nous pensons que ce résultat est dû à une pulsation radiale de la frontière du nucléon, à la manière dont on l'observe pour les étoiles pulsantes. Nous constaterons, avec les modèles particulaires, l'analogie profonde entre les structures hadroniques et les structures des étoiles dites « super-denses » (c'est-à-dire ayant des densités centrales de l'ordre de celle des nucléons).

[11] BOGOLIUBOV et SHIRKOV, *Introduction to the theory of quantized fields*, Interscience, New York (1959).

[12] Emmy NOETHER, *Invariante variations problem*, Nach. Ges. Göttingen (math-phys K 1), 235 (1918).

[13] Jean CHARON, *Comptes Rendus Académie des Sciences*, Paris, 266-750A (1968).

[14] Albert EINSTEIN, *Essays in Science*, Philosophical Library, p. 14-15, New York (1934).

[15] Elie CARTAN, *Leçons sur la géométrie des espaces de Riemann*, Gauthier-Villars, Paris (1951).

[16] J. M. SOURIAU, *Géométrie et Relativité*, Hermann, Paris (1964), p. 340 et suiv.

[17] A. LICHNEROWICZ, *Théories relativistes de la gravitation et de l'électromagnétisme*, Masson (1955).

[18] Gerald FEINBERG, « Possibility of faster-than-light particles », *Physical Review*, 159-5-1089-1105 (1967).

[19] Louis de BROGLIE, *Une tentative d'interprétation causale et non linéaire de la Mécanique ondulatoire*, Gauthier-Villars, Paris (1956), chap. 3.

[20] Louis de BROGLIE, *La Thermodynamique de la particule isolée*, Gauthier-Villars, Paris (1964), chap. 4.

[21] Marie-Antoinette TONNELAT, « Une nouvelle forme de théorie unitaire, étude de la particule de spin 2 », *Annales de Physique*, 11 (1942).

[22] Marie-Antoinette TONNELAT, « Les phénomènes de gravitation, étude des interactions entre la matière et la particule de spin 2 », *Annales de Physique*, 19 (1944).

[23] E. SCHROEDINGER et L. BASS, « Must the photon mass be zero ? », *Proceedings Royal Society*, London, A-232-1 (1955).
Cette étude m'avait frappé dès le début de mes travaux : elle fournissait, en effet, un champ électromagnétique utilisant les 3 degrés de liberté de l'espace, ce que j'estimais intuitivement beaucoup plus satisfaisant que le champ conventionnel purement transversal. Initialement je pensais que l'onde longitudinale pourrait être assimilée à une composante gravitationnelle, pour une particule de masse propre non nulle. C'était en fait plus compliqué que cela, je tenais là, comme on l'a vu, la structure du point en Relativité générale quantifiée.

[24] S. YIFTAH, *Constantes fondamentales des théories physiques*, Gauthier-Villars (1956).

[25] Y. ROCARD, *Thermodynamique*, Masson, Paris (1952), p. 245-247.

[26] P. BERGMAN, *Introduction to the theory of Relativity*, Prentice-Hall, Englewood Cliffs (1942).

[27] A. SANDAGE, *Astrophysical Journal*, 178, 1-24 (1972).

[28] P. CALDIROLA et V. BENZA, *De Sitter micro-universes associated to the electron*, Il Nuovo Cimento, 62 A, 3, Avril 1981.

Ces deux auteurs, ainsi que le groupe [31] ci-dessous, travaillent depuis une dizaine d'années déjà sur des modèles leptonique et hadronique conçus comme des microunivers — quoique présentant des différences importantes avec les modèles issus de la Relativité complexe, développés indépendamment.

[29] V. AMBARTSOUMIAN, *Problèmes de cosmogonie contemporaine*, Ed. Mir, Moscou (1971), p. 210.

[30] Jean CHARON, « Sur un système d'équations unitaires déduit de la structure du point-événement », *Industries Atomiques*, Genève (1959).

[31] P. CALDIROLA, M. PAVSIC et E. RECAMI, *Il Nuovo Cimento*, 48 B, 2, p. 205-271, déc. 1978.

[32] G. SAHAKIAN, *Problèmes de cosmogonie contemporaine*, Ed. Mir, Moscou (1971), p. 211 (Théorie des configurations stellaires hyperdenses).

[33] Jean CHARON, *Cours de Relativité générale*, Editions Kister, Genève (1963).

[34] Marie-Antoinette TONNELAT, *Les Principes de la théorie électromagnétique et de la Relativité*, Masson, Paris (1959).

[35] Thomas C. VAN FLANDERN, *Monthly Notices of the Royal Astronomical Society*, 170-2-333 (1975).

[36] Albert EINSTEIN, *Philosopher-Scientist*, Tudor, 44, 1951.

[37] M. SURDIN, « Stochastic Electrodynamics, an overview » in *Essays in honour of Wolfgang Yourgrau*, Alwyn van der Merwe Editor, Plenum Press, New York (1982).

[38] FAIRBANKS, LARUE and PHILLIPS, *Physical Review Letters* (1980).

[39] J. C. HAFDE et Richard E. KEATING, *Science*, *177*, 14 juillet 1972.

[40] E. A. RAUSCHER, *Bull. Am. Soc. 23*, 84 (1978).

[41] C. RAMAN et E. A. RAUSCHER, *Found. of Phys. 10*, 66 (1980).

[42] Jean E. CHARON, *La Crise actuelle de la Physique*, Editions Kister, Genève (1962).

Imprimé par Lightning Source France
1 avenue Gutenberg
78310 Maurepas

www.ingramcontent.com/pod-product-compliance
Lightning Source LLC
Chambersburg PA
CBHW071439230926
51846CB00001B/285
9782226395214